《现代光学基础》

题 解 指 导

钟锡华　周岳明　编著

北京大学出版社
PEKING UNIVERSITY PRESS

图书在版编目(CIP)数据

《现代光学基础》题解指导/钟锡华,周岳明编著. —北京:北京大学出版社,2004.5

ISBN 7-301-07158-2

Ⅰ.现… Ⅱ.①钟… ②周… Ⅲ.光学-高等学校-题解 Ⅳ.043-44

中国版本图书馆 CIP 数据核字(2004)第 028082 号

书 名:《现代光学基础》题解指导
著作责任者:钟锡华 周岳明 编著
责 任 编 辑:顾卫宇
标 准 书 号:ISBN 978-7-301-07158-8/O·0589
出 版 发 行:北京大学出版社
地 址:北京市海淀区成府路 205 号 100871
网 址:http://cbs.pku.edu.cn 电子信箱:zpup@pup.pku.edu.cn
电 话:邮购部 62752015 发行部 62750672 理科编辑部 62752021
排 版 者:北京高新特打字服务社 82350640
印 刷 者:河北博文科技印务有限公司
经 销 者:新华书店
　　　　　　890×1240 A5 7 印张 200 千字
　　　　　　2004 年 5 月第 1 版 2024 年 8 月第 11 次印刷
定 价:21.00 元

作 者 前 言

　　本书对原著《现代光学基础》所含 186 道习题，均一一作了解答，并借题发挥，或扩展引伸，或深化提高，或联系其理论背景和实际背景，或说明其训练意图。这类内容，散见于各题，随机从缘，无一定格，权作指导。寓指导于题解之中，正是本书的一个特色，也是书名之来由。

　　原著《现代光学基础》，系北京市高等教育精品教材首批立项成果，出版于 2003 年 9 月（北京大学出版社）。出版后作者和出版社陆续收到读者来电，询问该书的题解何时面世。好在作者心境尚佳，笔境犹顺，于是，便抓紧笔耕，又历经四月，完成此作。愿它在分析和解决现代基础光学中的实际问题时，能成为读者的一个好助手。

于北京大学物理学院

2004 年 2 月 4 日·甲申立春

目　　录

1

费马原理与变折射率光学

1.1 可见光谱区在真空中的波长范围一般认定为 380～760 nm,现针对其紫端 $\lambda_1 = 380$ nm,中部 $\lambda_2 = 570$ nm 和红端 $\lambda_3 = 760$ nm,

(1) 算出这三种光波的时间频率 f_1, f_2 和 f_3.

(2) 当它们传播于折射率为 1.33 的水中,光波长 λ_1', λ_2' 和 λ_3' 各为多少?其光速 v' 为多少?(忽略色散)

(3) 当它们传播于折射率为 1.58 的玻璃中时,光波长 λ_1'', λ_2'' 和 λ_3'' 各为多少?其光速 v'' 为多少?(忽略色散)

解 (1) 根据波速 v 等于其频率 f 与其波长 λ 之乘积,可以算出:

短波紫光频率 $f_1 = \dfrac{3 \times 10^8 \text{ m/s}}{380 \times 10^{-9} \text{ m}} \approx 8 \times 10^{14}$ Hz,

中部黄光频率 $f_2 = \dfrac{3 \times 10^8 \text{ m/s}}{570 \times 10^{-9} \text{ m}} \approx 5 \times 10^{14}$ Hz,

长波红光频率 $f_3 = \dfrac{3 \times 10^8 \text{ m/s}}{760 \times 10^{-9} \text{ m}} \approx 4 \times 10^{14}$ Hz.

本题旨在让我们感知可见光的扰动频率是一个多么高的数量级. 若用光频的倒数即光扰动的周期 $T=1/f$ 来表示, 则可见光扰动的周期 T 在 10^{-15} s 量级, 即 fs(飞秒) 量级, 这与当今超短激光脉冲已达到的脉冲时间同一量级. 长期以来, 人们均是通过光波长的测量, 而间接地推算出如此高的光频数值, 直至 20 世纪 70 年代, 人们着手建立了激光频标, 继而精确地测量了红外至可见光波段各种特征谱线的频率值. 这是现代光学测量技术领域的一项重大进展.

(2) 根据介质折射率 n 等于同一光谱线在真空中的波长 λ_0 与在该介质中的波长 λ 之比值, 即 $n=\lambda_0/\lambda$, 求出

$$\lambda_1' = \frac{\lambda_1}{n_1} \approx \frac{380\,\text{nm}}{1.33} \approx 286\,\text{nm}, \quad \lambda_2' \approx \frac{570\,\text{nm}}{1.33} \approx 429\,\text{nm},$$

$$\lambda_3' \approx \frac{760\,\text{nm}}{1.33} \approx 571\,\text{nm}.$$

这里忽略了水的色散效应带来的不大于 1% 的影响. 同理, 在不考虑色散的情况下, 这三种光波在水中的传播速度是相同的, 其数值为

$$v' = \frac{c}{n} \approx \frac{3 \times 10^8}{1.33}\,\text{m/s} \approx 2.26 \times 10^8\,\text{m/s}.$$

(3) 仿照 (2) 的物理根据和计算程序, 求出这三条光谱线在那玻璃中的光波长分别为

$$\lambda_1'' \approx \frac{380\,\text{nm}}{1.58} \approx 241\,\text{nm}, \quad \lambda_2'' \approx \frac{570\,\text{nm}}{1.58} \approx 361\,\text{nm},$$

$$\lambda_3'' \approx \frac{760\,\text{nm}}{1.58} \approx 481\,\text{nm};$$

在该玻璃中光波的传播速度为

$$v'' = \frac{c}{n} \approx \frac{3 \times 10^8}{1.58}\,\text{m/s} \approx 1.90 \times 10^8\,\text{m/s}.$$

从 (2) 和 (3) 计算中看出, 介质折射率仅影响着光波长或光速, 但它不改变光频; 光扰动的频率具有本征性, 不因介质而改变——这是通常线性介质所具有的一个基本性质.

1. 2 试从具体考察光程出发, 论证:

(1) 反射定律给出的反射光束方向满足等光程性.

(2) 折射定律给出的折射光束方向满足等光程性.

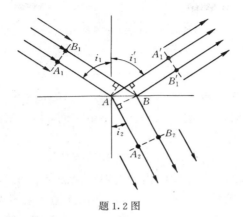

题 1.2 图

解 （1）参见图，设光束入射角为 i_1，反射角为 i_1'. 入射平行光束的等相面为一正交截面，选其上任意两处 A_1 和 B_1，并从此出发考察光程 $L(A_1AA_1')$ 与 $L(B_1BB_1')$ 相等的条件. 从图中可以看出，

$$\overline{B_1B} = \overline{A_1A} + \overline{AB}\sin i_1, \quad \overline{BB_1'} = \overline{AA_1'} - \overline{AB}\sin i_1',$$

两式相加，得

$$\overline{B_1BB_1'} = \overline{A_1AA_1'} + \overline{AB}(\sin i_1 - \sin i_1'),$$

当 $i_1' = i_1$，即反射角等于入射角时，

$$\overline{B_1BB_1'} = \overline{A_1AA_1'};$$

因这两束光处于同一介质，其折射率为 n_1，故光程

$$n_1\overline{B_1BB_1'} = n_1\overline{A_1AA_1'} \quad \text{或} \quad L(B_1B_1') = L(AA_1').$$

这就证明了光的反射定律给出的反射光束满足了等光程性；或者说，人们可以从等光程性的要求出发，而导出光的反射定理；根据光程与相位差的关系，也可以这样理解上述推演的含义，已知 A,B 两点的光扰动是同相位的，由于等光程性可以断定 A_1', B_1' 两点的光扰动也是同相位的，这正说明 $i_1' = i_1$ 指出的反射光束是一个确实存在的实际光束. 若从光波衍射的眼光看，这等光程方向正是零级衍射波的主方向，虽然界面有限而产生的衍射场是弥漫的.

（2）我们不妨虚设一折射光束其折射角为 i_2，参见题图，考察光程 $L(A_1AA_2)$ 与 $L(B_1BB_2)$ 相等的条件，这里 A_2, B_2 处于折射光束

的正交截面上. 从图中看出

$$\overline{B_1B} = \overline{A_1A} + \overline{AB}\sin i_1,$$

$$\overline{BB_2} = \overline{AA_2} - \overline{AB}\sin i_2.$$

两式分别乘以折射率 n_1, n_2, 且相加得

$$n_1\overline{B_1B} + n_2\overline{BB_2} = n_1\overline{A_1A} + n_2\overline{AA_2} + \overline{AB}(n_1\sin i_1 - n_2\sin i_2),$$

显然, 当折射角 i_2 满足 $n_2\sin i_2 = n_1\sin i_1$ 时, 上式左右两段光程相等, 即光程

$$L(A_1AA_2) = L(B_1BB_2).$$

这就证明了光的折射定律给出的折射光束满足了等光程性; 或者说, 人们可以从等光程性的要求出发, 而导出光的折射定理; 若从普遍的光波衍射的眼光看, 这折射等光程方向正是透射区零级衍射波的主方向.

1.3 巨蟹星座中心有一颗脉冲星其辐射的光频信号和射频信号到达地球有 $1.27\,\text{s}$ 的时差, 且光波快于射电波.

(1) 求这两种电磁波从脉冲星到地球的光程差 ΔL.

(2) 试估算这两种电磁波传播于宇宙空间中的折射率之差 Δn 的数量级, 以及相应的速度差 $\Delta u/c$ 之数量级. 已知这颗脉冲星与地球之距离为 $D \approx 6300$ 光年 $\approx 6 \times 10^{16}\,\text{km}$.

解　本题暂不考虑脉冲辐射的群速与单频辐射的相速之差别, 姑且将本题提供的数据看作单频辐射的相速在不同波段有不同的取值.

(1) 光程差 ΔL 等于真空中光速 c 乘以时差 Δt,

$$\Delta L = c \cdot \Delta t \approx 3 \times 10^8\,\text{m/s} \times 1.27\,\text{s} \approx 3.8 \times 10^8\,\text{m}.$$

(2) 这时差反映了宇宙空间对电磁波存在色散效应. 设光频信号的传播速度为 u_1、折射率为 n_1; 射频信号的传播速度为 u_2、折射率为 n_2, 则光程差也可以由折射率之差 Δn 表示为

$$\Delta L = \Delta n \cdot D, \quad 得 \quad \Delta n = \frac{\Delta L}{D} \approx \frac{3.8 \times 10^8\,\text{m}}{6 \times 10^{16}\,\text{km}} \approx 6 \times 10^{-12}.$$

再根据

$$u = \frac{c}{n}, \quad 有 \quad \Delta u \approx \frac{c}{n^2}\Delta n \approx c\Delta n \quad (取\ n \approx 1),$$

故 $$\frac{\Delta u}{c} \approx \Delta n \approx 6 \times 10^{-12}.$$

1.4　如图所示,一透明平板其厚度为 h、折射率为 n. 一光线从空气射向平板,经其上、下表面反射而分成两条光线,再经透镜而相交于 P 点,试导出光程差公式

$$L(QABCP) - L(QAP) = 2nh \cdot \cos i,$$

这里 i 为折射角.

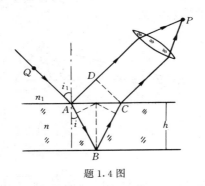

题 1.4 图

解　参见题图,从 C 点向 (AP) 段作一垂线,其垂足为 D,于是,借助透镜对平行光束的聚焦性质,可以断定 (DP) 段光程等于 (CP) 段光程,即 $L(DP)=L(CP)$. 故本题要求的光程差被简化为

$$L(QABCP) - L(QAP) = L(ABC) - L(AD),$$

通过几何三角关系不难导出:

$$L(AD) = \overline{AD} = \overline{AC} \cdot \sin i_1,$$

$$L(ABC) = n\,\overline{AC} \cdot \sin i + n2h \cdot \cos i$$

$$= \overline{AC} \cdot \sin i_1 + 2nh \cos i \quad (\text{折射定律} \sin i_1 = n \sin i),$$

最终求得光程差

$$\Delta L = 2nh \cos i.$$

此公式将在第 4 章论述薄膜干涉问题时用到. 当上方介质不是空气而是折射率为 n_1 的介质,此公式依然正确,只要注意到此时的折射定律表示为 $n_1 \sin i_1 = n \sin i$,故以上公式中的折射角 i 也有了相应的变化.

1.5　试从费马原理出发导出球面镜反射傍轴成像公式:

$$\frac{1}{s'}+\frac{1}{s}=-\frac{2}{r}\qquad\text{（要求作出示意图）.}$$

解 如图所示，一点光源 Q 发出一光束射向一球面反射镜. 实验上发现，当光束孔径角很小，即傍轴窄光锥入射，经球面镜反射，可以获得一个很好的聚焦点；当宽光束入射，经球面镜反射，不能聚焦于一点而是一个光斑. 本题旨在从费马原理出发而不是基于反射定律，求证球面镜反射在傍轴条件下可以成像，进而给出其成像公式且明确"傍轴条件"的确切含义.

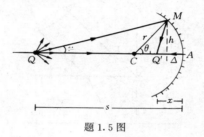

题 1.5 图

我们将物点 Q 与球面镜中心 C 的连线 $\overline{QCA}$ 称为轴光线. 显然，此光学系统具有轴对称性，因此，自左向右入射的轴光线经球面顶点 A 的反射必定沿原路返回，即光线 (QAQ') 是一条业已存在的实际光线. 再设倾角为 u 的一条光线，其入射点为 M，经反射而相交于轴上 Q' 点，设距离 $Q'A$ 为 x，QA 为 s. 显然，光程 $L(QMQ')$ 取决于 x 和倾角 u 或 h 或 Δ（见图），即 $L(QMQ')=L(x,\Delta)$. 根据费马原理导出的物像等光程性，我们令

$$L(QMQ')=L(QAQ'),$$

若由此方程能解出 x 与 Δ 无关，则表明 Q' 点为一个像点. 为此，分别采取代数法和变分法作如下推演.

1. 代数法.

$$h^2=(2|r|-\Delta)\Delta=-(2r+\Delta)\Delta\quad\text{（这里球心在左侧，}r<0\text{），}$$

$$\overline{QM}=\sqrt{(s-\Delta)^2+h^2}=\sqrt{(s-\Delta)^2-(2r+\Delta)\Delta}$$
$$=\sqrt{s^2-2(s+r)\Delta},\tag{1}$$

$$\overline{MQ'}=\sqrt{(x-\Delta)^2+h^2}=\sqrt{x^2-2(x+r)\Delta}.\tag{2}$$

在 $\Delta \ll r, s, x$,即傍轴条件下,忽略以上展开式中的高于二阶的小量,得近似式

$$\overline{QM} \approx s\left(1 - \frac{s+r}{s^2}\Delta\right), \quad \overline{MQ'} \approx x\left(1 - \frac{x+r}{x^2}\Delta\right),$$

而轴光线的光程为

$$L(QAQ') = (s+x) \quad (这里一概略写折射率 n),$$

令 $L(QMQ') = L(QAQ')$,即

$$s\left(1 - \frac{s+r}{s^2}\Delta\right) + x\left(1 - \frac{x+r}{x^2}\Delta\right) = (s+x),$$

$$\frac{s+r}{s}\Delta + \frac{x+r}{x}\Delta = 0, \quad \frac{s+r}{s} + \frac{x+r}{x} = 0,$$

满足此方程的 x 与 Δ 无关,换句话说,从 Q 点发出的不同倾角对应不同 Δ 的光线均能会聚于轴上一点 Q',其位置 x 由上式确定,便是像距 s',

$$\frac{s+r}{s} + \frac{s'+r}{s'} = 0 \quad 或 \quad \frac{1}{s} + \frac{1}{s'} = -\frac{2}{r}. \tag{3}$$

这就论证了在傍轴条件下球面镜的反射能够成像,其物距-像距关系式由(3)式给出.其实,以上推演过程中还隐含着一个事实——r 是一个常数,即反射镜面是一个球面;若镜面是一个其他形状的旋转曲面,泛指 $r = r(\theta)$,就不可能有以上"成像"的结论对于任意距离 s 的物点成立.

2. **变分法.** 借用(1)式和(2)式,写出光程函数

$$L(x, \Delta) = \sqrt{s^2 - 2(s+r)\Delta} + \sqrt{x^2 - 2(x+r)\Delta},$$

考察其一阶导数,

$$\frac{\mathrm{d}L}{\mathrm{d}\Delta} = \frac{-(s+r)}{\sqrt{s^2 - 2(s+r)\Delta}} + \frac{-(x+r)}{\sqrt{x^2 - 2(x+r)\Delta}}$$

$$\approx \frac{-(s+r)}{s}\frac{1}{\left(1 - \frac{s+r}{s^2}\Delta\right)} + \frac{-(x+r)}{x}\frac{1}{\left(1 - \frac{x+r}{x^2}\Delta\right)}$$

$$\approx \frac{-(s+r)}{s}\left(1 + \frac{s+r}{s^2}\Delta\right) + \frac{-(x+r)}{x}\left(1 + \frac{x+r}{x^2}\Delta\right)$$

$$\approx -\frac{s+r}{s} - \frac{x+r}{x} \quad (与 \Delta 无关). \tag{4}$$

以上近似均为傍轴条件 $\Delta \ll s, x, r$ 之下作出的推演.

物像等光程性要求程函 $L(x, \Delta)$ 的一阶导数和二阶导数均为零,即

$$\frac{\mathrm{d}L}{\mathrm{d}\Delta} = 0, \quad \frac{\mathrm{d}^2 L}{\mathrm{d}\Delta^2} = 0,$$

式(4)表明 $\mathrm{d}L/\mathrm{d}\Delta$ 与 Δ 无关,故 $\mathrm{d}^2 L/\mathrm{d}\Delta^2 = 0$ 得以满足;再令 $\mathrm{d}L/\mathrm{d}\Delta = 0$,遂得

$$-\frac{s+r}{s} - \frac{x+r}{x} = 0,$$

简化为

$$\frac{1}{s} + \frac{1}{x} = -\frac{2}{r} \quad \text{或} \quad \frac{1}{s} + \frac{1}{s'} = -\frac{2}{r}.$$

这就以变分法(目前情形下简化为微分法)求证了傍轴条件下球面镜反射成像,且求得物距 s 与像距 s' 的关系式.

1.6　如图所示,宽度为 d 的一玻璃块其折射率随高度 y 而变化,

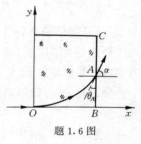

$$n(y) = \frac{n_0}{1 - \dfrac{y}{r_0}},$$

题 1.6 图

其中 $n_0 = 1.2$, $r_0 = 13$ cm. 一光线沿 x 轴射向原点而进入这玻璃块,最终从 A 点出射其倾角为 $\alpha = 30°$. 试求

(1) 这条光线在玻璃块中的径迹.

(2) 玻璃块在出射点 A 处的折射率 n_A.

(3) 玻璃块的宽度 d.

解　(1) 此玻璃块的折射率 $n(y)$ 随高度 y 的增加而递增,即下方为光疏介质层,上方为光密介质层,故定性看,光线向上弯曲而越益靠近介质层的法线方向(平行 y 轴).

我们已经获知,在 n 仅沿 y 方向连续变化的介质中光线方程为

$$\left(\frac{\mathrm{d}y}{\mathrm{d}x}\right)^2 = \frac{n^2(y)}{n_0^2 \sin^2 \theta_0} - 1, \tag{1}$$

这里,(n_0, θ_0) 为边条件——光线出发点 $y = 0$ 处的入射角和折射率.

对于本题,

$$n(0) = n_0, \quad \theta_0 = \frac{\pi}{2}, \quad \sin \theta_0 = 1;$$

故

$$\left(\frac{\mathrm{d}y}{\mathrm{d}x}\right)^2 = \frac{1}{(1-y/r_0)^2} - 1 = \frac{1-(1-y/r_0)^2}{(1-y/r_0)^2},$$

$$\frac{\mathrm{d}y}{\mathrm{d}x} = \frac{\sqrt{1-(1-y/r_0)^2}}{(1-y/r_0)}.$$

因此,

$$\int_0^y \frac{(1-y/r_0)}{\sqrt{1-(1-y/r_0)^2}} \mathrm{d}y = \int_0^x \mathrm{d}x,$$

先作一次积分变量替换,令 $Y = 1 - y/r_0$, $\mathrm{d}Y = -\mathrm{d}y/r_0$,得

$$\int \frac{-r_0 Y}{\sqrt{1-Y^2}} \mathrm{d}Y = x.$$

再作一次积分变量替换,令 $Z = 1 - Y^2$, $\mathrm{d}Z = -2Y\mathrm{d}Y$,得

$$\frac{r_0}{2} \int \frac{1}{\sqrt{Z}} \mathrm{d}Z = x,$$

解出,

$$r_0 Z^{1/2} = x, \quad r_0^2 Z = x^2,$$

即

$$r_0^2 (1 - Y^2) = x^2, \quad r_0^2 \left(1 - \left(\frac{r_0-y}{r_0}\right)^2\right) = x^2,$$

最后化简为

$$x^2 + (y - r_0)^2 = r_0^2, \tag{2}$$

它正是圆周方程,这表明此光线径迹为一圆弧,其圆心位于 y 轴 r_0 处,半径为 r_0,参见题图.

    (2) 首先在 (BC) 面上 A 处应用折射定律,并注意到该面法线平行 x 轴,

$$n_A \cos \theta_A = \sin \alpha,$$

其左边

$$n_A \cos \theta_A = n_A \sqrt{1 - \sin^2 \theta_A} = \sqrt{n_A^2 - (n_A \sin \theta_A)^2} = \sqrt{n_A^2 - n_0^2}.$$

最后一步是应用了对于介质层的折射定律 $n_A \sin \theta_A = n_0 \sin \theta_0 = n_0$. 已经注意到介质层的法线平行于 y 轴,于是,

$$\sqrt{n_A^2 - n_0^2} = \sin \alpha, \quad 则 \quad n_A = \sqrt{n_0^2 + \sin^2 \alpha}. \tag{3}$$

代入 $\sin\alpha = \sin 30° = 0.5$，$n_0 = 1.2$，得 A 点折射率为

$$n_A = \sqrt{(1.2)^2 + (0.5)^2} = 1.3.$$

（3）应用圆方程（2）于 A 点，

$$x_A^2 + (y_A - r_0)^2 = r_0^2,$$

而其中 y_A 可由 n_A 值导出，

$$n_A = \frac{n_0}{1 - y_A/r_0}, \quad 即 \quad y_A = \frac{n_A - n_0}{n_A}r_0. \tag{4}$$

于是，

$$x_A^2 = r_0^2 - (y_A - r_0)^2 = r_0^2 - \left(\frac{n_A - n_0}{n_A}r_0 - r_0\right)^2 = \frac{n_A^2 - n_0^2}{n_A^2}r_0^2,$$

最后求出此玻璃块的宽度

$$d = x_A = \frac{\sqrt{n_A^2 - n_0^2}}{n_A}r_0 = \frac{\sqrt{(1.3)^2 - (1.2)^2}}{1.3}13\,\text{cm} = 5\,\text{cm}.$$

（4）我们不妨进一步思考：若一束平行光（平行于 x 轴）射入这一玻璃介质，将产生怎样的光线簇？或者，先考量另一条光线从 $y = \Delta$ 高度处射入，其在玻璃中的径迹与本题结果比较有什么变化？

1.7 如图所示，一点源 S 发出球面波，经透镜聚焦于 S' 点. 一光阑插入此光场，光阑上开有两个小孔 O 和 Q 作为次波源，发出次波而到达像面. 距离 $\overline{OS'}$，$\overline{QS'}$ 分别表示为 z_0 和 z；距离 $\overline{OP}$，$\overline{QP}$ 分别表示为 r_0 和 r. 设光程差 $(z - z_0) = \lambda/6$，光程差 $(r_0 - r) = \left(10 + \dfrac{1}{4}\right)\lambda$. 问：

（1）两个次波源 O 与 Q 之间是否有相位差？如有，试求之.

（2）到达 P 点的两个次级扰动之间是否有相位差？如有，试求之.

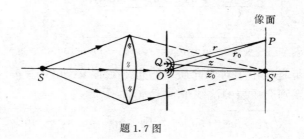

题 1.7 图

解 (1) 这两个次波源之间是存在相位差的,我们可根据物像等光程性作出此判断. 设次波源 O 与 Q 的相位分别为 $\varphi_0(O)$ 与 $\varphi_0(Q)$,其差值

$$\delta_0 = \varphi_0(Q) - \varphi_0(O) = -\frac{2\pi}{\lambda_0}(L(SQ) - L(SO)),$$

根据物像等光程性,

$$L(SQ) + L(QS') = L(SO) + L(OS'),$$

于是前场光程差被转化为后场光程差如下,

$$L(SQ) - L(SO) = L(OS') - L(QS') = z_0 - z = -\frac{\lambda}{6},$$

故

$$\delta_0 = -\frac{2\pi}{\lambda}\left(-\frac{\lambda}{6}\right) = \frac{\pi}{3}.$$

这表明点源 Q 的相位超前点源 O 的相位有 $\pi/3$.

(2) 决定到达场点 P 的两个扰动之相位差 $\delta(P)$ 有两个因素,一是点源之相位差 δ_0,二是后场传播的光程差所导致的相位差 $\delta'(P)$,即

$$\delta(P) = \delta_0 + \delta'(P),$$

这里,

$$\delta'(P) = -\frac{2\pi}{\lambda}(r - r_0) = -\frac{2\pi}{\lambda}\left(-10\frac{1}{4}\right)\lambda = 20\frac{1}{2}\pi,$$

故

$$\delta(P) = \frac{\pi}{3} + 20\frac{1}{2}\pi = 20\frac{5}{6}\pi, \quad 即 \quad \delta_{\text{eff}}(P) = \frac{5}{6}\pi = 150°.$$

本题旨在为今后处理光波衍射问题提供概念储备.

1.8 如图所示,由变折射率材料制成的微透镜被用以聚焦平行光束,其折射率分布 $n(r)$ 关于 z 轴对称. 现要求其焦距为 f,且 f 值远大于微透镜之孔径 a,而 a 又远大于微透镜之厚度 d.

(1) 试定性分析此折射率变化函数 $n(r)$ 随 r 增加是降低还是提高?

(2) 试定量导出 $n(r)$ 函数,设轴上折射率值为 n_0.

解 本题应当从物像等光程性出发求解. 考虑一条轴距为 r 的光线 $(MM'F)$,其光程为 $L(MM'F)$,而轴光线之光程为 $L(OO'F)$.

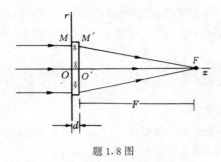

题 1.8 图

等光程性要求

$$L(MM'F) = L(OO'F),$$

即　　　　　　$$L(MM') + L(M'F) = L(OO') + L(O'F),$$

$$n(r)d + \overline{M'F} = n_0 d + f, \tag{1}$$

这里已经考虑到此微透镜甚薄,即 $d \ll a$,以致点 M' 与 M 等高.

（1）从几何上显然可以看出 $\overline{M'F} > f$,故 $n(r) < n_0$ 方能满足方程（1）,这表明该材料的折射率 $n(r)$ 随 r 增加而递减.

（2）目前微透镜孔径 $a \ll f$,满足了傍轴条件,于是

$$\overline{MF'} = \sqrt{f^2 + r^2} \approx f + \frac{r^2}{2f},$$

即　　　　　　　　　$$\overline{MF'} - f \approx \frac{r^2}{2f},$$

代入（1）式得

$$n(r) = n_0 - \frac{r^2}{2fd}. \tag{2}$$

这表明该微透镜材料的变折射率函数 $n(r)$ 呈现二次抛物线型.当今制备这种二次函数型的变折射率材料的工艺已臻成熟.

（3）释疑:可能会有一个疑问,既然折射率 $n(r)$ 仅沿横向 r 方向变化,而沿轴向无变化,这似乎相当于沿轴向系均匀介质,那么一束平行于轴向的光束入射,为什么不照直前进,而是拐弯且聚焦?

这涉及到对"波场"的一个基本认识.孤立的一条光线实际上是不存在的,与一条光线相联系的有一个横向小波前 $\Delta\Sigma$.如果像本题这样,波前上方折射率较小,则其次波速度稍快于波前下方次波速

度. 于是这小波前 $\Delta\Sigma$ 在传播过程中逐渐倾斜, 导致宏观上的光线要弯曲. 这类似于一辆双轮车, 当其左侧轮速大于右侧轮速时, 该车就不能维持直线运动, 它将向右拐弯. 波场的这一运动图像明显地区别于质点运动图像. 两个质点只要不发生碰撞, 是可以独立运动的, 甚至彼此可以挨得很近而平行不悖地照直运动下去. 波动则不然, 一条光线的径迹是由其横向上众多次波的运动所集体决定的, 惠更斯原理已经表达了这一点. 从这个意义上说, 质点运动具有"个体"性, 波动具有"集体"性. 如果我们发现了一个新的客体, 其运动既有个体性又有集体性, 那就只好形容此客体具有"波粒二象性"了.

波动光学引论

2.1　钠黄光系双线结构,其包含的两种谱线的波长分别为 $\lambda_1 = 5890$ Å, $\lambda_2 = 5896$ Å. 设 $t=0$ 时刻,沿传播方向 z 轴的原点 O 处两波列的波峰重合.

(1) 沿 z 轴考察,两波列的波峰再次重合的距离 z_0 为多远?

(2) 若某光源发射双谱线 $\lambda_1' = 570.0$ nm 和 $\lambda_2' = 600.0$ nm,那么上述要求下的纵向距离 z_0' 为多少?

(3) 从 z_0, z_0' 的数值比较中可以引出怎样的定性结论?

解　(1) 两个波峰再次重合时传播距离 l 应当是 λ_1 和 λ_2 的最小公倍数,即满足

$$z = k\lambda_2 = (k + N)\lambda_1, \quad \text{且} k, N \text{ 为正整数}.$$

据此解出，

$$k = N \frac{\lambda_1}{\Delta\lambda} = N \frac{5890}{6} = N \times \frac{2945}{3} = 2945, \quad \text{当} N = 3. \quad (1)$$

就是说，当 $k = 2945, N = 3$ 时，可获得使两波峰再次重合时的最短传播距离，

$$z_0 = k\lambda_2 = 2945 \times 589.6\,\text{nm} \approx 1736.37\,\mu\text{m}.$$

从出发点 $z = 0$ 至此处 z_0，对于 λ_2 光波经历了 2945 个周期，对于 λ_1 光波经历了 (2945+3) 个周期.

对于本题还容易有一种简单化的考虑，认为两波峰再次重合时应当满足

$$k\lambda_2 = (k' + 1)\lambda_1, \quad \text{且} k' \text{ 为正整数}.$$

据此解出

$$k' = \frac{\lambda_1}{\Delta\lambda} = \frac{5890}{6} \approx 981.7,$$

这 k' 并非整数，这时两列波之波峰并不严格重合. 故这一简单考虑及其结果是不完全符合本题意要求的.

（2）根据（1）之推导，知悉整数 k' 应当满足

$$k' = N \frac{\lambda_1'}{\Delta\lambda'} = N \times \frac{570}{30} = N \times 19 = 19, \quad \text{当} N = 1.$$

即此时两波峰再次重合的最短传播距离为

$$z_0' = k'\lambda_2' = 19 \times 600\,\text{nm} = 11.40\,\mu\text{m}.$$

至 z_0' 处对于 λ_2' 光波经历了 19 个周期，对于 λ_1' 光波经历了 (19+1) 个周期.

（3）显然，$z_0 \gg z_0'$，这根源于 $\Delta\lambda \ll \Delta\lambda'$. 本题表明两个非同频或非同周期的简谐量之叠加，其结果仍然是一个周期性函数，其周期 z_0 反比于波长差 $\Delta\lambda$，即

$$z_0 = N \frac{\lambda_1\lambda_2}{\Delta\lambda}, \quad N \text{ 取最简整数}. \quad (2)$$

波长差或频差越小，则合成函数的周期越长. "拍"现象就是如此.

2.2 一束平行光其波长为 λ，其传播方向相对我们设定的坐标

架(xyz)的方向余弦角为(α,β,γ),且$\alpha=30°$,$\beta=75°$.

(1) 试写出其波函数$\widetilde{U}(x,y,z)$,设振幅为A,原点相位$\varphi_0=0$.

(2) 试写出其波前函数$\widetilde{U}(x,y)$.

(3) 若方向角β改变为$\beta'=90°,120°$,试分别写出其波前函数$\widetilde{U}_1(x,y)$和$\widetilde{U}_2(x,y)$.

解 (1) 基于平面波函数的标准形式,

$$\widetilde{U}(x,y,z)=Ae^{ik\cdot r}=Ae^{ik(\cos\alpha\cdot x+\cos\beta\cdot y+\cos\gamma\cdot z)},$$

令$\cos\alpha=\cos30°\approx0.866$, $\cos\beta=\cos75°\approx0.259$,且

$$\cos\gamma=\sqrt{1-(\cos^2\alpha+\cos^2\beta)}\approx0.428,$$

最后写出这束平行光的波前函数为

$$\widetilde{U}(x,y,z)=Ae^{ik(0.866x+0.259y+0.428z)},$$

其原点$(0,0,0)$的相位$\varphi_0=0$,这里波数$k=2\pi/\lambda$.

(2) 令$z=0$,获知其波前函数为

$$\widetilde{U}(x,y)=Ae^{ik(0.866x+0.259y)}.$$

(3) 令$\cos\beta'=\cos90°=0$,得其波前函数为

$$\widetilde{U}_1(x,y)=Ae^{ik(0.866x)},\quad \text{与}y\text{无关};$$

令$\cos\beta'=\cos120°=-\cos60°=-0.5$,得其波前函数为

$$\widetilde{U}_2(x,y)=Ae^{ik(0.866x-0.5y)},\qquad \text{此时}k_z=0.$$

2.3 如图所示,在一薄透镜的物方焦面上开有两个小孔O和Q而成为两个次波点源,且Q点满足傍轴条件即$a\ll F$(焦距).

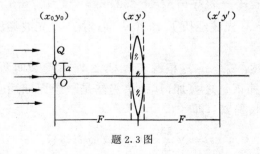

题2.3图

(1) 试写出点源O和Q在透镜前表面(xy)上产生的波前函数$\widetilde{U}_1(x,y)$和$\widetilde{U}_2(x,y)$.设振幅$A_1=A_2=A$.

（2）经透镜以后，上述两个球面波成为两列平面波，而射向像方焦面$(x'y')$，试写出各自的波前函数$\widetilde{U}'_1(x',y')$和$\widetilde{U}'_2(x',y')$。设振幅$A'_1=A'_2=A$。

解 （1）基于傍轴球面波前函数的标准形式，可以写出轴上点源$O(0,0)$所发射的波前函数为

$$\widetilde{U}_1(x,y)=A\mathrm{e}^{\mathrm{i}k\frac{x^2+y^2}{2F}}\cdot\mathrm{e}^{\mathrm{i}kF};$$

也可以写出轴外点源$Q(a,0)$所发射的波前函数为

$$\widetilde{U}_2(x,y)=A\mathrm{e}^{\mathrm{i}k\left(\frac{x^2+y^2}{2F}+\frac{a^2}{2F}-\frac{ax}{F}\right)}\cdot\mathrm{e}^{\mathrm{i}kF}.$$

（2）波前$\widetilde{U}_1$经透镜变换为一列正入射于后焦面$(x'y')$的平面波，其波前函数为

$$\widetilde{U}'_1(x',y')=A;$$

波前$\widetilde{U}_2$经透镜变换为一列斜入射于后焦面$(x'y')$的平面波，倾角θ朝下，$\sin\theta\approx a/F$，故其波前函数为

$$\widetilde{U}'_2(x',y')=A\mathrm{e}^{\mathrm{i}k(-\sin\theta)\cdot x'}=A\mathrm{e}^{-\mathrm{i}k\frac{ax'}{F}}.$$

以上波前函数表达式均不计较相位的绝对数值，而是注重表达在$(x'y')$面上的相位分布。

2.4 约定光路自左向右。发射平面(x_0y_0)在接收平面(xy)左侧，两者纵向距离$z=10^3$ mm。在发射平面上有三个点源，其横向位置坐标(x_0,y_0)分别为$(0,0)$，$(3\,\mathrm{mm},4\,\mathrm{mm})$和$(-3\,\mathrm{mm},-4\,\mathrm{mm})$，且同相位。

（1）试分别写出这三个点源所产生的波前函数$\widetilde{U}_1(x,y)$，$\widetilde{U}_2(x,y)$和$\widetilde{U}_3(x,y)$。设其波数均为k，振幅均为A。要求作图示意。

（2）试写出三者各自的共轭波前$\widetilde{U}_1^*(x,y)$，$\widetilde{U}_2^*(x,y)$和$\widetilde{U}_3^*(x,y)$，并从中判断其所代表的光波的聚散性及中心坐标(x_0,y_0,z_0)。

解 （1）这三个点源的横向坐标(x_0,y_0)均远小于纵向距离z，故傍轴条件得以满足，于是相应的波前函数为

$$Q_1(0,0)\longrightarrow\widetilde{U}_1(x,y)=A\mathrm{e}^{\mathrm{i}k\left(z+\frac{x^2+y^2}{2z}\right)},\quad z=10^3\,\mathrm{mm};$$

$$Q_2(3,4) \longrightarrow \widetilde{U}_2(x,y) = Ae^{ik\left(z+\frac{(x-3)^2+(y-4)^2}{2z}\right)};$$

$$Q_3(-3,-4) \longrightarrow \widetilde{U}_3(x,y) = Ae^{ik\left(z+\frac{(x+3)^2+(y+4)^2}{2z}\right)}.$$

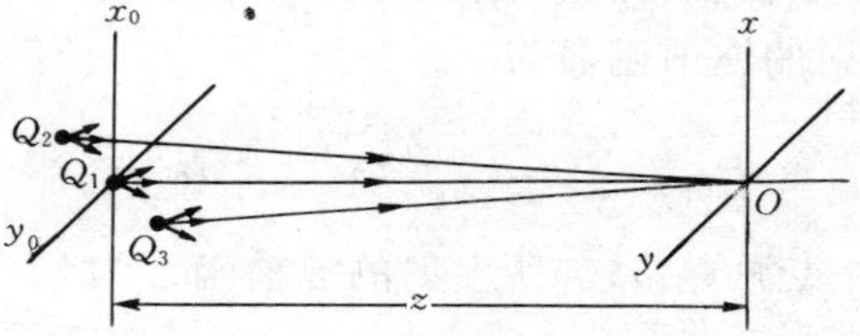

题 2.4 图

(2) 它们各自的共轭波前分别为

$$\widetilde{U}_1^*(x,y) = Ae^{-ik\left(z+\frac{x^2+y^2}{2z}\right)}$$

$$\longrightarrow 会聚中心为 Q_1^*(0,0,z);$$

$$\widetilde{U}_2^*(x,y) = Ae^{-ik\left(z+\frac{(x-3)^2+(y-4)^2}{2z}\right)}$$

$$\longrightarrow 会聚中心为 Q_2^*(3,4,z);$$

$$\widetilde{U}_3^*(x,y) = Ae^{-ik\left(z+\frac{(x+3)^2+(y+4)^2}{2z}\right)}$$

$$\longrightarrow 会聚中心为 Q_3^*(-3,-4,z).$$

这三列傍轴球面波均为会聚球面波,故上述位置坐标中的 z 自然地均指在 (xy) 平面右方 10^3 mm 处. 总之, Q_1 与 Q_1^*, Q_2 与 Q_2^*, Q_3 与 Q_3^* 均以 (xy) 为镜面而对称.

2.5 在波前 (xy) 平面上分别出现以下几种相位分布函数:

$$\widetilde{U}_1 \propto e^{i5k\frac{x^2+y^2}{D}},$$

$$\widetilde{U}_2 \propto e^{ik\frac{x^2+y^2}{2D}} \cdot e^{-ik\frac{5x+8y}{2D}},$$

$$\widetilde{U}_3 \propto e^{-i4k\frac{x^2+y^2}{2D}} \cdot e^{-ik\frac{5x+8y}{2D}},$$

k 为波数, $D>0$. 试分别判断这些波前所联系的波场的类型和特征.

解 处理此类问题的概念基础是熟悉平面波前函数的标准形式和傍轴球面波前函数的标准形式,然后将面对的波前相位函数作恰当的改写,以便与这标准形式作比对,从而作出正确判断.

$$\widetilde{U}_1 \propto \mathrm{e}^{\mathrm{i}5k\frac{x^2+y^2}{D}} = \mathrm{e}^{\mathrm{i}k\frac{x^2+y^2}{2(D/10)}},$$

据此可见,该波前联系着一束傍轴发散球面波,其发散中心的位置为 $(0,0,D/10)$,即其中心位于轴上、在 (xy) 面左方距离 $D/10$ 处.

$$\widetilde{U}_2 \propto \mathrm{e}^{\mathrm{i}k\frac{x^2+y^2}{2D}} \cdot \mathrm{e}^{-\mathrm{i}k\frac{5x+8y}{2D}} = \mathrm{e}^{\mathrm{i}k\frac{x^2+y^2}{2D}} \cdot \mathrm{e}^{-\mathrm{i}k\frac{\frac{5}{2}x+\frac{8}{2}y}{D}},$$

据此可见,该波前联系着一束傍轴发散球面波,其发散中心位于 $(2.5, 4, D)$,即它系轴外点源所发射,点源位于 (xy) 面左方距离 D 处.

$$\widetilde{U}_3 \propto \mathrm{e}^{-\mathrm{i}4k\frac{x^2+y^2}{2D}} \cdot \mathrm{e}^{-\mathrm{i}k\frac{5x+8y}{2D}} = \mathrm{e}^{-\mathrm{i}k\frac{x^2+y^2}{2(D/4)}} \cdot \mathrm{e}^{-\mathrm{i}k\frac{\frac{5}{8}x+\frac{8}{8}y}{D/4}}$$

$$= \mathrm{e}^{-\mathrm{i}k\frac{x^2+y^2}{2(D/4)}} \cdot \mathrm{e}^{+\mathrm{i}k\frac{\left(-\frac{5}{8}\right)x+(-y)}{D/4}},$$

据此可见,该波前代表一束傍轴会聚球面波,其会聚中心位于 $(-5/8, 1, D/4)$,即会聚于轴外、在 (xy) 平面右方距离 $D/4$ 处.

2.6 太阳看起来像个圆盘,这说明对地球上的观察者而言,太阳显然不是一个点源.那么,

(1) 太阳上一点源发射的球面波,到达地球上在多大范围内可被看作一平面波.已知日地距离约为 1.5×10^8 km,波长取 $0.5\ \mu$m.

(2) 对于月亮,其上一点源发射的球面波,在地球多大范围内可被看作一平面波.已知月地距离约为 3.8×10^5 km.

解 这是一个关于远场条件的问题,设远场距离为 z_{f},接收处之横向范围为 ρ,则要求

$$z_{\mathrm{f}}\lambda \gg \rho^2, \qquad \text{取} \quad z_{\mathrm{f}}\lambda = 50\rho^2 \tag{1}$$

得以满足,方可在 ρ 范围内接收到平面波前函数,虽然这列波是由一点源发射来的.

(1) 据式 (1) 求得

$$\rho = \sqrt{\frac{z\lambda}{50}} = \sqrt{\frac{(1.5 \times 10^8 \times 10^3)(0.5 \times 10^{-6})}{50}} \text{m} \approx 40 \text{ m}.$$

由于太阳是一个光盘(面光源),故人们在方圆 40 m 范围内接收的阳光含一系列不同方向的平面波.

(2) 对于月光,

$$\rho = \sqrt{\frac{z\lambda}{50}} = \sqrt{\frac{(3.8 \times 10^5 \times 10^3)(0.5 \times 10^{-6})}{50}} \text{m} \approx 2 \text{ m}.$$

2.7 一射电源离地面高度 h 约 300 km,向地面发射波长 λ 约 20 cm 的微波,接收器的孔径 ρ 为 2 m.试问针对孔径 ρ,这射电源的高度 h 是否满足远场条件?

解 满足远场条件的高度 h_f 由下式决定:

$$h_f = 50 \frac{\rho^2}{\lambda} = 50 \frac{\rho}{\lambda}\rho = 50 \times \frac{2 \text{ m}}{20 \text{ cm}} \times 2 \text{ m} = 10^3 \text{ m} = 1 \text{ km}.$$

可见这射电源高度 h 为 300 km $\gg h_f$,是足够满足远场条件的;在横向 2 m 范围内面对 1 km 远的点源就能接收到平面波前,这缘于射电源的发射波长为长波 20 cm. 若对于光波长比如 0.5 μm,则 $\rho/\lambda \approx 4 \times 10^6$,于是 h_f 应该达到 4×10^5 km!

※   ※   ※

2.8 在杨氏双孔实验中,孔距为 0.4 mm,孔与接收屏的距离为 3 m,试分别对下列三条典型谱线求出干涉条纹的间距:
F 蓝线 $\lambda_1 = 4861$ Å[①],   D 黄线 $\lambda_2 = 5893$ Å,   A 红线 $\lambda_3 = 6563$ Å.

解 根据双孔干涉条纹间距公式

$$\Delta x = \frac{D}{d}\lambda = \frac{3 \text{ m}}{0.4 \text{ mm}}\lambda \approx 7.5 \times 10^3 \lambda,$$

当 $\lambda_1 = 4861$ Å,得 $\Delta x_1 = 3.65$ mm;当 $\lambda_2 = 5893$ Å,$\Delta x_2 = 4.42$ mm;当 $\lambda_3 = 6563$ Å,得 $\Delta x_3 = 4.92$ mm. 若入射光同时含有这三种波长成分,则通过双孔干涉可以显示出色彩来.这是历史上第一个定量地显示干涉色散效应的实验.

2.9 在杨氏双孔实验中,孔距为 0.45 mm,孔与接收屏的距离

---

① 1 Å $= 10^{-10}$ m $= 0.1$ nm.

为 1.2 m,在某一准单色光照明下,测得 10 条亮纹之间的距离为 15 mm.求光波长.

解　根据双孔干涉条纹间距公式 $\Delta x = D\lambda/d$,可由条纹间距测定光波长

$$\lambda = \frac{d}{D}\Delta x = \frac{0.45\,\text{mm}}{1.2\,\text{m}}\,\frac{15\,\text{mm}}{(10-1)} \approx 625\,\text{nm}.$$

历史上,杨(T. Young)用自己发明的双孔或双缝干涉装置,第一次测出了 7 种光的波长.我们要注意到,双孔干涉条纹间距 Δx 公式中的那个空间比例系数 D/d,正是它将光行波的空间周期 λ 放大为光强分布的空间周期 Δx,以供人们观测不能直接观察的光波长.

2.10　如图所示.两束相干平行光束其传播方向均平行于 (xz) 面,对称地斜入射于记录介质 (xy) 面上,光波长为氦氖激光 6328 Å.

(1)当两束光之夹角为 10°时,求干涉条纹的间距 Δx 及相应的空间频率 f.

(2)当两束光之夹角为 60°时,求干涉条纹的间距及相应的空间频率.

(3)若记录介质的空间分辨率为 1500 线/mm,试问这介质能否精确地记录下上述两种条纹.

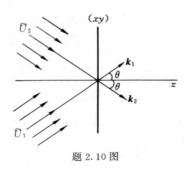

题 2.10 图

解　两列平行光的干涉场,在这种入射条件下其条纹间距公式为

$$\Delta x = \frac{\lambda}{\sin\theta_1 + \sin\theta_2} = \frac{\lambda}{2\sin\theta},$$

（1）当 $\theta=5°$，得 $\Delta x_1=6328\,\text{Å}\,/(2\times\sin 5°)\approx 3.63\,\mu\text{m}$；相应的空间频率为 $f_1=1/\Delta x_1\approx 276$ 线/mm.

（2）当 $\theta=30°$，得 $\Delta x_2=6328\,\text{Å}\,/(2\times\sin 30°)\approx 0.63\,\mu\text{m}$；相应的空间频率为 $f_2=1/\Delta x_2\approx 1580$ 线/mm.

（3）故若记录介质的空间分辨率 $f_0\approx 1500$ 线/mm，则它能精确记录 $f_1\approx 276$ 线/mm 的干涉条纹而不能精确记录 $f_2\approx 1580$ 线/mm 的条纹.

2.11 （接上题）若那两束平行光系来自同一光源所发射的自然光，且光强相等.

（1）当两束光之夹角 $\alpha=20°$，求干涉场的衬比度 γ.

（2）当两束光之夹角 $\alpha=90°$，求干涉场的衬比度 γ.

（3）若两束光强不相等，设 $I_2=mI_1$，试导出 $\gamma(\alpha,m)$ 函数形式.

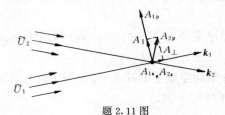

题 2.11 图

解　我们已经导出，光强相等的两束平行光之干涉场的衬比度 γ 与双光束之夹角的关系式（可参见原书 2.5 节），

$$\gamma=\frac{1}{2}(1+\cos\alpha). \tag{1}$$

（1）据此，当 $\alpha=20°$ 时，得其衬比度

$$\gamma=\frac{1}{2}(1+\cos 20°)\approx 0.97.$$

（2）当 $\alpha=90°$ 时，得其衬比度

$$\gamma=\frac{1}{2}(1+\cos 90°)=0.5.$$

（3）若双光束光强不相等，$I_2=mI_1$，$m\neq 1$，则需要对（1）式作适当修正以反映强度比 $m\neq 1$ 导致的干涉场衬比度 γ 之下降趋势. 具体推演 $\gamma(\alpha,m)$ 函数如下（参见题图）.

设第一列波之光矢量的正交分量为(A_{1s}, A_{1p}),且 $A_{1s}^2 = A_{1p}^2 = I_1/2$;第二列波之光矢量的正交分量为$(A_{2s}, A_{2p})$,且 $A_{2s}^2 = A_{2p}^2 = I_2/2$. 注意到,垂直纸面的两个分量$(A_{1s}, A_{2s})$是同方向的,故它俩产生的干涉场其强度极大 I_{Ms}或极小 I_{ms}分别为

$$I_{Ms} = A_{1s}^2 + A_{2s}^2 + 2A_{1s}A_{2s} = \frac{I_1}{2} + \frac{I_2}{2} + \sqrt{I_1 I_2},$$

$$I_{ms} = A_{1s}^2 + A_{2s}^2 - 2A_{1s}A_{2s} = \frac{I_1}{2} + \frac{I_2}{2} - \sqrt{I_1 I_2}.$$

然而,平行纸面的两个分量(A_{1p}, A_{2p}),其方向并不一致,兹将 A_{2p}分解为$(A_{/\!/}, A_\perp)$,这里 $A_{/\!/} = A_{2p} \cos \alpha /\!/ A_{1p}$, $A_\perp = A_{2p} \sin \alpha$, $A_\perp \perp A_{2p}$. 于是,A_{1p}与 $A_{/\!/}$产生相干极大 I_{Mp}或极小 I_{mp}分别为

$$I_{Mp} = A_{1p}^2 + A_{/\!/}^2 + 2A_{1p}A_{/\!/} = \frac{I_1}{2} + \frac{I_2}{2} \cos^2 \alpha + \sqrt{I_1 I_2} \cdot \cos \alpha,$$

$$I_{mp} = A_{1p}^2 + A_{/\!/}^2 - 2A_{1p}A_{/\!/} = \frac{I_1}{2} + \frac{I_2}{2} \cos^2 \alpha - \sqrt{I_1 I_2} \cdot \cos \alpha.$$

同时考虑到另一正交分量 $A_\perp$作为一个非相干成分而提供了一光强为 $\bar{I}$ 的均匀背景光

$$\bar{I} = A_\perp^2 = (A_{2p} \sin \alpha)^2 = \frac{I_2}{2} \sin^2 \alpha.$$

我们知道,干涉极大位置或极小位置仅决定于到达屏幕上各点的光程差,而与两个平行的光矢量的取向无关. 这就是说,屏幕上某一处将同时出现光强极大 I_{Ms}和 I_{Mp},另一处将同时出现光强极小 I_{ms}和 I_{mp}. 因而,屏幕上总光强极大值和极小值应当为

$$I_M = I_{Ms} + I_{Mp} + \bar{I}$$
$$= I_1 + \frac{I_2}{2}(1 + \cos^2 \alpha) + \sqrt{I_1 I_2}(1 + \cos \alpha) + \frac{I_2}{2} \sin^2 \alpha,$$

$$I_m = I_{ms} + I_{mp} + \bar{I}$$
$$= I_1 + \frac{I_2}{2}(1 + \cos^2 \alpha) - \sqrt{I_1 I_2}(1 + \cos \alpha) + \frac{I_2}{2} \sin^2 \alpha,$$

于是,

$$\begin{cases} I_M - I_m = 2\sqrt{I_1 I_2}(1 + \cos \alpha), \\ I_M + I_m = 2I_1 + I_2(1 + \cos^2 \alpha) + I_2 \sin^2 \alpha = 2(I_1 + I_2). \end{cases}$$

两者之比得到干涉场衬比度公式为

$$\gamma(\alpha,m) = \frac{\sqrt{I_1 I_2}}{I_1 + I_2}(1 + \cos\alpha) = \frac{\sqrt{m}}{1+m}(1+\cos\alpha). \quad (2)$$

例如,夹角 $\alpha = 20°$,光强比 $m = I_2/I_1 = 2$ 或 $1/2$,则

$$\gamma \approx 0.91.$$

以上 $\gamma(\alpha,m)$ 公式对于激光分束干涉实验,比如制备激光全息光栅,有重要的参考价值.

2.12　如图(a)所示,三束完全相干的平行光投射于屏幕(xy),设其振幅为 A_1, $A_0 = 2A_1$, $A_2 = A_1$;其初相位在原点均为 0.试分别采用复数法和矢量图解法,求出干涉场的复振幅分布 $\widetilde{U}(x,y)$,并据此讨论干涉场的主要特征,本题要求作图显示 $I(x)$ 曲线.

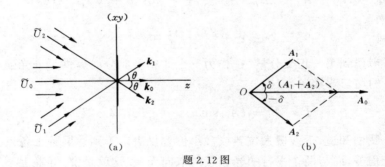

题 2.12 图

解　(1) 这三列平面波在(xy)面上的波前函数分别为

$$\widetilde{U}_1(x,y) = A_1 e^{ik\sin\theta \cdot x}, \quad \widetilde{U}_0(x,y) = A_0,$$

$$\widetilde{U}_2(x,y) = A_2 e^{-ik\sin\theta \cdot x}.$$

于是,其干涉场为

$$\begin{aligned}
\widetilde{U}(x,y) &= \widetilde{U}_1 + \widetilde{U}_0 + \widetilde{U}_2 \\
&= A_0 + A_1 e^{ik\sin\theta \cdot x} + A_2 e^{-ik\sin\theta \cdot x} \\
&= 2A_1 + 2A_1 \cos(k\sin\theta \cdot x) \\
&= 2A_1(1 + \cos(k\sin\theta \cdot x)) \quad (\text{当 } A_0 = 2A_1, A_2 = A_1),
\end{aligned}$$

可见,这合成的干涉场分布是一简单的正实函数,即它无相位分布,这源于 $\widetilde{U}_1$ 波与 $\widetilde{U}_2$ 波是一对共轭波.

上述这三列波之振幅关系和相位关系也可采取矢量图解法显示出来,如图(b)所示,其中相位值 $\delta = k\sin\theta \cdot x$. 从此矢量图中不难求解出其合成振幅矢量 $\boldsymbol{A} = \boldsymbol{A}_1 + \boldsymbol{A}_0 + \boldsymbol{A}_2$,结果与上述的完全一致.

(2) 由 $\widetilde{U}(x,y)$ 便可给出干涉强度分布函数

$$I(x,y) = \widetilde{U} \cdot \widetilde{U}^* = 4I_1(1 + \cos(k\sin\theta \cdot x))^2 \quad (I_1 = A_1^2)$$
$$= 4I_1(1 + 2\cos 2\pi fx + \cos^2 2\pi fx) \quad (f \equiv \sin\theta/\lambda)$$
$$= 4I_1 + 8I_1\cos 2\pi fx + 4I_1\cos^2 2\pi fx,$$

由此可见,干涉条纹是平行于 y 轴的直条纹.其沿 x 方向的光强呈现周期性变化,它包含三种简单成分:均匀不变的直流成分 $4I_1$,空间频率为 f 的交变成分 $8I_1\cos 2\pi fx$,还有空间频率为 $2f$ 的倍频成分 $4I_1\cos^2 2\pi fx$.这强度分布曲线 $I(x)$ 显示于图(c),此图纵坐标表示光强 I,其单位取为 $4I_1$,横坐标表示相角 $2\pi fx$,其单位取为弧度 (rad).前三个图分别显示上述三种简单成分.

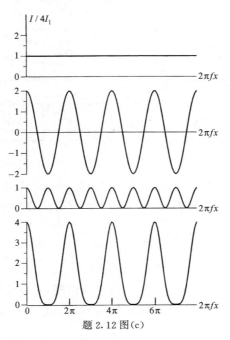

题 2.12 图(c)

图(c)中第 4 个图显示三光束干涉强度分布 $I(x)$,从中看出它

有两个主要特点：其条纹间距为 $\Delta x=1/f=\lambda/\sin\theta$，这相同于双光束 $(\tilde{U}_1,\tilde{U}_0)$ 或 $(\tilde{U}_2,\tilde{U}_0)$ 干涉条纹的间距公式；其光强极大峰变得尖锐了，而其光强极小谷底变得平坦了些，这是第三列光波参与相干叠加的结果.

本题旨在让我们认识到多光束干涉相比双光束干涉，其结果的一个主要特点是干涉亮纹变得细锐了，尽管这里仅仅是三光束干涉场，也已经显示出这一变化趋势.

2.13 让我们来研究一平面波和一球面波的干涉场，这可通过一点源被置于一旋转抛物镜面的焦点处来实现，参见题图. 设平面波的振幅为 A_1，傍轴球面波到达记录介质平面 (xy) 的振幅为 A_2，其发散中心到记录介质平面之距离为 a.

(1) 试导出干涉场的波前函数 $\tilde{U}(x,y)$ 和光强分布 $I(x,y)$.

(2) 明示干涉花样的特征.

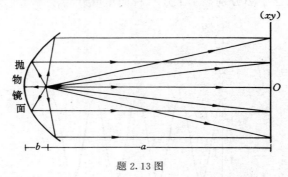

题 2.13 图

解 (1) 我们可以预料此干涉场将呈现同心干涉圆环，因为此干涉装置具有轴对称性. 设其中的平面波前函数为 $\tilde{U}_1(x,y)$，傍轴球面波前函数为 $\tilde{U}_2(x,y)$，则这干涉场为

$$\tilde{U}(x,y)=\tilde{U}_1(x,y)+\tilde{U}_2(x,y)=A_1+A_2\mathrm{e}^{\mathrm{i}k\frac{x^2+y^2}{2a}}\cdot\mathrm{e}^{\mathrm{i}\varphi_0},$$

这里 φ_0 表示这两列波在原点 O 处之相位差，其数值取决于点源与抛物镜面之距离 b；若不计及光在抛物镜面反射时可能存在的相位突变，则

$$\varphi_0=k\cdot 2b,$$

总之,φ_0 是个常数,其影响仅决定着中心处的干涉强度是亮或暗,抑或居中.

与 $\tilde{U}(x,y)$ 相应的干涉强度分布为

$$I(x,y) = A_1^2 + A_2^2 + 2A_1A_2\cos\delta(x,y),$$

$$\delta(x,y) = k\,\frac{x^2+y^2}{2a} + \varphi_0.$$

(2) 干涉花样的形状决定于等相位差的点之轨迹,即

$$\delta(x,y) = C,\quad 即\quad (x^2+y^2) = r^2 = C',$$

显然,它是一个圆周方程.这表明此干涉花样是一系列同心圆环,且可以说明其相邻环距随半径增加而减少,即内疏外密,类似于一张经典菲涅耳波带片.实验显示也正是如此,若在 (xy) 面上放置一乳胶干版以记录这一组同心干涉环,尔后对其作恰当的化学处理(线性冲洗),便制备成一张余弦型环状波带片,它有着独特的衍射功能,是现代波带片之一种,可参阅原书 2.10 节.

2.14 讨论一个随机干涉场问题.设想杨氏实验中的双孔即两个相干点源的间距 d 在作无规的颤动,而成为一个随机量 $d=d_0+\tilde{\Delta}$,这里 d_0 是平均间距,$\tilde{\Delta}$ 是一个随机涨落的量,且 $d_0\gg|\tilde{\Delta}|\gg\lambda$;还有,这无规颤动的周期远小于探测器的响应时间;当然,也无妨再设定 Δ 取值的概率分布函数 $f(\Delta)$ 服从某一统计分布律,比如高斯分布 $f(\Delta)\propto\mathrm{e}^{-\alpha\Delta^2}$.试定性地描绘出所观测到的平均干涉强度曲线 $I(x)$.

提示:相位差 $\delta(x)=k\dfrac{d}{D}x=k\dfrac{d_0}{D}x+k\dfrac{\tilde{\Delta}}{D}x$;$\delta(x)$ 的无规性是受抑的,即为场点位置 x 所控制.

解 1. **定性分析——受抑无规行走**. 如图(a),我们知道,场点 P 的干涉强度取决于光程差 $\Delta r=(r_2-r_1)$,或相位差 $\delta(P)$,它决定于 (d,D,x,λ),即

$$\delta(P) = k\frac{d}{D}x = k\frac{d_0}{D}x + k\frac{\tilde{\Delta}}{D}x$$
$$= \delta_0(x) + \tilde{\delta}(\tilde{\Delta},x),$$

这里,相位涨落量 $\tilde{\delta}(\tilde{\Delta},x)=k\dfrac{\tilde{\Delta}}{D}x$.

因之,双孔间隔的随机伸缩 $\tilde{\Delta}$,将导

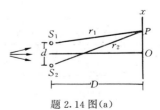

题 2.14 图(a)

致固定场点 P 之相位差的不稳定 $\tilde{\delta}$,相应地这引起 P 点相干强度的不稳定. 然而,定量上看,涨落量 $\tilde{\Delta}$ 引起 $\tilde{\delta}$ 涨落的量值,却受到场点位置 x 的控制. 对于中心原点 $x=0$,故 $\tilde{\delta}=0$,这里始终是亮纹,即其邻近的强度分布依然是大起大落;随离轴位置 x 的增加,$\tilde{\delta}$ 量亦渐增加,以致 x 足够远时,其干涉强度时亮时暗,即其邻近的强度分布趋向平稳. 若用处理随机事件的统计语言表述,目前场点相位差的随机变化呈现"受抑无规行走"态势. 其受抑程度大致可划分为三级:

　　　　$\tilde{\delta}$ 在 $(0,\pm\pi/2)$ 变化,则 $0<\langle\cos\tilde{\delta}\rangle<1$,系部分无规;

　　　　$\tilde{\delta}$ 在 $(0,\pm\pi)$ 变化,则 $\langle\cos\tilde{\delta}\rangle=0$,系完全无规;

　　　　$\tilde{\delta}=0$,则 $\langle\cos\tilde{\delta}\rangle=1$,系完全有序或完全受抑.

　　我们就以 $\tilde{\delta}=2\pi$ 来估算最大离轴距离 x_{M},自此以远的强度分布趋于均匀,即

$$\text{令}\quad k\frac{\Delta_{\mathrm{M}}}{D}x_{\mathrm{M}}=2\pi,\qquad\text{得}\qquad x_{\mathrm{M}}=\frac{D\lambda}{\Delta_{\mathrm{M}}},$$

这里,Δ_{M} 可理解为双孔间隔 d 以 d_0 为中心值而伸缩的最大宽度. 根据题意,$\Delta_{\mathrm{M}}\ll d_0$,取 $\Delta_{\mathrm{M}}=d_0/10$,于是

$$x_{\mathrm{M}}\approx\frac{D\lambda}{d_0/10}=10\frac{D\lambda}{d_0}=10\Delta x_0,$$

其中,$\Delta x_0=D\lambda/d_0$,正是双孔间隔为中心值 d_0 时所产生的干涉条纹的间距. 以上结果表明,本题情形下所观测到的干涉强度分布,大致经历 10 个起伏以后趋向均匀,而使衬比度 $\gamma\approx0$,以致条纹消失,如图(b)所示,$I(x)$ 以 $2I_0$ 为平均值上下起伏,呈现衰减振荡,相应地这干涉场的衬比度 $\gamma(x)$ 从 1 单调地下降为 0. 这里,I_0 是一个点源发射的光束在幕上贡献的光强.

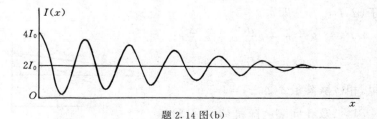

题 2.14 图(b)

2. **精确推演.** 由于观测时间 Δt 远远大于双孔间隔跃变的周期 τ,故我们观测到的强度 I 是大数目 N 次强度 I_τ 的平均值. 从统计方法的眼光看,"循序制的平均值"等效为"同时制的叠加值",即,假设同时存在 N 对间距不等的双孔,它们同时在屏幕上产生间距不同的条纹,其非相干叠加结果便是观测值 $I(x)$. 首先让我们引入一个概率密度函数 $f(\Delta)$,于是,在双孔间隔偏离 d_0 量 $\Delta \sim \Delta + d\Delta$ 区间中,双孔的数目为

$$dN = f(\Delta)Nd\Delta, \quad \text{且} \quad \int_{-\infty}^{\infty} f(\Delta)d\Delta = 1 \quad (\text{归一化}),$$

这 dN 对点源在 (xy) 面上贡献的干涉强度为

$$dI = 2i_0\left(1 + \cos\frac{2\pi}{\Delta x}x\right)dN, \quad \Delta x = \frac{D\lambda}{d_0 + \Delta}, \quad \Delta x \text{ 即条纹间距.}$$

则总光强为

$$I(x) = \int_{-\infty}^{\infty} dI = 2i_0N\int_{-\infty}^{\infty} f(\Delta) \cdot \left(1 + \cos\frac{2\pi}{\Delta x}x\right)d\Delta,$$

注意到平均间隔 d_0 对应的条纹间距为 $\Delta x_0 = D\lambda/d_0$,引入缩写符号

$$\varphi_0 = 2\pi\frac{xd_0}{D\lambda} = 2\pi\frac{x}{\Delta x_0},$$

于是,以上积分式被写成

$$I(x) = 2i_0N\int_{-\infty}^{\infty} f(\Delta)d\Delta + 2i_0N\int_{-\infty}^{\infty} f(\Delta) \cdot \cos\left(\frac{2\pi x}{D\lambda}\Delta + \varphi_0\right)d\Delta,$$

其中,第一项积分值可利用 $f(\Delta)$ 归一化条件,遂得

$$2i_0N\int_{-\infty}^{\infty} f(\Delta)d\Delta = 2i_0N = 2I_0, \quad I_0 = Ni_0;$$

第二项积分成为

$$I'(x) = 2I_0\int_{-\infty}^{\infty} f(\Delta) \cdot \cos\left(\frac{2\pi x}{D\lambda}\Delta + \varphi_0\right)d\Delta,$$

它取决于概率密度函数 $f(\Delta)$ 的线型. 也许更为实际的考虑应当设它具有高斯线型,$f(\Delta) \propto \exp(-\alpha\Delta^2)$;眼下为了计算方便而又不失其结果的正确性,我们设 $f(\Delta)$ 具方垒型如图(c)所示,

$$f(\Delta) = \begin{cases} 1/\Delta_0, & \text{当 } |\Delta| < \Delta_0/2, \\ 0, & \text{当 } |\Delta| > \Delta_0/2, \end{cases}$$

即 $f(\Delta)$ 的宽度为 Δ_0. 于是,

$$I'(x) = 2I_0 \frac{1}{\Delta_0} \int_{-\Delta_0/2}^{\Delta_0/2} \cos\left(\frac{2\pi x}{D\lambda}\Delta + \varphi_0\right) \mathrm{d}\Delta$$

$$= 2I_0 \frac{\sin u}{u} \cos\varphi_0, \quad u \equiv \pi\frac{\Delta_0 x}{D\lambda}.$$

最后给出

$$I(x) = 2I_0\left(1 + \frac{\sin u}{u}\cos\frac{2\pi}{\Delta x_0}x\right), \quad u = \frac{\pi\Delta_0 x}{D\lambda}.$$

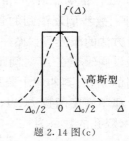

题 2.14 图(c)

这一定量表达式告诉我们:

(1) $I(x)$ 的平均值 $\bar{I} = 2I_0$.

(2) $I(x)$ 以 $\bar{I}$ 为基准而上下起伏,呈现衰减振荡;振荡的空间周期依然为 Δx_0,它正是双孔间隔 d_0 所对应的条纹间距;起伏幅值被 sinc 型慢变函数 $\sin u/u$ 所调制.

(3) 这调幅的慢变函数正是我们关注的光学衬比度

$$\gamma(x) = \left|\frac{\sin u}{u}\right| = \left|\frac{\sin(\pi\Delta_0 x/D\lambda)}{\pi\Delta_0 x/D\lambda}\right|.$$

(4) 当 $\Delta_0 x = D\lambda$ 时,γ 值出现第一个零点,即条纹消失处的最大位置 x_M 满足

$$x_M \approx \frac{D\lambda}{\Delta_0}.$$

正如我们所期望的,这里精确的理论推演所得到的主要结果,与先前的定性分析的结论是一致的. 这里的 Δ_0 正是定性分析时给出的 $2\Delta_M$. 当双孔间隔跃变宽度 $\Delta_0 \approx d_0/10$ 时,得 $x_M \approx 10D\lambda/d_0 = 10\Delta x_0$,即这干涉场的强度起伏大约经历 10 个条纹便趋向平稳. 换言之,在 $0 < x < x_M$ 范围中,干涉场的衬比度 γ 在 $1 > \gamma > 0$,这系部分相干场.

3. 物理意义. 本题为研究散射光场提供了一个简化模型和基本图像. 我们知道,就大量微粒对光的散射而言,虽然这些散射点源是相干的,但是它们之间的间距因无规热运动而作随机变化,这导致散射光场是一个部分相干场.

※   ※   ※

2.15 在菲涅耳圆孔衍射实验中,点光源距离圆孔 1.5 m,接收屏距离圆孔 6.0 m,圆孔半径 ρ 从 0.50 mm 开始逐渐扩大,设光波长

为 $0.63\,\mu\mathrm{m}$. 求

(1) 最先两次出现中心亮斑时圆孔的半径 ρ_1,ρ_2.

(2) 最先两次出现中心暗斑时圆孔的半径 ρ_1',ρ_2'.

解　(1) 首先考量在 (R,b,λ) 给定条件下,圆孔半径 ρ_0 为 $0.50\,\mathrm{mm}$ 时它所包含的半波带数 k_0,为此引用一般公式,

$$\rho_k=\sqrt{k}\,\rho_1, \quad \rho_1=\sqrt{\frac{Rb\lambda}{R+b}}.$$

得本题条件下,第一个半波带之半径

$$\rho_1=\sqrt{\frac{(1.5\times10^3)\times(6.0\times10^3)\times(0.63\times10^{-3})}{(1.5\times6.0)\times10^3}}\,\mathrm{mm}$$

$$\approx0.87\,\mathrm{mm}.$$

显然,$k_0<1$. 故最先两次出现中心亮斑时圆孔的半径分别为

$$\rho_1\approx0.87\,\mathrm{mm}, \quad \rho_2=\sqrt{3}\,\rho_1\approx1.5\,\mathrm{mm}.$$

(2) 最先两次出现中心暗斑时圆孔的半径分别为

$$\rho_1'=\sqrt{2}\,\rho_1\approx1.2\,\mathrm{mm}, \quad \rho_2'=\sqrt{4}\,\rho_1\approx1.7\,\mathrm{mm}.$$

2.16　在菲涅耳圆孔衍射实验中,点光源距离圆孔 $2.0\,\mathrm{m}$,圆孔半径固定为 $2.0\,\mathrm{mm}$,波长为 $0.5\,\mu\mathrm{m}$. 当接收屏由很远处向圆孔靠近时,求

(1) 最先三次出现中心亮斑的屏幕位置(与圆孔的距离).

(2) 最先三次出现中心暗斑的屏幕位置.

解　(1) 首先考量在 (R,ρ,λ) 给定条件下,当 $b\to\infty$ 时圆孔 ρ_0 为 $2.0\,\mathrm{mm}$ 所包含的半波带数目 k_0. 引用公式

$$\rho_0=\sqrt{k_0}\,\rho_1, \quad \rho_1=\sqrt{R\lambda}, \quad \text{当 } b\to\infty.$$

得　$k_0=\dfrac{\rho_0^2}{\rho_1^2}=\dfrac{\rho_0^2}{R\lambda}=\dfrac{(2.0)^2}{(2.0\times10^3)\times(0.5\times10^{-3})}=4.0,$

这恰巧为偶数个半波带,此时中心为暗斑. 因此,当接收屏由极远开始而逐渐靠近圆孔时,最先三次出现中心亮斑所对应的屏距 b 应满足 $k=5,7,9$. 根据半波带类透镜公式

$$\frac{1}{R}+\frac{1}{b}=k\frac{\lambda}{\rho^2} \quad \text{或} \quad \frac{1}{b}=k\frac{\lambda}{\rho^2}-\frac{1}{R},$$

令 $k=5$,得屏距 b_1 满足

$$\frac{1}{b_1} = 5 \times \frac{0.5 \times 10^{-3}}{(2.0)^2}\text{mm}^{-1} - \frac{1}{2.0 \times 10^3}\text{mm}^{-1}$$

$$= 0.125 \times 10^{-3}\ \text{mm}^{-1},$$

即 $$b_1 \approx 8.0\ \text{m};$$

类似计算得

$$b_2 = 2.7\ \text{m}, \quad 当 k = 7;\quad b_3 = 1.6\ \text{m}, \quad 当 k = 9.$$

由此可见,衍射光强变化对于轴向位移的反应是相当缓慢的.

(2)令 $k=6,8,10$,便可求得最先三次出现中心暗斑所对应的屏距,

$$b_1' \approx 4.0\ \text{m}, \quad b_2' \approx 2.0\ \text{m}, \quad b_3' \approx 1.3\ \text{m}.$$

2.17 用一直边刀片将点光源产生的波前遮住一半,问在一定距离的屏幕上几何阴影边缘点的衍射光强为多少(与自由传播光强 I_0 比较).

解 这种情况相当于自由传播时的所有半波带均被遮掉一半,故各开放的半环带对场点贡献的振幅亦减半,而相位关系依旧.因之,此时轴上场点 P_0 的合成振幅为

$$A(P_0) = \frac{1}{2}A_0(P_0), \quad 即 \quad 光强 I(P_0) = \frac{1}{4}I_0.$$

同时,进入几何阴影区内的衍射将急剧地下降为零;而进入几何照明区内的衍射光强有所起伏,以 I_0 值为平均线呈现几个衰减振荡后也很快地趋于平稳值 I_0.这些细致变化均来自菲涅耳积分的结果,本题不予深究.

2.18 如图(a)—(f)所示系 6 个不同样式的衍射屏用以面对一平面光波,图旁的符号表示该处到轴上观察点 P 的距离,而 b 正是这衍射屏中心到 P 之距离.试分别给出衍射光强 $I(P)$,与自由传播光强 I_0 相比较.

解 这类问题均可以采取细致的矢量图解法(螺旋状)而给予解答,只要注意,与完整的半波带相比较,那些露出的环带其非完整性是在径向,还是在横向.若是在径向,则影响"相位";若是在"横向",则影响"振幅".据此先画出一个参考圆及 A_0,如图(o)所示.尔后在

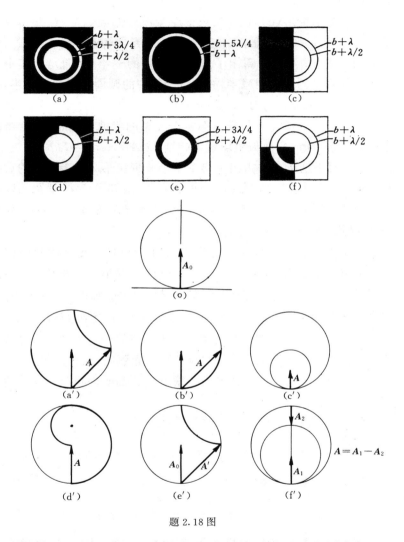

题 2.18 图

圆周上截取相应的圆弧,实行振幅矢量合成;或者收缩圆周半径于一个合适的比例,确定相应的振幅矢量.具体解答如下.

(1) 对于情形(a),仅露出第 1 个完整的半波带,和第 2 个半波带的后一半(径向),故矢量图解如(a′),得合成振幅 $A = \sqrt{2}\,A_0$,该

处衍射光强 $I = 2I_0$.

（2）对于情形（b），仅露出第 3 个半波带的前一半（径向），故矢量图解如（b′），得合成振幅 $A = \sqrt{2}\,A_0$，其光强 $I = 2I_0$.

（3）对于情形（c），露出了所有半波带的一半（横向），故其中每个半圆环贡献的振幅均减半，故矢量图解中的圆周半径缩短一半，如图（c′），得振幅 $A = A_0/2$，光强 $I = I_0/4$.

（4）对于情形（d），仅露出第 1 个完整的半波带，和第 2 个半波带的右半部（横向），故矢量图解如（d′），得 $A = A_0$，$I = I_0$.

（5）对于情形（e），露出了第 1 个半波带和第 2 个半波带的后半部（径向），故其合成振幅为 A'，同时开放了第 3 个半波带及其以后的所有半波带，其合成振幅为 A_0. 故总合成振幅为 $A = A' + A_0$，如图（e′）. 据此不难求得 $A^2 = 5A_0^2$，即 $I = 5I_0$.

（6）对于情形（f），可以看作它露出了所有半波带横向面积的 $3/4$，故其贡献的振幅 $A_1 = 3A_0/4$；还应该考虑第 2 个半波带的 $1/4$ 的贡献 $A_2 = (2A_0)/4$. 注意到 A_1 与 A_2 恰巧反向，如图（f′）所示，最后得合成振幅 $A = A_1 - A_2 = (3/4 - 2/4)A_0 = A_0/4$，光强 $I = I_0/16$.

2.19　一菲涅耳波带片其第一个半波带的半径 ρ_1 为 $5.0\,\mathrm{mm}$，

（1）若用波长为 $1.06\,\mu\mathrm{m}$ 的单色平行光照明，求其主焦距 f.

（2）若要求对此波长其主焦距缩短为 $25\,\mathrm{cm}$，需将此波带片精缩多少？

解　（1）由菲涅耳波带片的类透镜公式

$$\frac{1}{R} + \frac{1}{b} = k\frac{\lambda}{\rho_k^2} = \frac{\lambda}{\rho_1^2}, \quad \rho_k = \sqrt{k}\,\rho_1,$$

可以导出其主焦距公式（令 $R \to \infty$），

$$f = \frac{\rho_1^2}{\lambda} = \frac{(5.0)^2}{1.06 \times 10^{-3}}\mathrm{mm} \approx 22.3\,\mathrm{m}.$$

（2）由以上主焦距公式，若保持光波长不变，得主焦距之比值为

$$\frac{f'}{f} = \left(\frac{\rho_1'}{\rho_1}\right)^2 \quad \text{或} \quad \frac{\rho_1'}{\rho_1} = \sqrt{\frac{f'}{f}}.$$

据题意，得

$$\rho_1' = \sqrt{\frac{f'}{f}} \cdot \rho_1 = \sqrt{\frac{25}{2225}} \cdot \rho_1 \approx 0.1 \times \rho_1 \approx 0.5\,\text{mm}.$$

也即将原波带片精缩约 10 倍.

2. 20　一菲涅耳波带片对 900 nm 的红外光其主焦距为 30 cm,若改用 633 nm 的 He-Ne 激光照明,其主焦距变为多少?

解　由主焦距公式,若保持波带片孔径不变,得主焦距之比值为

$$\frac{f'}{f} = \frac{\lambda}{\lambda'},$$

于是,

$$f' = \frac{\lambda}{\lambda'}f = \frac{900}{633} \times 30\,\text{cm} \approx 43\,\text{cm}.$$

由此可见,由菲涅耳波带片所表现的衍射色散效应与透镜所表现的折射色散效应正好相反,前者的焦距随波长增加而变短,后者的焦距随波长增加而变长.若将两者联合使用,可望更好地消除成像的色差.

2. 21　现手边有一张浮雕型全透明的菲涅耳波带片,粗测其对白炽灯光的主焦距为 10 cm,其有效半径约为 3 cm. 试估算该波带片聚光倍率的数量级(与自由光强相比较),可设波长为 550 nm,并忽略倾斜因子的影响.

解　首先由焦距公式 $f = \rho_1^2/\lambda$,算出其第一个半波带的孔径,

$$\rho_1 = \sqrt{f\lambda} = \sqrt{100 \times (550 \times 10^{-6})}\,\text{mm} \approx 0.235\,\text{mm}.$$

再由 $\rho_k = \sqrt{k}\,\rho_1$ 关系式算得其包含的半波带的总数,亦即 k 值,

$$k = \frac{\rho_k^2}{\rho_1^2} = \frac{R^2}{f\lambda} = \frac{(30)^2}{(0.235)^2} \approx 1.6 \times 10^4.$$

鉴于目前它是一张全透明的浮雕型波带片,这 k 个半波带均对场点有贡献,故其聚焦点或像点的衍射振幅为

$$A \approx kA_1 = 2k\frac{A_1}{2} = 2kA_0 = 2 \times 1.6 \times 10^4 A_0 = 3 \times 10^4 A_0,$$

于是其衍射光强

$$I = A^2 = (3 \times 10^4)^2 A_0^2 \approx 10^9 I_0.$$

10^9,这是一个巨大的倍率. 当然,$R \approx 3\,\text{cm}$ 与焦距 $f \approx 10\,\text{cm}$ 相比,其

中高 k 值半波带的倾斜因子要多少起些作用,这致使实际倍率要稍微降低一些.

　　　　　　※　　　　　　※　　　　　　※

2.22 试导出:

(1) 平行光斜入射时单缝夫琅禾费衍射强度公式为

$$I(\theta) = I_0 \left(\frac{\sin \alpha'}{\alpha'} \right)^2, \quad \alpha' = \frac{\pi a}{\lambda}(\sin \theta - \sin \theta_0),$$

这里,a 为单缝宽度,θ_0 为入射光束的倾角,θ 为衍射角,两者均相对于单缝屏的法线方向.

(2) 在此斜入射条件下,零级衍射斑的半角宽度公式为

$$\Delta\theta_0 = \frac{\lambda}{a\cos\theta_0}.$$

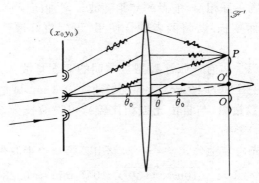

题 2.22 图

　　解 (1) 参见题图,这时单缝平面 $(x_0 y_0)$ 不再是入射光波前的等相面,斜入射平行光的波前函数为

$$\tilde{U}_0(x_0, y_0) = Ae^{ik\sin\theta_0 \cdot x_0},$$

于是,其相应的夫琅禾费衍射场的积分表达式为

$$\tilde{U}(\theta) \propto \iint \tilde{U}_0 \cdot e^{ikr}\mathrm{d}S \propto \int_{-a/2}^{a/2} Ae^{ik\sin\theta_0 \cdot x_0} \cdot e^{-ik\sin\theta \cdot x_0}\mathrm{d}x_0$$

$$= A\int_{-a/2}^{a/2} e^{-ik(\sin\theta - \sin\theta_0)}\mathrm{d}x_0,$$

由此可见,这表达式与正入射时的类同,仅是被积函数中的 $\sin \theta$

⟶$(\sin\theta - \sin\theta_0)$. 故我们可有把握地立刻写出这积分结果：

$$\tilde{U}(\theta) = \tilde{c}\frac{\sin\alpha'}{\alpha'}, \quad \alpha' = \frac{\pi a}{\lambda}(\sin\theta - \sin\theta_0); \quad I(\theta) = I_0\left(\frac{\sin\alpha'}{\alpha'}\right)^2.$$

当 $\theta = \theta_0$ 时，衍射强度为极大值 I_0，这一方向正是沿入射光束照直前进的方向，亦即等光程方向，给出了几何像点位置 O'，这是预料中的事；整个衍射花样以 O' 为中心而弥漫展开.

（2）令 $\alpha' = \pi$，便可得到零级衍射峰旁侧零点值的衍射角 θ_1，从而求出此时零级峰的半角宽度 $\Delta\theta_0 \equiv (\theta_1 - \theta_0)$，即

$$\sin\theta_1 - \sin\theta_0 = \frac{\lambda}{a}, \quad \cos\theta_0 \cdot \Delta\theta_0 = \frac{\lambda}{a}, \quad \Delta\theta_0 = \frac{\lambda}{a \cdot \cos\theta_0}.$$

这个结果有一定的实验意义，为获得较宽的单缝衍射零级斑的尺寸，我们可以设法让光束斜入射于单缝，这等效于将单缝宽度变窄，或者说，此时单缝有效宽度为 $a^* = a \cdot \cos\theta_0$.

2.23 考虑到介质界面宽度为有限值，反射光束和折射光束必然有一定的衍射发散角 $(\Delta\theta, \Delta\theta')$. 试估算在以下不同入射角 θ 时的 $(\Delta\theta, \Delta\theta')$ 值. 设界面宽度 a 为 1 cm，光波长 λ_0 为 600 nm，介质折射率 n 为 1.5.

（1）$\theta \approx 0°$ 即正入射；

（2）$\theta \approx 75°$；

（3）$\theta \approx 88°$ 即掠入射.

解 可直接引用上题斜入射时单缝衍射零级斑的半角宽度 $\Delta\theta_0$ 公式求解本题. 有限界面反射光束 $\Delta\theta_0$、折射光束 $\Delta\theta_0'$ 分别为

$$\Delta\theta_0 \approx \frac{\lambda_0}{a\cos\theta} \quad (\text{空气})；$$

$$\Delta\theta_0' \approx \frac{\lambda'}{a\cos\theta'} = \frac{n_2\lambda'}{a\sqrt{n_2^2 - n_1^2\sin^2\theta}} = \frac{\lambda_0}{a\sqrt{n_2^2 - \sin^2\theta}}.$$

（1）当 $\theta \approx 0$，则

$$\Delta\theta_0 \approx 6\times10^{-5}\ \text{rad} \approx 12'', \quad \Delta\theta_0' \approx 8''.$$

（2）当 $\theta \approx 75°$，则

$$\Delta\theta_0 \approx \frac{12''}{\cos75°} \approx 46'', \quad \Delta\theta_0' \approx \frac{12''}{\sqrt{(1.5)^2 - \sin^2 75°}} \approx 10''.$$

（3）当 $\theta = 88°$，则

$$\Delta\theta_0 \approx \frac{12''}{\cos 88°} \approx 5'44'', \quad \Delta\theta_0' \approx \frac{12''}{\sqrt{(1.5)^2 - \sin^2 88°}} \approx 11''.$$

这里顺便介绍，弧度 rad 与角分、角秒的换算关系为

$$1\,\text{rad} \approx 57.3° \approx 3.4 \times 10^3 \text{角分}(') \approx 2.1 \times 10^5 \text{角秒}('').$$

2.24　氦氖激光器的发光区集中于一毛细管，其管径约 2 mm.

（1）试估算从管口端面出射的 He-Ne 激光束，其衍射发散角为多大，设波长为 633 nm.

（2）若此光束射至 10 m 远的屏幕上，其光斑尺寸为多大？

（3）若此光束射至月球表面，其光斑尺寸为多大？

解　（1）此光束受限于圆孔端面，故其衍射发散角即为圆孔衍射零级斑的半角宽度，

$$\Delta\theta_0 = 1.22\,\frac{\lambda}{D} = 1.22 \times \frac{633}{2 \times 10^6} \approx 4 \times 10^{-4}\,\text{rad} \approx 1'.$$

顺便提及，若将这里的系数 1.22 简化为 1，作为数量级估算也是可以的.

（2）考虑到观测器包括肉眼总有个接收灵敏度，故用衍射半角宽度来估算零级斑尺寸更为实际和合理. 在距离为 z 远的屏幕上，这光斑的直径约为

$$R \approx z\Delta\theta_0 = 10\,\text{m} \times (4 \times 10^{-4}) = 4\,\text{mm}.$$

（3）月地距离约 3.8×10^5 km，故此束 He-Ne 激光束射至月球的光斑直径约为

$$R \approx 3.8 \times 10^5\,\text{km} \times (4 \times 10^{-4}) \approx 1.50\,\text{km}.$$

真可谓，差之毫厘而失之千里. 对如此远的接收者而言，这 1' 的发散角也显得够大的了. 若要使投射到月球上的光斑有足够的辐照度（投射到单位面积上的光功率），则要求激光束的衍射发散角进一步减少，同时要选择大功率激光束，常用大功率脉冲激光束为之.

2.25　考量衍射色散效应. 在单缝夫琅禾费衍射实验中，入射光含有两种波长，蓝光 $\lambda_1 \approx 400$ nm 和红光 $\lambda_2 \approx 700$ nm，两者的零级斑中心自然是重合的，设两者的入射强度相等. 试问：

（1）两者在零级斑中心点的光强是否相等？如否，其比值为多少？

（2）两者零级斑尺寸比值为多少？

解　（1）注意到衍射零级斑中心的强度

$$I_0 \propto \frac{I_\lambda}{\lambda^2}, \quad I_\lambda \text{ 为入射光强,}$$

故这两色光的中心强度之比为

$$\frac{I_{10}}{I_{20}} = \left(\frac{\lambda_2}{\lambda_1}\right)^2 \cdot \frac{I_{1\lambda}}{I_{2\lambda}},$$

据题意，$I_{1\lambda} = I_{2\lambda}$，于是此时这两色光的中心强度之比为

$$\frac{I_{10}}{I_{20}} = \left(\frac{\lambda_2}{\lambda_1}\right)^2 = \left(\frac{700}{400}\right)^2 \approx 3 \text{ 倍.}$$

本题旨在认识衍射零级中心虽然"无色散"但"有色变". 如果入射光为白光，则衍射零级中心也将显色，色调有所变化——短波蓝光成分相对地变强了. 其实，零级斑中心色变与不同色光半角宽度的不相等是相关的.

（2）注意到零级斑半角宽度

$$\Delta\theta_0 \propto \lambda,$$

故这两色光其零级斑尺寸比值为

$$\frac{\Delta\theta_{20}}{\Delta\theta_{10}} = \frac{\lambda_2}{\lambda_1} = \frac{700}{400} \approx 1.8 \text{ 倍,}$$

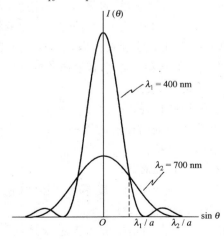

题 2.25 图

这表明长波红光的衍射斑更为铺展,这与其中心峰值的降低是互补的.因此,从中心向外扩展其色调按蓝→绿→黄→红这一色序而变化.

题图显示了波长对峰值高度和半角宽度两者的影响.若入射光仅有 λ_1 蓝光和 λ_2 红光,则可从曲线图中解出两条曲线相交点的横坐标 $\sin\theta_r \approx \dfrac{1}{3} \cdot \dfrac{\lambda_2}{a}$,其意义在于,在 $\theta < \theta_r$ 范围,色调偏蓝;在 $\theta > \theta_r$ 范围,色调偏红;在 $\theta \approx \theta_r$ 处,色调呈黄绿色.

2.26　一衍射细丝测径仪,它将单缝夫琅禾费衍射装置中的单缝替换为细丝,今测得其产生的零级衍射斑的宽度即两个一级暗点间的距离为 1 cm,求细丝的直径 a.已知光波长 633 nm,透镜焦距为 50 cm.

解　细丝与单缝是一对互补屏,两者的夫琅禾费衍射花样在焦点以外位置是处处相同的,故零级半角宽度取同一公式,

$$\Delta\theta = \frac{\lambda}{a} \approx \frac{\Delta l/2}{f},$$

这里,a 便是细丝直径,Δl 为零级斑的线宽度.据题意得

$$a = \frac{2f\lambda}{\Delta l} = \frac{2 \times 50 \times 0.63\,\mu\mathrm{m}}{1.0} = 63\,\mu\mathrm{m}.$$

光学测量是一种非接触测量.本题介绍的衍射测径仪可应用于拉制细丝的工艺流程,以实现对细丝直径的自动化监测和控制.

2.27　在单缝或单孔夫琅禾费衍射实验中,若其装置有如下几种变动时,试讨论相应的衍射图样将有怎样的变化:

(1)增长接收透镜的焦距;

(2)增大接收透镜的口径;

(3)衍射屏沿系统的轴向作前后平移;

(4)衍射屏沿横向平移;

(5)衍射屏绕纵向轴而旋转.

解　(1)虽然零级斑的半角宽度不变,但其线宽度变大了;整个衍射花样随焦距变长而被放大了.

(2)此时,衍射角更大的衍射波可被透镜接收而呈现在后焦面上,即更高级的衍射斑或衍射环可被观测到.

（3）若衍射屏远离透镜,则导致衍射角较大的高级衍射波逸出透镜口径,即后焦面上就不呈现这高级衍射斑.如此看来,衍射屏越接近透镜,则其后焦面上呈现的衍射花样越丰富.

（4）此时,零级斑保持不动,还是原状,但呈现的高级斑的个数有所增减,这均源于透镜口径的有限;若不考虑透镜口径的限制,则当衍射屏沿横向位移时,其夫琅禾费衍射花样维持不变且不动——虽然其衍射场的相位有所变化,但这并不改变衍射强度（花样）分布.

（5）此时,其衍射花样整体地绕纵向轴而旋转.

※　　　　　※　　　　　※

2.28　一对双星的角间隔为 $0.05''$,试问:

（1）至少需要多大口径的望远镜才能分辨它俩?

（2）与此口径相匹配的望远镜的角放大率应当设计为多少?

解　（1）根据望远镜的最小分辨角公式

$$\delta\theta_m \approx 1.22 \frac{\lambda}{D_0},$$

得

$$D_0 \approx 1.22 \frac{\lambda}{\delta\theta_m} \approx \frac{1.22 \times 550\,\text{nm}}{0.05 \times 4.8 \times 10^{-6}\,\text{rad}} \approx 2.8\,\text{m}.$$

（2）望远镜物镜 D_0 可分辨的最小角径 $\delta\theta_m$,还需要经其目镜进行放大,至少达到人眼可分辨的最小角径 $\delta\theta_e \approx 1' \approx 3 \times 10^{-4}\,\text{rad}$,故这台望远镜的角放大率 M,至少应设计达到

$$M_{eff} = \frac{\delta\theta_e}{\delta\theta_m} = \frac{3 \times 10^{-4}\,\text{rad}}{0.05 \times 4.8 \times 10^{-6}\,\text{rad}} \approx 1250.$$

以上计算仅是理论上的理想情形.实际上,考虑到光在大气扰动场中的远程传输,这将降低望远镜的分辨能力.

2.29　一台显微镜其数值孔径 N.A. ≈ 1.32,物镜焦距 f_0 为 $1.91\,\text{mm}$,而目镜焦距 f_e 为 $40\,\text{mm}$.试求:

（1）其最小分辨间隔 δy_m;

（2）其有效放大率 M_{eff};

（3）该显微镜的光学筒长约为多少?

解　（1）根据显微镜的最小分辨距离公式,算得

$$\delta y_m = 0.61 \frac{\lambda}{\text{N. A.}} \approx 0.61 \times \frac{0.55\,\mu m}{1.32} \approx 0.25\,\mu m = 250\,nm,$$

这约为半个波长,已几乎达到传统光学显微镜的极限分辨率.

(2) 显微镜的有效放大率 M_{eff} 应当满足这样的要求,它将 δy_m 放大为人眼可分辨的最小距离 $\delta y_e = \delta\theta_e \cdot s_0 \approx (3 \times 10^{-4}\,\text{rad}) \times 25\,cm$,这里 s_0 为人眼明视距离. 故

$$M_{\text{eff}} = \frac{\delta y_e}{\delta y_m} = \frac{3 \times 10^{-4} \times 25\,cm}{250\,nm} \approx 300 \text{ 倍.}$$

(3) 这一倍率 M_{eff} 是通过显微镜结构的恰当设计来实现的. 参见题图,其物镜和目镜的焦距分别为 f_o 和 f_e,物镜后焦点 F'_o 与目镜前焦点之间隔为 $\Delta > f_e \gg f_o$. 小物工作于物镜的齐明点且接近 F_o 点,形成一个放大的实像位于 F_e 点以内少许,再经目镜放大,最终形成一个虚像位于目镜左侧明视距离 s_0 处,供人眼观察. 据此,获得显微镜的横向(线)放大率公式,

$$M = M_o \cdot M_e = \frac{(\Delta + f_o)}{f_o} \cdot \frac{s_0}{f_e} \approx \frac{\Delta \cdot s_0}{f_o f_e} \quad (\Delta \gg f_o),$$

于是,当 M 为 M_{eff} 时的光学间隔为

$$\Delta \approx \frac{f_o f_e}{s_0} M_{\text{eff}} \approx \frac{1.9\,mm \times 40\,mm}{25\,cm} \times 300 \approx 92\,mm.$$

它便是这台显微镜的光学筒长 $l \approx \Delta$,约 10 cm.

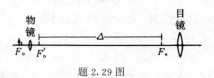

题 2.29 图

2.30 一照相机在离地面 200 km 的高空拍摄地面上的物体,若要求它能分辨地面上相距 1 m 的两点,问:

(1) 此照相机的镜头至少需要多大?设镜头的几何像差已很好地消除,感光波长为 400 nm.

(2) 与之匹配的感光胶片其分辨率至少应当为多少?设该镜头的焦距为 8 cm.

解 (1) 地面上这两点对这高空照相机所张开的角间隔为

$$\Delta\theta_0 = \frac{\Delta l}{h} = \frac{1\,\text{m}}{200 \times 10^3\,\text{m}} = 5 \times 10^{-6}\,\text{rad};$$

而照相机可分辨的最小角间隔 $\delta\theta_{\text{m}}$ 受限于镜头引致的衍射(艾里斑),其公式为

$$\delta\theta_{\text{m}} = 1.22\,\frac{\lambda}{D}.$$

于是,令 $\delta\theta_{\text{m}} = \Delta\theta_0$,便可确定该照相机为了分辨地面上那两点的最小孔径 D_{m},

$$D_{\text{m}} = 1.22\,\frac{\lambda}{\Delta\theta_0} = 1.22 \times \frac{400 \times 10^{-6}\,\text{mm}}{5 \times 10^{-6}} \approx 98\,\text{mm}.$$

(2) 这照相机后焦面上那两点的像距为

$$\Delta l' \approx f \cdot \Delta\theta_0 = 8\,\text{cm} \times (5 \times 10^{-6}) \approx 0.40\,\mu\text{m};$$

为使这两点能被感光胶片所分辨,其分辨率 N 应当稍高于 $1/\Delta l'$,即

$$N \geqslant \frac{1}{\Delta l'} = \frac{1}{0.4\,\mu\text{m}} = 2500\,\text{线}\,/\text{mm},$$

这是一个超精细的记录介质.若底片分辨率过低,便浪费了那 10 cm 大镜头的分辨能力.

2.31 用口径为 1 m 的光学望远镜,能分辨月球表面上两点的最小距离为多少?已知地月距离约为 3.8×10^5 km.

解 设光波长为 550 nm,本题解答为

$$\Delta l_{\text{m}} = r \cdot \delta\theta_{\text{m}} = r \cdot 1.22\,\frac{\lambda}{D}$$

$$\approx (3.8 \times 10^5 \times 10^3)\,\text{m} \times 1.22 \times \frac{550 \times 10^{-9}\,\text{m}}{1\,\text{m}}$$

$$\approx 255\,\text{m}.$$

2.32 在水下有一超声探测器,其圆形孔径为 60 cm,发射 40 kHz 的超声波,设声速为 1.5 km/s. 问:

(1) 此超声束的发散角 $\Delta\theta$ 为多少?

(2) 在距离 1 km 远该超声波照射的范围有多大?

解 (1) 首先我们算出这超声探测器所发射的超声波长

$$\lambda = \frac{v}{\nu} = \frac{1.5 \times 10^3}{40 \times 10^3}\,\text{m} \approx 3.8\,\text{cm}.$$

波之波长越短,则其衍射越弱,即其波束定向性越好,故声探测器均采取短波长的超声波. 该波束的衍射发散角为

$$\Delta\theta \approx 1.22\frac{\lambda}{D} \approx 1.22 \times \frac{3.8\,\text{cm}}{60} \approx 7.7 \times 10^{-2}\,\text{rad}.$$

（2）该波束在距离 z 远的横平面上扩展的范围（直径）为

$$d \approx z \cdot \Delta\theta = 10^3\,\text{m} \times (7.7 \times 10^{-2}) = 77\,\text{m}.$$

本题旨在让我们认识到有关光波衍射的基本原理和公式,也适用于其他波,诸如声波、超声波、无线电波.

　　　　　※　　　　　※　　　　　※

2.33　一束自然光正入射于重叠的两张偏振片上,如果透射光强为（1）入射光强的 $1/3$,（2）透射光束最大光强的 $1/3$,试分别确定那两个偏振片的透振方向之夹角 θ.

解　（1）设入射于 P_1 的自然光之光强为 I_0,则其透射光为一个线偏振光,且光强 $I_1 = I_0/2$;若忽略反射和吸收,此光强便是入射于 P_2 的光强. 按照马吕斯定理,透射出 P_2 的光强为

$$I_2 = I_1\cos^2\alpha = \frac{1}{2}I_0\cos^2\alpha.$$

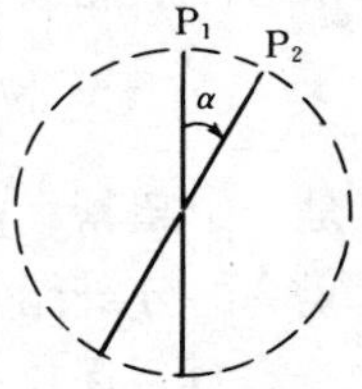

按题意,令 $I_2 = I_0/3$,得

$$\cos^2\alpha = \frac{2}{3},\quad\text{即}\quad \cos\alpha \approx 0.816,\quad \alpha \approx 35°15'.$$

题 2.33 图

（2）我们知道,透射光强 I_2 的极大值 $I_M = I_0/2$,当 $\alpha = 0$. 按题意,令 $I_2 = I_M/3 = I_0/6$,得

$$\cos^2\alpha = \frac{2}{6} = \frac{1}{3},\quad\text{即}\quad \cos\alpha \approx 0.577,\quad \alpha \approx 54°44'.$$

2.34　在一对正交偏振片之间插入另一张偏振片,其透振方向沿 45° 角（相对那一对正交的透振方向）,当自然光入射时,求透射光强的百分比（相对于入射光强）.

解　若无第三者 P 插入,则透射出 P_2 的光强为零（消光）. 有了 P 片,其情形则大为不同,它将出射于 P_1 的线偏振方向转了 $\pi/4$ 角度,且透

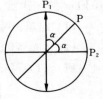

题 2.34 图

射光强为

$$I_P = I_1 \cos^2 \frac{\pi}{4} = \frac{I_0}{2} \times \frac{1}{2} = \frac{1}{4} I_0;$$

尔后,经 P_2 其透射光强又改变为

$$I_2 = I_P \cos^2 \frac{\pi}{4} = \frac{I_0}{4} \times \frac{1}{2} = \frac{1}{8} I_0.$$

故最终透射光强是最初入射光强的 $1/8 \approx 12.5\%$.

2.35 一束自然光正入射于一组含有 4 张的偏振片,其每片的透振方向相对于前面一片均沿顺时针方向转过 30°角,求最终透射光强的百分比(相对于入射光强).

解 本题是 2.34 题情形的进一步发展,可望最终透射出 P_4 之光强 I_4 将进一步加强.一次次应用马吕斯定理,我们可以写出,

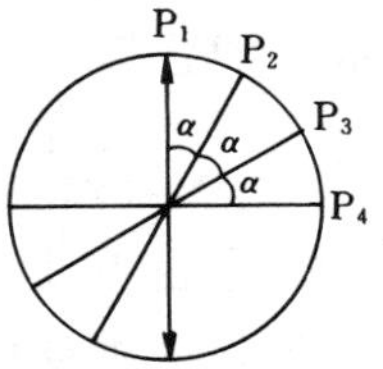

$$I_4 = I_3 \cos^2 \alpha = I_2 \cos^4 \alpha$$
$$= I_1 \cos^6 \alpha = \frac{1}{2} I_0 \cos^6 \alpha,$$

令 $\alpha = \pi/6 = 30°$,得

$$I_4 / I_0 = \frac{1}{2} \times 0.422 = 0.211 \approx 21\%.$$

题 2.35 图

2.36 要使一束线偏振光的振动方向转过 90°,且要求最终透射光强为原来入射光强的 95%.试问大约至少需要多少块理想偏振片?(提示:透振方向依次转过相同角度 α)

解 由以上两题得以启发,我们有理由设定,这 N 个偏振片其透振方向依次转过相等角度 α,参见题图,即

$$\alpha = \frac{1}{N} \cdot \frac{\pi}{2}.$$

于是,一次次应用马吕斯定理,便得到最终从 P_N 片透射出来的光强表达式,

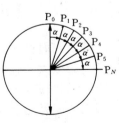

题 2.36 图

$$I_N = I_0 (\cos^2 \alpha)^N,$$

按题意令 $I_N = 0.95 I_0$,得

$$(\cos^2 \alpha)^N = \left(\cos^2 \frac{\pi}{2N}\right)^N = 0.95,$$

如何由此方程解出 N 呢？借鉴上题结果,当 $N=3$ 时,透射倍率为 0.21;如果要达到 0.95,估计这 N 值必定很大,因此 $\alpha = \pi/2N$ 值很小,可允许对以上方程作小角近似处理:

$$(\cos^2 \alpha)^N = (1 - \sin^2 \alpha)^N \approx (1 - \alpha^2)^N \approx (1 - N\alpha^2)$$

$$= \left(1 - N\frac{\pi^2}{4N^2}\right) = 1 - \frac{\pi^2}{4N},$$

令

$$1 - \frac{\pi^2}{4N} = 0.95, \quad 解出 \quad N = \frac{\pi^2}{4 \times 0.05} \approx 49.3 \approx 50.$$

相应的转角

$$\alpha = \frac{90°}{50} = 1.8°.$$

这表明,目前需要 50 个偏振片其透振方向依次转过 1.8°,可以实现让入射光的偏振面旋转 90°,且透射光强的倍率高达 95%. 当然,这里我们忽略了每个偏振片的反射和吸收损耗;如此大量偏振片的这等损耗,将导致实际透射光强有不可忽视的下降。

自然界中存在一种旋光晶体比如石英晶体,它能使入射光的偏振面发生旋转(可详见原书 8.6 节). 本题为晶体旋光性的微观机理提供了一种形象化的宏观模型或说明。

2.37 一张偏振片正对着一束部分偏振光,当它相对光强极大值 I_M 的方位转过 45°时,透射光强减为 I_M 的 2/3. 求入射光的偏振度 p.

解 我们首先从测量数据中,解析出这个部分偏振光的极大光强 I_M 与极小光强 I_m 之比值,参见题图. 我们知道,部分偏振光沿 I_M,I_m 两个方向的正交振动之间是完全非相干的(指的是两者的相位关联性),故在其他任意方向的光强 I_P 为

$$I_P = I_M \cos^2 \beta + I_m \cos^2 \alpha;$$

据题意,$\alpha = \beta = 45°$,$I_P = 2I_M/3$,代入

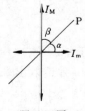

题 2.37 图

$$\frac{2}{3}I_{\mathrm{M}} = \frac{1}{2}I_{\mathrm{M}} + \frac{1}{2}I_{\mathrm{m}}, \quad \text{解出} \quad \frac{I_{\mathrm{M}}}{I_{\mathrm{m}}} = 3.$$

再根据偏振度 p 的定义便可求出这部分偏振光的偏振度

$$p = \frac{I_{\mathrm{M}} - I_{\mathrm{m}}}{I_{\mathrm{M}} + I_{\mathrm{m}}} = \frac{3-1}{3+1} = 0.50.$$

2.38 一偏振片正对着一光束,其中包含两个非相干的线偏振光,两者光强相等均为 I_0,偏振方向之夹角 α_0 为 $60°$,参见题图. 当偏振片旋转一周时,

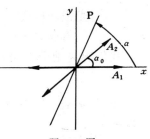

题 2.38 图

(1) 出现几次光强极大和光强极小.

(2) 求出光强极大值及其方位角 $(I_{\mathrm{M}}, \alpha_{\mathrm{M}})$,光强极小值及其方位角 $(I_{\mathrm{m}}, \alpha_{\mathrm{m}})$. 以 x 轴为参考来标定 α 角.

(3) 若两者光强不相等,比如 $I_2 = 2I_1$,其他条件不变,试求出 $(I_{\mathrm{M}}, \alpha_{\mathrm{M}})$ 和 $(I_{\mathrm{m}}, \alpha_{\mathrm{m}})$.

解 (1) 设偏振片之透振方向 P 与 x 轴的夹角为 α,并将光矢量 A_1, A_2 向 P 投影,作非相干叠加,得透射光强函数,

$$I_{\mathrm{P}}(\alpha) = I_1 \cos^2\alpha + I_2 \cos^2(\alpha - \alpha_0)$$
$$= I_0 \cos^2\alpha + I_0 \cos^2(\alpha - \alpha_0) \quad (I_1 = I_2 = I_0), \quad (1)$$

人们还难以据此判定当偏振片旋转一周过程中其变化特点. 为此,进行以下的数学推演.

首先,利用三角函数中的倍角公式:

$$\cos^2\alpha = \frac{1}{2}(1 + \cos 2\alpha), \quad \cos^2(\alpha - \alpha_0) = \frac{1}{2}(1 + \cos 2(\alpha - \alpha_0)),$$

于是,

$$I_{\mathrm{P}}(\alpha) = I_0 + \frac{1}{2}I_0(\cos 2\alpha + \cos 2(\alpha - \alpha_0))$$
$$= I_0 + \frac{1}{2}I_0(\cos 2\alpha + \cos 2\alpha \cos 2\alpha_0 + \sin 2\alpha \sin 2\alpha_0);$$

再化简括号中的三角函数式:

$$(1 + \cos 2\alpha_0) \cdot \cos 2\alpha + \sin 2\alpha_0 \cdot \sin 2\alpha$$

$$= a \cos 2\alpha + b \sin 2\alpha = k \cos (2\alpha - \theta_0),$$

其中,

$$a \equiv (1 + \cos 2\alpha_0), \quad b \equiv \sin 2\alpha_0, \quad k \equiv \sqrt{a^2 + b^2} = 2 \cos \alpha_0,$$

则

$$\theta_0 = \arctan \frac{b}{a} = \arctan \frac{\sin 2\alpha_0}{1 + \cos 2\alpha_0}. \tag{2}$$

最后得透射光强表达式

$$I_P(\alpha) = I_0 + I_0 \cos \alpha_0 \cdot \cos (2\alpha - \theta_0). \tag{3}$$

据此,我们容易地分析透射光强的变化特点,其均由来于余弦函数 $\cos(2\alpha - \theta_0)$:

当转角 $\alpha = \dfrac{\theta_0}{2}$ 或 $\left(\dfrac{\theta_0}{2} + \pi\right)$,出现光强极大值 $I_M = I_0 + I_0 \cos \alpha_0$;

当转角 $\alpha = \left(\dfrac{\theta_0}{2} + \dfrac{\pi}{2}\right)$ 或 $\left(\dfrac{\theta_0}{2} + \dfrac{3\pi}{2}\right)$,出现光强极小值

$$I_m = I_0 - I_0 \cos \alpha_0.$$

这说明在偏振片转动一周过程中,其光强变化特点是极大、极小、极大、极小,彼此相继角间隔为 $\pi/2$,这同一偏振片面对单一线偏振光的情形相同;但无消光位置,因为极小值 $I_m > 0$.

(2) 据题意,令 $\alpha_0 = 60°$,得

$$\cos \alpha_0 = \frac{1}{2}, \quad I_M = \frac{3}{2} I_0, \quad I_m = \frac{1}{2} I_0,$$

$$\theta_0 = \arctan \frac{\sin 120°}{1 - \cos 120°} = \arctan \sqrt{3} = 60°,$$

即   出现极大光强的方位角 $\alpha_M = 30°$ 或 $210°$,

出现极小光强的方位角 $\alpha_m = 120°$ 或 $300°$.

故本题答案是

$$(I_M, \alpha_M) = \left(\frac{3}{2} I_0, 30°\right), \quad \left(\frac{3}{2} I_0, 210°\right);$$

$$(I_m, \alpha_m) = \left(\frac{1}{2} I_0, 120°\right), \quad \left(\frac{1}{2} I_0, 300°\right).$$

注意到 $\alpha_M = 30°$ 或 $210°$ 正是原入射的两个线偏振夹角之平分线方向,这正是所预料的,在 $I_1 = I_2$ 条件下,其间出现的极大值方位不可能偏向任何一方. 因之,可以推测,若 $I_1 > I_2$,则其间出现的极大值方位,必将更靠近光矢量 $\boldsymbol{A}_1$ 方向.

（3）若 $I_1 \neq I_2$，则情况稍复杂一些，但求解思路和数学方法（反复应用三角函数的变换式）与上述类似. 这里省略其过程，仅给出结果如下（可参阅原书 2.14 节）：

$$I_P(\alpha) = \frac{1}{2}(I_1 + I_2) + \frac{1}{2}I_0 \cos(2\alpha - \theta_0), \tag{4}$$

$$I_0 = \sqrt{I_1^2 + 2I_1I_2 \cos 2\alpha_0 + I_2^2}, \quad \theta_0 = \arctan\frac{I_1 \sin 2\alpha_0}{I_2 + I_1 \cos 2\alpha_0}. \tag{5}$$

从（4）式看出，透射光强 I_P 随方位角 α 的变化，依然遵循余弦函数 $\cos(2\alpha - \theta_0)$ 之规律，这表明在 P 片旋转一周即 α 从 $0 \rightarrow 2\pi$ 过程中，I_P 两次出现极大、两次出现极小，且极大的方位与极小的方位之夹角为 $\pi/2$. 这一点正是本命题的意图，旨在让我们认识到，不论大量的、彼此无关的线偏振光之集合具有怎样的非轴对称性，其光强随方位角的变化 $I(\alpha)$ 总是 $I_M \rightarrow I_m \rightarrow I_M \rightarrow I_m \rightarrow I_M$，且依次夹角为 $\pi/2$. 本题为理解"部分偏振光结构"的特点提供一基本图像.

2.39 光场中某一点的光矢量 $\boldsymbol{E}(t)$ 在其横平面上的两个正交分量为（这里不计较单位）

$$E_x(t) = 5\cos\omega t, \quad E_y(t) = 5\cos(\omega t + 60°),$$

现用一偏振片正对着这束光且旋转之，以考察其透射光强的变化. 你认为其合成光矢量是一圆偏振光吗？如非，试给出其光强极大值、极小值及相应的方位角，即给出 (I_M, α_M), (I_m, α_m).

解 本题中的两个正交光扰动之相位差 δ 非 0、非 π、非 $\pm\pi/2$，故两者合成为一斜椭圆偏振光. 在设定的 (xy) 坐标架中，其光强极大、极小方位不沿坐标轴方向，参见题图. 我们可以用"干涉法"求出任意方位角时的透射光强 $I_P(\alpha)$，进而确定 (I_M, α_M) 和 (I_m, α_m)，这已有现成公式（参见原书 2.14 节），兹引用于此：

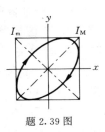

题 2.39 图

$$I_P(\alpha) = \frac{1}{2}I_0 + \frac{1}{2}\sqrt{I_x^2 + I_y^2 + 2I_xI_y\cos 2\delta} \cdot \cos(2\alpha - \theta_0),$$

$$\tag{1}$$

$$\theta_0 = \arctan \frac{2\sqrt{I_x I_y} \cdot \cos\delta}{(I_x - I_y)}, \quad I_0 \equiv (I_x + I_y). \tag{2}$$

$$\begin{cases} I_{\mathrm{M}} = \dfrac{1}{2} I_0 + \dfrac{1}{2}\sqrt{I_x^2 + I_y^2 + 2 I_x I_y \cos 2\delta}, \quad \alpha_{\mathrm{M}} = \dfrac{\theta_0}{2}; \tag{3} \\[3mm] I_{\mathrm{m}} = \dfrac{1}{2} I_0 - \dfrac{1}{2}\sqrt{I_x^2 + I_y^2 + 2 I_x I_y \cos 2\delta}, \quad \alpha_{\mathrm{m}} = \dfrac{\theta_0}{2} + \dfrac{\pi}{2}. \tag{4} \end{cases}$$

其中,一旦求得$(I_{\mathrm{M}}, \alpha_{\mathrm{M}})$,便可给出$(I_{\mathrm{m}}, \alpha_{\mathrm{m}})$,因为$I_{\mathrm{m}} = (I_x + I_y) - I_{\mathrm{M}}$,即两个正交方向的光强之和恒定;极大的方位与极小的方位之夹角总等于$\pi/2$.

据题意,$I_x = A_x^2 = 5^2 = 25$,$I_y = A_y^2 = 5^2 = 25$,$\delta = 60°$,于是,

$$\theta_0 = \arctan \frac{2 \times 25 \times \cos 60°}{(25 - 25)} = 90°, \quad \alpha_{\mathrm{M}} = \frac{90°}{2} = 45°,$$

$$\alpha_{\mathrm{m}} = 135°;$$

$$I_{\mathrm{M}} = \frac{1}{2} \times 50 + \frac{1}{2}\sqrt{25^2 + 25^2 + 2 \times 25^2 \times \cos 120°} = 37.5,$$

$$I_{\mathrm{m}} = 12.5.$$

最终写下本题答案为

$$(I_{\mathrm{M}}, \alpha_{\mathrm{M}}) = (37.5, 45°), \quad (I_{\mathrm{m}}, \alpha_{\mathrm{m}}) = (12.5, 135°).$$

由本题还可以反过来提出一个问题:面对一入射光束而转动一偏振片,发现在某一对特定正交方向时,透射光强相等,试问入射光是圆偏振光吗?答:非也.

顺便在此说明,本题$A_x = A_y$,以致$\tan\theta_0 = \infty$,若取$\theta_0 = -90°$也是可以的,这相当于将题图中的椭圆转过90°,其结果并不影响上述取$\theta_0 = 90°$时关于$(I_{\mathrm{M}}, \alpha_{\mathrm{M}})$,$(I_{\mathrm{m}}, \alpha_{\mathrm{m}})$的答案.

2.40　光场中某一点的光矢量$\boldsymbol{E}(t)$在其横平面上的两个正交分量为(这里不计较单位)

$$E_x(t) = 3\cos\omega t, \quad E_y(t) = 4\cos(\omega t + \delta).$$

现用一偏振片面对这束光且旋转之,以考察其透射光强的变化. 试就下面三种情况分别回答光强极大值及其方位角$(I_{\mathrm{M}}, \alpha_{\mathrm{M}})$,光强极小值及其方位角$(I_{\mathrm{m}}, \alpha_{\mathrm{m}})$,以$x$轴为参考来标定$\alpha$角.

(1) $\delta = 0$, (2) $\delta = \pm\pi/2$, (3) $\delta = \pi/6$ 即 $30°$.

解 （1）这种情况简单，当两个正交振动之相位差 $\delta = 0$ 时，其合成结果为一线偏振光，参见题图(a)，其偏振角 θ_0 和振幅 A_0 分别为

$$\theta_0 = \arctan \frac{A_y}{A_x} = \arctan \frac{4}{3} \approx 53°,$$

$$A_0 = \sqrt{A_x^2 + A_y^2} = \sqrt{3^2 + 4^2} = 5, \quad I_0 = A_0^2 = 25.$$

因之，光强极大、极小及其相应的方位角为

$$(I_M, \alpha_M) = (25, 53°), \quad (I_m, \alpha_m) = (0, -37°).$$

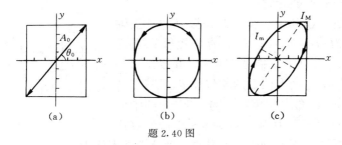

题 2.40 图

（2）这种情况亦简单，当两个正交振动之相位差 $\delta = \pm \pi/2$ 时，其合成结果为一正椭圆偏振光，其长短轴方向沿坐标轴，且是振幅极大或极小的方向，参见题图(b)，故

$$(I_M, \alpha_M) = (16, 90°), \quad (I_m, \alpha_m) = (9, 0°).$$

（3）这种情况较为复杂，当 $\delta = \pi/6 = 30°$ 时，那两个正交振动的合成结果为一斜椭圆偏振光，其出现极大或极小振幅的方向也是斜的，并非沿坐标轴方向，参见题图(c)。应用上题给出的一般性公式(2)和(3)，得

$$\theta_0 = \arctan \frac{2 \times (3 \times 4) \times \cos 30°}{3^2 - 4^2} = 108.6° \ \text{或} \ -71.4°,$$

$$I_M = \frac{1}{2} \times 25 + \frac{1}{2} \sqrt{9^2 + 16^2 + 2 \times 9 \times 16 \times \cos 60°} \approx 23.5.$$

故，透射光强 I_P 极大值 I_M 及其方位角 $\alpha_M = \theta_0/2$ 值为

$$(I_M, \alpha_M) = (23.5, 54.3°);$$

相应地，我们可利用"正交性"和"不变性"，即 $\alpha_m = \alpha_M + \pi/2$，

$(I_M+I_m)=(I_x+I_y)$，方便地得到

$$I_m = (3^2 + 4^2) - 23.5 = 1.5, \quad \alpha_m = -35.7°,$$

即
$$(I_m, \alpha_m) = (1.5, -35.7°).$$

2.41 一张偏振片正对着一光束，其中包含两个非相干的椭圆偏振光，两者光强相等均为 I_0，且长短轴之比也相同，只是长短轴取向互换，参见题图。试证明，在这种情形下偏振片转动过程中，透射光强保持为一常量 I_0。

注：这一结论在第 8 章 8.4 节区分自然光与圆偏振光时用到。

解 设其中一个椭圆偏振光的长短轴光强为 (I_{1x}, I_{1y})，另一个的长短轴光强为 (I_{2x}, I_{2y})；对于正椭圆偏振光，虽然其两个正交振动之间有固定的相位差 δ，但其在同一方向（如图中 α 角表示的方向）的两个分量之间的相干项为 0，因为 $\delta = \pm\pi/2$。故这

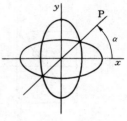

题 2.41 图

两个椭圆偏振光对透射光强的贡献分别被表达为

$$I_{1P}(\alpha) = I_{1x}\cos^2\alpha + I_{1y}\sin^2\alpha, \quad I_{1x} + I_{1y} = I_0;$$
$$I_{2P}(\alpha) = I_{2x}\cos^2\alpha + I_{2y}\sin^2\alpha, \quad I_{2x} + I_{2y} = I_0.$$

总透射光强为这两者的非相干叠加，

$$I_P(\alpha) = I_{1P}(\alpha) + I_{2P}(\alpha) = (I_{1x} + I_{2x})\cos^2\alpha + (I_{1y} + I_{2y})\sin^2\alpha.$$

根据题意，$I_{1x}=I_{2y}$，$I_{2x}=I_{1y}$，于是

$$I_P(\alpha) = I_0\cos^2\alpha + I_0\sin^2\alpha = I_0, \quad 与 \alpha 角无关.$$

这表明在此情形下，透射光强不随 P 片转动而改变，表现出一种轴对称性，虽然表观上一时难以看出这一点。这一结论将在 8.4 节用到，那里论证了用一个四分之一波晶片就能区分自然光与圆偏振光。

2.42 光强为 I_0 的自然光相继通过三个偏振片 P_1，P_2 和 P_3，其中 P_1 与 P_3 静止且透振方向彼此正交，而 P_2 以角速度 ω_0 绕光线为轴旋转。试求最终透射光强 $I_3(t)$。可设 $t=0$ 时刻，P_2 透振方向平行 P_1；光扰动频率为 ω。

解 参见题图，最终通过 P_3 的光振幅为

$$A_3(t) = A_2 \sin \alpha = A_1 \cos \alpha \cdot \sin \alpha$$
$$= \frac{A_1}{2} \sin 2\alpha = \frac{A_1}{2} \sin 2\omega_0 t, \quad \alpha = \omega_0 t.$$

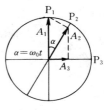

故透射光强

$$I_3(t) = \frac{1}{4} I_1 \sin^2 2\omega_0 t$$
$$= \frac{1}{8} I_0 \sin^2 2\omega_0 t \propto \sin^2 2\omega_0 t,$$

题 2.42 图

这表明,利用旋转偏振片方法可获得一个光强调制信号,其角频率为 $4\omega_0$,即 4 倍于 P_2 片的旋转角速度. 若仅用两个偏振片而其中一个以 ω_0 角速度旋转,也可以获得一个光强调制信号,而其角频率为 $2\omega_0$.

另外,我们还可以联想起一个普遍性的事例:凡强度或振幅被调制的信号,其振动的频率成分将有所改变,通称其为"频移". 以本题为例,设入射光频为 ω,P_2 片旋转角速度为 ω_0,则输出光扰动为

$$E_3(t) = A_3 \cos \omega t = \frac{A_1}{2} \sin 2\omega_0 t \cdot \cos \omega t$$
$$= A_1'(\sin(\omega + 2\omega_0)t - \sin(\omega - 2\omega_0)t), \quad A_1' = A_1/4.$$

这表明此输出光扰动可视为包含两种频率成分 $(\omega \pm 2\omega_0)$;鉴于 $\omega_0 \ll \omega$,故这频移量 $2\omega_0$ 非常小,以致这两种频率成分之叠加出现"拍",其拍频亦即差频为 $4\omega_0$;光强信号 $I_3(t)$ 正体现了这一点.

介质界面光学与近场光学显微镜

3.1　光矢量与入射面之夹角被简称为振动的方位角或偏振角. 设入射的线偏振光的方位角为 α_1,而入射角为 i. 试证明,反射线偏振光的方位角 α_1' 和折射线偏振光的方位角 α_2 分别由以下两式给出,

$$\tan\alpha_1' = -\frac{\cos(i_2-i_1)}{\cos(i_2+i_1)}\tan\alpha_1, \quad \tan\alpha_2 = \frac{n_2\cos i_1 + n_1\cos i_2}{n_1\cos i_1 + n_2\cos i_2}\tan\alpha_1'.$$

证　参见题图(a),(b)和(c),由于 p 分量和 s 分量有不同的振幅反射率,$r_p \neq r_s$,不同的透射率 $t_p \neq t_s$,故反射光的偏振角 α_1' 或折射光的偏振角 α_2,一般不等于入射光的偏振角 α_1. 我们可利用 r_p, r_s, t_p, t_s 公式确定 $\alpha_1' - \alpha_1$ 关系,以及 $\alpha_2 - \alpha_1$ 关系. 从图(b)可见,

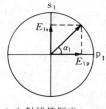

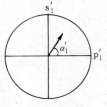

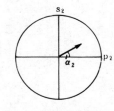

(a) 入射线偏振光　　(b) 反射线偏振光　　(c) 折射线偏振光

题 3.1 图

$$\tan \alpha_1' = \frac{E_{1s}'}{E_{1p}'} = \frac{r_s E_{1s}}{r_p E_{1p}} = \frac{r_s}{r_p} \cdot \tan \alpha_1$$

$$= \frac{\sin(i_2 - i_1)/\sin(i_2 + i_1)}{\tan(i_1 - i_2)/\tan(i_1 + i_2)} \cdot \tan \alpha_1$$

$$= -\frac{\cos(i_2 - i_1)}{\cos(i_2 + i_1)} \cdot \tan \alpha_1. \tag{1}$$

值得注意的是,当 $\tan \alpha_1 > 0$ 被设定时,这 $\tan \alpha_1'$ 可能 $>(<)0$. 若 $\tan \alpha_1' > 0$,这意味着反射线偏振于一、三象限;若 $\tan \alpha_1' < 0$,这意味着反射线偏振于二、四象限. 比如,当光从光疏介质到光密介质,有 $i_2 < i_1$,若 $i_1 < i_B$,即 $(i_1 + i_2) < \pi/2$,则 $\tan \alpha_1' < 0$;若 $i_1 > i_B$,即 $(i_1 + i_2) > \pi/2$,则 $\tan \alpha_1' > 0$. 这与反射光的相移曲线的结论是一致的.

不难由 t_p, t_s 公式,导出 α_2 与 α_1 的关系式,

$$\tan \alpha_2 = \frac{E_{2s}}{E_{2p}} = \frac{t_s E_{1s}}{t_p E_{1p}} = \frac{t_s}{t_p} \cdot \tan \alpha_1$$

$$= \frac{2n_1 \cos i_1/(n_1 \cos i_1 + n_2 \cos i_2)}{2n_1 \cos i_1/(n_2 \cos i_1 + n_1 \cos i_2)} \cdot \tan \alpha_1$$

$$= \frac{n_2 \cos i_1 + n_1 \cos i_2}{n_1 \cos i_1 + n_2 \cos i_2} \cdot \tan \alpha_1. \tag{2}$$

当 $\tan \alpha_1 > 0$ 它总是正值,这意味着折射光的线偏振总在一、三象限.

以上证明均不考虑过临界角全反射情形,那里当线偏振光入射时,其反射光为椭圆偏振光,而非线偏振光.

3.2　一束线偏振光从空气入射到玻璃表面上,其入射角恰巧为布儒斯特角,而方位角为 $20°$,试求反射线偏振和折射线偏振的方位角 α_1' 和 α_2. 设玻璃折射率为 1.56.

解　以布儒斯特角 i_B 入射时,反射光必定为 s 光,在 (p_1', s_1') 局域坐标架中,其偏振角 $\alpha_1' = 90°$.

我们可直接应用上题(2)式以确定折射光的偏振角 α_2,为此先作以下有关计算:

入射角　$i_1 = i_B = \arctan \dfrac{n_2}{n_1} = \arctan \dfrac{1.56}{1.0} \approx 57.3°$,

折射角　$i_2 = 90° - i_B = 90° - 57.3° = 32.7°$.

代入上题(2)式,并令 $\alpha_1 = 20°$,得

$$\tan \alpha_2 = \frac{1.56 \times \cos 57.3° + 1 \times \cos 32.7°}{1 \times \cos 57.3° + 1.56 \times \cos 32.7°} \tan 20° \approx 0.33,$$

$$\alpha_2 \approx 18.3°.$$

3.3 试计算:

(1) 光从空气入射于水面的布儒斯特角 i_B,水的折射率为 4/3.

(2) 一束自然光从水入射于某种玻璃表面上,当入射角为 50.82° 时反射光成为线偏振光,该玻璃的折射率为多少?

解 (1) 根据布儒斯特角 i_B 公式,

$$\tan i_B = \frac{n_2}{n_1}, \quad 得 \quad i_B = \arctan \frac{n_2}{n_1} = \arctan \frac{4/3}{1.0} = 53.1°.$$

(2) 此时该入射角必定为布儒斯特角 i_B,故第二种介质(玻璃)的折射率为

$$n_2 = n_1 \tan i_B = \frac{4}{3} \times \tan 50.82° = 1.636.$$

3.4 设入射光、反射光和折射光的总光功率分别为 W_1, W_1' 和 W_2,则总光功率的反射率 $\mathscr{R}$ 和透射率 $\mathscr{T}$ 定义为

$$\mathscr{R} = \frac{W_1'}{W_1}, \quad \mathscr{T} = \frac{W_2}{W_1}.$$

下面的问题均系 $(\mathscr{R}, \mathscr{T})$ 与 $(\mathscr{R}_p, \mathscr{T}_p), (\mathscr{R}_s, \mathscr{T}_s)$ 的关系.

(1) 当入射光为线偏振光且其方位角为 α 时,试证明

$$\mathscr{R} = \mathscr{R}_p \cos^2 \alpha + \mathscr{R}_s \sin^2 \alpha, \quad \mathscr{T} = \mathscr{T}_p \cos^2 \alpha + \mathscr{T}_s \sin^2 \alpha.$$

(2) 当入射光为自然光时,试证明

$$\mathscr{R} = \frac{1}{2}(\mathscr{R}_p + \mathscr{R}_s), \quad \mathscr{T} = \frac{1}{2}(\mathscr{T}_p + \mathscr{T}_s).$$

(3) 当入射光为圆偏振光时,试证明

$$\mathscr{R} = \frac{1}{2}(\mathscr{R}_p + \mathscr{R}_s), \quad \mathscr{T} = \frac{1}{2}(\mathscr{T}_p + \mathscr{T}_s).$$

证 (1) 总的反射光功率 W_1' 等于 p,s 光两部分之和,

$$W_1' = W_{1p}' + W_{1s}' = \mathscr{R}_p W_{1p} + \mathscr{R}_s W_{1s}, \quad (1)$$

其中,入射线偏振光 p,s 两部分的光功率 W_{1p}, W_{1s} 应当分别为

$$W_{1p} = W_1 \cos^2 \alpha, \quad W_{1s} = W_1 \sin^2 \alpha, \quad (2)$$

代入(1)式便得

$$W'_1 = \mathscr{R}_p \cos^2 \alpha \cdot W_1 + \mathscr{R}_s \sin^2 \alpha \cdot W_1,$$

于是,总光功率的反射率

$$\mathscr{R}(\alpha) \equiv \frac{W'_1}{W_1} = \mathscr{R}_p \cos^2 \alpha + \mathscr{R}_s \sin^2 \alpha. \tag{3}$$

显然,$\mathscr{R}$ 与入射线偏振光的偏振角 α 有关. 仿照以上程序,不难导出总光功率的透射率

$$\mathscr{T} \equiv \frac{W_2}{W_1} = \mathscr{T}_p \cos^2 \alpha + \mathscr{T}_s \sin^2 \alpha. \tag{4}$$

由(3),(4)两式,便可导出

$$\mathscr{R} + \mathscr{T} = 1. \tag{5}$$

这是以 $\mathscr{R}, \mathscr{T}$ 表达的光功率守恒关系.

(2) 若入射光为自然光,其总光功率为 W_1,由于自然光偏振结构的轴对称性,以致

$$W_{1p} = W_{1s} = \frac{1}{2} W_1,$$

而总的反射光功率可表达为

$$W'_1 = W'_{1p} + W'_{1s} = \mathscr{R}_p W_{1p} + \mathscr{R}_s W_{1s}$$

$$= \mathscr{R}_p \cdot \frac{1}{2} W_1 + \mathscr{R}_s \cdot \frac{1}{2} W_1,$$

于是,总光功率的反射率

$$\mathscr{R} \equiv \frac{W'_1}{W_1} = \frac{1}{2}(\mathscr{R}_p + \mathscr{R}_s). \tag{6}$$

这表明 $\mathscr{R}$ 是 $\mathscr{R}_p, \mathscr{R}_s$ 两者的平均值. 其实,自然光是大量的有各种偏振角 α 值的线偏振光的集合,故对(3)式中的 $\cos^2 \alpha, \sin^2 \alpha$ 取 α 为 $(0, 2\pi)$ 范围的平均值,

$$\langle \cos^2 \alpha \rangle = \frac{1}{2}, \quad \langle \sin^2 \alpha \rangle = \frac{1}{2},$$

也将得到同样的关系式(6). 仿照以上程序,我们不难导出,

$$\mathscr{T} \equiv \frac{W_2}{W_1} = \frac{1}{2}(\mathscr{T}_p + \mathscr{T}_s). \tag{7}$$

(3) 若入射光为圆偏振光,其特点与自然光相同,同样具有轴对

称性. 仿照上述对于自然光的推演程序,我们立刻可以导出相同于(6)和(7)这两个关系式.

3.5 一线偏振光以 45°角入射于一玻璃面,其方位角为 60°,玻璃折射率为 1.50. 求

(1) 光功率反射率 $\mathscr{R}$ 和透射率 $\mathscr{T}$.

(2) 若改为自然光入射,$\mathscr{R}$ 和 $\mathscr{T}$ 变为多少?

解 可根据上题(3)式求解本题.

(1) 先算出,

$$\text{折射角} \quad i_2 = \arcsin\left(\frac{n_1 \sin i_1}{n_2}\right) = \arcsin\left(\frac{1 \times \sin 45°}{1.5}\right)$$
$$= \arcsin 0.47 \approx 28°,$$

$$\text{p 光功率反射率} \quad \mathscr{R}_p = \left(\frac{\tan(i_1 - i_2)}{\tan(i_1 + i_2)}\right)^2 = \left(\frac{\tan(45° - 28°)}{\tan(45° + 28°)}\right)^2$$
$$\approx 0.9\%,$$

$$\text{s 光功率反射率} \quad \mathscr{R}_s = \left(\frac{\sin(i_2 - i_1)}{\sin(i_2 + i_1)}\right)^2 = \left(\frac{\sin(28° - 45°)}{\sin(28° + 45°)}\right)^2$$
$$\approx 9.4\%.$$

代入上题(3)式,并令 $\alpha = 60°$,得此时总光功率的反射率为

$$\mathscr{R} = \mathscr{R}_p \cos^2 \alpha + \mathscr{R}_s \sin^2 \alpha$$
$$= 0.0087 \times \cos^2 60° + 0.094 \times \sin^2 60° \approx 7\%.$$

可直接应用上题(5)式,得此时总光功率的透射率为

$$\mathscr{T} = 1 - \mathscr{R} = 1 - 7\% \approx 93\%.$$

(2) 若入射光改变为自然光,应用上题(6)式得

$$\mathscr{R} = \frac{1}{2}(0.0087 + 0.094) \approx 5\%,$$

$$\mathscr{T} = 1 - \mathscr{R} \approx 95\%.$$

3.6 如图所示,一束自然光入射于一平板玻璃,现观测到反射光强 $I_1 = 0.1 I_0$. 求

(1) 图中标出的 2,3,4 各光束其光功率 W_2, W_3, W_4 为多少?设最初入射光功率为 W_0,并忽略吸收.

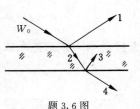

题 3.6 图

（2）若要求出光强比 I_2/I_0，还应当给出什么条件？

（3）考虑到光束 2 是部分偏振光，试较精确地算出 W_2. 设玻璃板折射率 n_2 为 1.5.

解 （1）本题关注的是总光功率的反射率 $\mathscr{R}$ 和透射率 $\mathscr{T}$. 据题意得

$$\mathscr{R} = 0.1, \quad 故 \quad \mathscr{T} = 1 - \mathscr{R} = 0.9,$$

于是，确定光束 2 的总光功率为

$$W_2 = \mathscr{T} W_0 = 0.9 W_0.$$

设下表面的总光功率的反射率、透射率分别为 $\mathscr{R}'$ 和 $\mathscr{T}'$，它们与上表面的 $\mathscr{R}$ 和 $\mathscr{T}$ 的关系，可由斯托克斯的倒逆关系给出，

$$r'_{p,s} = -r_{p,s}, \quad 故 \quad \mathscr{R}'_p = \mathscr{R}_p, \quad \mathscr{R}'_s = \mathscr{R}_s.$$

因入射光为自然光，$\mathscr{R} = \dfrac{1}{2}(\mathscr{R}_p + \mathscr{R}_s)$ 成立，然而，对下表面而言，入射光为部分偏振光，其光强极大方向为 p 方向，故 $\mathscr{R}' \neq \dfrac{1}{2}(\mathscr{R}'_p + \mathscr{R}'_s)$，于是如何由 $\mathscr{R}$ 来确定 $\mathscr{R}'$ 就成为一个难点. 不过考虑到本题给出的具体情况，总功率的 $\mathscr{T}$ 达 90%，可近似认为透射光接近于一自然光状态，暂取近似式

$$\mathscr{R}' \approx \frac{1}{2}(\mathscr{R}'_p + \mathscr{R}'_s) = \frac{1}{2}(\mathscr{R}_p + \mathscr{R}_s) = \mathscr{R} = 0.1,$$

我们便粗略地得到光束 3 的总光功率，

$$W_3 = \mathscr{R}' W_2 \approx 0.1 W_2 = 0.09 W_0;$$

光束 4 的总光功率

$$W_4 = \mathscr{T}' W_2 = (1 - \mathscr{R}') W_2 \approx (1 - 0.1) \times 0.9 W_0 = 0.81 W_0.$$

（2）若要求出光强比 I_2/I_0，还应当给出入射角 i_1 及相应的折射角 i_2. 这是因为

$$W_2 = 0.9 W_0, \quad 且 \quad W_2 = I_2 \cdot \Delta S_2, \quad W_0 = I_0 \cdot \Delta S_0,$$

这里，$\Delta S_0, \Delta S_2$ 分别为入射光束和折射光束的正截面积，于是，

$$\frac{I_2}{I_0} = 0.9 \frac{\Delta S_0}{\Delta S_2} = 0.9 \frac{\cos i_1}{\cos i_2}.$$

为此，应当知道玻璃板的折射率 n_2 以便确定 i_2.

（3）讨论. 设 $n_2 = 1.5$，试确定入射角 i_1 以满足 $\mathscr{R} = 10\%$. 为

方便起见,我们凭借 $\mathscr{R}_p(i_1),\mathscr{R}_s(i_1)$ 曲线,用图解法找到入射角

$$i_1 \approx 61.5°,$$

相应的折射角为

$$i_2 = \arcsin\frac{\sin 61.5°}{1.5} \approx 35.9°.$$

于是,

$$\mathscr{R}_p = \left(\frac{\tan(i_1 - i_2)}{\tan(i_1 + i_2)}\right)^2 \approx \left(\frac{\tan 25.6°}{\tan 97.4°}\right)^2 \approx 0.0038,$$

$$\mathscr{T}_p = 1 - \mathscr{R}_p \approx 0.9962;$$

$$\mathscr{R}_s = \left(\frac{\sin(i_2 - i_1)}{\sin(i_2 + i_1)}\right)^2 \approx \left(\frac{-\sin 25.6°}{\sin 97.4°}\right)^2 \approx 0.1901,$$

$$\mathscr{T}_s = 1 - \mathscr{R}_s \approx 0.8099;$$

$$\mathscr{R} = \frac{1}{2}(\mathscr{R}_p + \mathscr{R}_s) \approx 0.097.$$

据此,算出光束 3 的 p 光功率和 s 光功率,

$$W_{3p} = \mathscr{R}'_p \cdot W_{2p} = \mathscr{R}_p \cdot \mathscr{T}_p \frac{1}{2}W_0 \approx \frac{1}{2} \times 0.0038 \times 0.9962 W_0,$$

$$W_{3s} = \mathscr{R}'_s \cdot W_{2s} = \mathscr{R}_s \cdot \mathscr{T}_s \frac{1}{2}W_0 \approx \frac{1}{2} \times 0.1901 \times 0.8099 W_0,$$

这两者之和得光束 3 的总光功率,

$$W_3 = (W_{3p} + W_{3s})$$

$$= \frac{1}{2}(0.0038 \times 0.9962 + 0.1901 \times 0.8099)W_0$$

$$\approx 0.079 W_0 \approx 7.9\% W_0.$$

由此可见,这较精确的计算与(1)的粗略估算结果 $W_3 \approx 0.090W_0$ 相差约 10%. 这偏差源于光束 2 不是自然光而是部分偏振光.

3.7 在光于介质表面的反射和折射实验中,获得以下测量数据:入射角 $i_1 \approx 75°$,折射角 $i_2 \approx 40°$,总强反射率 $R \approx 30\%$,试求出

(1) 总振幅反射率 r,总光功率反射率 $\mathscr{R}$;

(2) 总光功率透射率 $\mathscr{T}$,总光强透射率 T 和总振幅透射率 t;

(3) 这入射光是自然光吗? 它可能是何种偏振态?

解 (1) 由于反射光束和入射光束同处于一种介质,且两者正

截面积相等,故$(\mathscr{R},R,r)$三者之关系显得简单,

总光功率的反射率　　$\mathscr{R} = R \approx 30\%$,

总振幅的反射率　　$r = \sqrt{R} \approx 55\%$.

(2) 由于折射光束处于另一种介质 n_2,且其正截面积不同于入射光束,故在$(\mathscr{T},T,t)$三者之关系的表达中,将出现"面积因子"和"折射率因子". 首先,利用总光功率守恒得其透射率

$$\mathscr{T} = 1 - \mathscr{R} = 1 - 0.30 \approx 70\%;$$

考虑到面积因子,由 $\mathscr{T}$ 求得总光强的透射率

$$T = \frac{\cos i_1}{\cos i_2}\mathscr{T} = \frac{\cos 75°}{\cos 40°} \times 70\% \approx 24\%;$$

再考虑到折射率因子,由 T 得总振幅的透射率

$$t = \sqrt{\frac{n_1}{n_2}T} = \sqrt{\frac{T}{\sin i_1/\sin i_2}} \approx \sqrt{\frac{0.24}{\sin 75°/\sin 40°}} \approx 40\%.$$

(3) 若要判断入射光的偏振态,首先应当从角度 (i_1,i_2) 分别求出 $\mathscr{R}_p, \mathscr{R}_s$,且与上述算出的 $\mathscr{R}$ 值作比较.

$$\mathscr{R}_p = \left(\frac{\tan(i_1 - i_2)}{\tan(i_1 + i_2)}\right)^2 = \left(\frac{\tan 35°}{\tan 115°}\right)^2 \approx (0.3265)^2 \approx 11\%;$$

$$\mathscr{R}_s = \left(\frac{\sin(i_2 - i_1)}{\sin(i_2 + i_1)}\right)^2 = \left(\frac{-\sin 35°}{\sin 115°}\right)^2 \approx (-0.6329)^2 \approx 40\%.$$

若入射光为自然光,则其总光功率的反射率

$$\mathscr{R}' = \frac{1}{2}(\mathscr{R}_p + \mathscr{R}_s) = \frac{1}{2}(0.11 + 0.40) \approx 25\%.$$

然而,目前 $\mathscr{R} = 30\% > \mathscr{R}'$,可见这入射光不是自然光,而是部分偏振光,也有可能是线偏振光,且知这入射光中 s 光比 p 光占优.

其实,我们可以由 $\mathscr{R}, \mathscr{R}_p, \mathscr{R}_s$ 这三个数据去计算出入射光中光强比值 $I_{1s}/I_{1p} = K$:

入射总光强　　$I_1 = I_{1p} + I_{1s}$,

反射总光强　　$I_1' = I_{1p}' + I_{1s}' = \mathscr{R}_p I_{1p} + \mathscr{R}_s I_{1s}$,

总光强或总光功率的反射率为

$$\mathscr{R} = \frac{I_1'}{I_1} = \frac{\mathscr{R}_p I_{1p} + \mathscr{R}_s I_{1s}}{I_{1p} + I_{1s}} = \frac{\mathscr{R}_p + \mathscr{R}_s \cdot \dfrac{I_{1s}}{I_{1p}}}{1 + \dfrac{I_{1s}}{I_{1p}}} = \frac{\mathscr{R}_p + K\mathscr{R}_s}{1 + K},$$

解出入射光中之光强比值

$$K \equiv \frac{I_{1s}}{I_{1p}} = \frac{\mathscr{R} - \mathscr{R}_p}{\mathscr{R}_s - \mathscr{R}},$$

代入数据,得目前入射光之光强比值

$$K = \frac{0.30 - 0.11}{0.40 - 0.30} = 1.9 \quad (\text{s 光占优}).$$

3.8　如图(a)所示,它是一个由半导体材料砷化镓(GaAs)制成的发光管,其管芯(AB)为发光区,直径 d 约 3 mm. 为了避免全反射,发光管上部被研磨成半球形,以使管芯发出的光有最大的透射率向外发射. 若要求发光区周边 A,B 发的光不发生全反射,那半球的半径 r 应当为多少?已知 GaAs 的折射率为 3.4,对其发光的光波波长为 $0.9\,\mu\text{m}$.

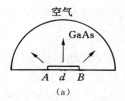
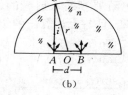

题 3.8 图

解　参见图(b),从构图中不难获悉,在发光区边缘 A 或 B 所发射的光束中,其正上方那条光线 AC 的入射角 i 为最大,这可由 $\triangle AOC$ 中的正弦定理给出证明. 只要这 i 角小于全反射的临界角 i_c,便能避免因全反射而招致的透射光功率的损失. 令

$$\sin i = \frac{d/2}{r} < \sin i_c = \frac{1}{n},$$

即得,

$$\frac{d}{2r} < \frac{1}{n}, \quad r > \frac{nd}{2}.$$

据题意, $n = 3.4$, $d = 3$ mm,求出

$$r > \frac{3.4 \times 3\,\text{mm}}{2} \approx 5.1\,\text{mm}.$$

3.9　计算玻片组的偏振度. 取三块平板玻璃叠放一起,其折射

率为 1.64. 当一束自然光以布儒斯特角 i_B 入射时,

(1) 最终从这玻片组透射出来的光其偏振度 p 为多少?

(2) 其中所含 p 光的强度 I_p 与强度 I_s 之比值为多少?

解 (1) 三块平板玻片组含有 6 个界面,先后共发生 6 次全偏化,使透射光中的 s 光越来越弱,而 p 光总是 100% 地透射,以致最终透射出有一定偏振度 p 的部分偏振光. 关于玻片组的偏振度 p 的计算,可有现成公式借鉴(参考原书(3.21)式):

$$p_N = \frac{1 - (t_s t_s')^N}{1 + (t_s t_s')^N} = \frac{1 - \left(\dfrac{2n_1 n_2}{n_1^2 + n_2^2}\right)^{2N}}{1 + \left(\dfrac{2n_1 n_2}{n_1^2 + n_2^2}\right)^{2N}}.$$

据题意,令 $n_1 = 1.0$,$n_2 = 1.64$,$N = 6$,算出,

$$\frac{2n_1 n_2}{n_1^2 + n_2^2} = \frac{2 \times 1 \times 1.64}{1 + (1.64)^2} \approx 0.889, \quad (0.889)^{12} \approx 0.2437,$$

于是这透射光的偏振度为

$$p = \frac{1 - (0.889)^{12}}{1 + (0.889)^{12}} = \frac{1 - 0.2437}{1 + 0.2437} \approx 60\%.$$

(2) 根据光的偏振度的定义,

$$p = \frac{I_M - I_m}{I_M + I_m} = \frac{I_p - I_s}{I_p + I_s} = \frac{I_p/I_s - 1}{I_p/I_s + 1},$$

解出,

$$\frac{I_p}{I_s} = \frac{1 + p}{1 - p} = \frac{1 + 0.6}{1 - 0.6} = 4 \text{ 倍}.$$

这表明从这玻片组透射出来的光,其中 p 光占优,其光强 4 倍于 s 光,或者说,$I_s/I_p \approx 25\%$.

3.10 考察过临界角时全反射光的相位变化情况. 设一光束由玻璃入射于空气,且入射角已超过临界角 i_c,玻璃折射率为 1.68.

(1) 取用一张坐标纸来绘制反射 s 光和 p 光的相移 $\delta_s'(i)$ 曲线和 $\delta_p'(i)$ 曲线,要求横坐标即入射角 i 在 $i_c \sim \pi/2$ 范围中至少选取 6 个数据点.

(2) 利用这两条曲线找出相移差值 $\delta(i) = \delta_p'(i) - \delta_s'(i)$ 的最大值 δ_M 和相应的入射角 i_M.

（3）设入射光为一线偏振光，其方位角在一、三象限即 $\varphi_{1s}=\varphi_{1p}$ $=0$，当入射角为 60°时，问反射光的两个正交振动之间的相位差 $\delta=$ $\varphi'_{1s}-\varphi'_{1p}$ 为多少？其合成的椭圆偏振光是左旋的还是右旋的？

（4）当入射角为 45°或 75°时，在透射区即空气中存在的隐失波的穿透深度 d_1 或 d_2 为多少？设光波长为 633 nm.

解 （1）关于过临界角全反射时的相移曲线 $\delta'_p(i),\delta'_s(i)$，可利用现成公式绘制（请参见原书 3.3 节）：

$$\tan\frac{\delta'_p}{2}=\frac{n_1}{n_2}\cdot\frac{\sqrt{\left(\frac{n_1}{n_2}\sin i\right)^2-1}}{\cos i},$$

$$\tan\frac{\delta'_s}{2}=\frac{n_2}{n_1}\cdot\frac{\sqrt{\left(\frac{n_1}{n_2}\sin i\right)^2-1}}{\cos i}=\frac{n_2^2}{n_1^2}\cdot\tan\frac{\delta'_p}{2}.$$

据题意，$n_1=1.68$，$n_2=1.00$，算出其临界角

$$i_c=\arcsin\frac{1}{1.68}\approx 36.5°.$$

我们选择入射角 i 分别为 40°,50°,55°,60°,65°,70°和 80°，代入上述公式粗略地算出相移值如下：

i	40°	50°	55°	60°	65°	70°	80°
δ'_p	84°	129°	140°	149°	155°	161°	171°
δ'_s	35°	74°	89°	103°	117°	130°	155°

绘制出这相移曲线图如题图所示.

（2）从曲线图中，不难发现：

当入射角 $i\approx 50°$，　相位差 $\delta=\delta'_p-\delta'_s$ 达到极大 $\delta_M\approx 54°$；

当入射角 $i\approx 40°$，　相位差 $\delta\approx 45°$.

（3）当入射角 $i\approx 60°$，从曲线中可确定其相位差，

$$\delta=\delta'_p-\delta'_s\approx 45°,$$

这表明为了造成反射光中 p 振动超前 s 振动的相位 45°，尚有两个入

射角 $i \approx 40°$ 或 $60°$ 可供选择,它俩分居于造成 δ_M 时的入射角 $50°$ 之两侧. 从反射光的局部坐标架 $(\boldsymbol{p}_1', \boldsymbol{s}_1')$ 看来,由于当 $i \approx 60°$ 时,$\delta' = \delta_s' - \delta_p' = -45°$,故若入射光为一、三象限的线偏振光,合成的椭圆偏振光为左旋光.

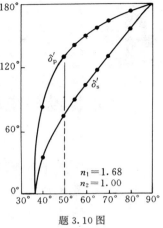

题 3.10 图

(4)关于过临界角时存在于透射区的隐失波之穿透深度 d,有现成公式可查考(请参见原书 3.5 节):

$$d = \frac{\lambda_0}{2\pi \sqrt{(n_1 \sin i_1)^2 - n_2^2}},$$

据题意,令 $n_1 = 1.68$,$n_2 = 1.00$,$\lambda_0 = 633 \, \text{nm}$,$i_1 = 45°, 75°$,分别得,

$$d_1 = \frac{\lambda_0}{2\pi \sqrt{(1.68 \times \sin 45°)^2 - 1}} \approx \frac{\lambda_0}{4} \approx 157 \, \text{nm}, \quad \text{当 } i \approx 45°;$$

$$d_2 = \frac{\lambda_0}{2\pi \sqrt{(1.68 \times \sin 75°)^2 - 1}} \approx \frac{\lambda_0}{8} \approx 79 \, \text{nm}, \quad \text{当 } i \approx 75°.$$

4

干涉装置与光场时空相干性 激光

4.1 一菲涅耳双面镜之夹角为 $20'$，一缝光源平行交棱且与交棱距离为 $10\,\text{cm}$，接收屏幕在两个相干像光源的正前方，且与交棱相距 $210\,\text{cm}$，设光波长为 $600\,\text{nm}$.

(1) 干涉条纹的间距 Δx 为多少?

(2) 在屏幕上最多能看到几个条纹?

(3) 如果光源与交棱之距离维持不变，而在横向作一小位移 δs，幕上干涉条纹有何变化?

(4) 如果计及缝光源的宽度，要求干涉场的衬比度不至于为零，则允许缝光源的最大宽度 b_{M} 为多少?

解 (1) 参见题图，其条纹间距公式为

$$\Delta x = \frac{(B+C)\lambda}{2\alpha B},$$

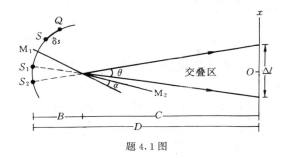

题 4.1 图

它是由杨氏双孔干涉条纹公式 $\Delta x = D\lambda/d$ 演化而得来的. 据题意, $B = 10\,\text{cm}$, $C = 210\,\text{cm}$, $\alpha = 20' \approx 20 \times (3 \times 10^{-4}\,\text{rad}) \approx 6 \times 10^{-3}\,\text{rad}$, $\lambda = 600\,\text{nm}$, 代入上式得

$$\Delta x = \frac{(10 + 210) \times 600 \times 10^{-6}\,\text{mm}}{2 \times 6 \times 10^{-3} \times 10} \approx 1.1\,\text{mm}.$$

(2) 从题图中获悉, 屏幕上两列光波交叠区的宽度 Δl 为

$$\Delta l = \theta \cdot C = 2\alpha C = 2 \times (6 \times 10^{-3}) \times 210\,\text{cm} \approx 25.2\,\text{mm},$$

故屏幕上出现的条纹数目约有

$$N = \frac{\Delta l}{\Delta x} = \frac{25.2\,\text{mm}}{1.1\,\text{mm}} \approx 22.$$

(3) 若点源 S 作一横向位移 δs 而成为 Q, 由于其几何量 B, C 和 α 均未变, 故这条纹间距 Δx 不变, 仍为 $1.1\,\text{mm}$; 但这条纹却有了移动, 因为这时的一对像点 Q_1, Q_2 的中垂线转过了一角度 $\beta = \delta s/B$, 这导致那零级条纹移动了一段距离,

$$\delta x = \beta \cdot C = \frac{\delta s}{B} \cdot C = \frac{210}{10}\delta s \approx 21\delta s.$$

这表明此时幕上的条纹总体上有了一平移 δx, 而保持条纹间距不变, 这情形与杨氏双孔干涉的条纹变动性质是一样的. 这一点为解答下一个问题作了概念上的铺垫.

(4) 设缝光源的宽度为 b. 当其边缘两点 S 和 Q 所产生的两套条纹, 恰巧错开一个条纹间距 Δx 时, 则幕上干涉场的衬比度 γ 降为零. 据此,

$$\text{令} \quad \delta x = \Delta x, \quad \text{即} \quad \frac{C}{B}b = \Delta x,$$

得所允许的光源最大宽度为

$$b_{\mathrm{M}} = \frac{B}{C}\Delta x = \frac{1}{21}\Delta x = \frac{1.1\,\mathrm{mm}}{21} \approx 50\,\mu\mathrm{m};$$

这告诉我们,实际缝光源宽度被选取为 $b_{\mathrm{M}}/2 \approx 25\,\mu\mathrm{m}$ 时,可获得衬比度 $\gamma \approx 0.64$ 的干涉场.

4.2 一束平行光正入射于一双棱镜,其顶角为 $3.5'$,折射率为 1.5,相距 $5.0\,\mathrm{m}$ 处置放一屏幕.光波长为 $500\,\mathrm{nm}$.

(1)求幕上干涉条纹的间距 Δx.

(2)求幕上出现的条纹数目 N.

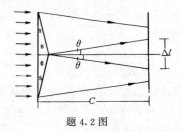

题 4.2 图

解 (1)这入射的平行光束经过这对小角双棱镜的分波前,而成为两束平行光,其中一束上倾,另一束下倾,其倾角均为 $\theta \approx (n-1)\alpha$,这里 α 为棱镜顶角,参见题图.我们可直接套用两束平行光干涉的条纹间距公式,算出此条纹间距为

$$\Delta x = \frac{\lambda}{\sin\theta_1 + \sin\theta_2} = \frac{\lambda}{2\sin\theta} \approx \frac{\lambda}{2\theta} \approx \frac{\lambda}{2(n-1)\alpha}$$

$$= \frac{500\,\mathrm{nm}}{2 \times (1.5-1) \times (3.5 \times 3 \times 10^{-4}\,\mathrm{rad})} \approx 0.5\,\mathrm{mm}.$$

(2)设屏幕与双棱镜之距离为 C,由题图不难获悉,幕上交叠区的范围为

$$\Delta l \approx 2\theta \cdot C = 2(n-1)\alpha C$$

$$= 2 \times 0.5 \times (3.5 \times 3 \times 10^{-4}) \times (5 \times 10^3)\mathrm{mm} \approx 5\,\mathrm{mm},$$

故幕上可显示的条纹数目为

$$N = \frac{\Delta l}{\Delta x} = \frac{5\,\mathrm{mm}}{0.5\,\mathrm{mm}} = 10.$$

以上运算表明,其所以将屏幕置于 $5\,\mathrm{m}$ 之远,就是为了增加可观测的

条纹数目.

4.3　一菲涅耳双棱镜,其顶角为 $1.5°$,折射率为 1.5,相距点光源 $6.0\,\mathrm{cm}$,相距屏幕 $310\,\mathrm{cm}$.光波长为 $500\,\mathrm{nm}$.求幕上干涉条纹的间距 Δx.

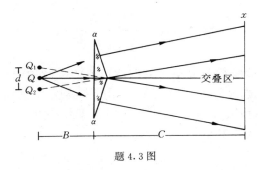

题 4.3 图

解　参见题图,点源 Q 经这一对小角薄棱镜近似地形成两个像点 Q_1,Q_2,其间隔

$$d = 2 \cdot (n-1)\alpha \cdot B;$$

借用杨氏双孔干涉模型,求得小角双棱镜干涉条纹之间距公式为

$$\Delta x = \frac{D\lambda}{d} = \frac{(B+C)\lambda}{2(n-1)\alpha B},$$

据题意,令 $B=6.0\,\mathrm{cm}$,$C=310\,\mathrm{cm}$,$\alpha=1.5°\approx 2.6\times 10^{-2}\,\mathrm{rad}$,$n=1.5$,$\lambda=500\,\mathrm{nm}$,算出

$$\Delta x = \frac{316\times(500\times 10^{-6}\,\mathrm{mm})}{2\times 0.5\times(2.6\times 10^{-2})\times 6} \approx 1.0\,\mathrm{mm}.$$

4.4　一劳埃德镜其镜面宽度为 $5.0\,\mathrm{cm}$,一缝光源在镜面左侧,离镜面边缘 $2.0\,\mathrm{cm}$,比镜面高出 $a=0.5\,\mathrm{mm}$;接收屏幕在镜面右侧,离镜面边缘 $300\,\mathrm{cm}$.设光波长为 $589\,\mathrm{nm}$.

(1) 求幕上条纹的间距 Δx,幕上出现条纹的数目 N.

(2) 若缝光源平移从而改变了它离镜面的高度,则条纹将发生怎样的变化?这种变化与习题 4.1(3)双面镜情形有何不同?

(3) 若计及缝光源宽度 b 的影响,试定性画出幕上干涉强度 $I(x)$ 的变化曲线.

提示:回顾第 2 章 2.14 题,两者有可类比性.

(4) 设光源宽度为 b,其下边距离镜面高度为 a,屏幕与两个相干光源的距离为 D,试证明,干涉强度函数由下式给出,

$$I(x) = I_0\left(1 + \gamma(x) \cdot \cos\left(2\pi\frac{2a+b}{\lambda D}x\right)\right),$$

$$\gamma(x) = \gamma_0 \cdot \frac{\sin\left(2\pi\dfrac{b}{\lambda D}x\right)}{\left(2\pi\dfrac{b}{\lambda D}x\right)},$$

这里,γ_0 是该劳埃德镜对单一点源所造成的干涉场的衬比度,它取决于镜面的光强反射率;若考虑到镜面的半波损,那只需在余弦函数中添加 $\pi/2$ 相移量,这不影响 $I(x)$ 曲线的变化特点.

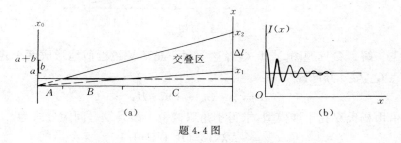

题 4.4 图

解 (1) 劳埃德镜像干涉装置类似于杨氏双孔干涉模型,其对应量为

$$d = 2a, \quad D = (A + B + C).$$

令 $A = 2.0\,\mathrm{cm}$,$B = 5.0\,\mathrm{cm}$,$C = 300\,\mathrm{cm}$,$a = 0.5\,\mathrm{mm}$,得其干涉条纹之间距为

$$\Delta x = \frac{D\lambda}{d} = \frac{(A+B+C)}{2a}\lambda$$

$$= \frac{(2.0 + 5.0 + 300)\mathrm{cm}}{2 \times 0.5\,\mathrm{mm}} \times 589\,\mathrm{nm} \approx 1.8\,\mathrm{mm}.$$

从题图(a)中获悉,此交叠区的宽度 $\Delta l = x_2 - x_1$,其中

$$\frac{x_1}{a} = \frac{(A+B+C)}{(A+B)}, \quad \frac{x_2}{a} = \frac{(A+B+C)}{A},$$

代入算出,

$$x_1 = \frac{307}{7.0} \times 0.5\,\mathrm{mm} \approx 21.9\,\mathrm{mm},$$

$$x_2 = \frac{307}{2.0} \times 0.5 \, \text{mm} \approx 76.7 \, \text{mm},$$

于是,交叠区宽度 Δl 以及幕上可现条纹数目 N 分别为

$$\Delta l \approx x_2 - x_1 \approx 54.8 \, \text{mm}, \quad N = \frac{\Delta l}{\Delta x} \approx \frac{54.8}{1.8} \approx 30.$$

(2) 若点源或缝光源作横向平移,从而改变了其离镜面的高度 a,这导致此条纹间距 Δx 变大,因为决定 Δx 公式中的 $d = 2a$ 增加了;其所呈现的情景是,视场中的条纹从低处(低级别)向高处(高级别)疏散且变宽,因而可见的条纹数目也变少了.这种变化情景与题 4.1(3)中的不同,那里是其干涉场中的条纹发生了整体平移,而其条纹间距不变.

(3) 若计及实际光源宽度 b 的影响,这干涉场中就包含了间距不等的一组组条纹,其非相干叠加的结果,使衬比度 γ 值有所下降,且不同处 γ 值下降的程度是不同的;可以预料,低级别处 γ 值高,高级别处 γ 值低;零级处,依然维持 $\gamma \approx 1.0$,因为那不同组条纹的零级亮纹(或暗纹)是重合一致的.这种 γ 值变化的情景,与 2.14 题那双孔间隔 $\tilde{d}$ 作随机变化而导致的结果是完全类似的——各处 γ 值非同等下降.我们有理由预测,此种场合下干涉场中的强度变化 $I(x)$,呈现衰减振荡型,如题图(b)所示.下面对此作相应的数学描写.

(4) 首先,让我们写出单一细缝光源所造成的干涉强度分布公式,

$$I(x) = I_0 \Big(1 + \gamma_0 \cos \frac{2\pi}{\Delta x} x \Big), \quad \Delta x = \frac{D\lambda}{2a},$$

将其应用于光源宽度为 b 情形,其下边高度为 a,上边高度为 $(a + b)$,取坐标轴为 x 用以标定线光源的位置,其上 $x_0 \sim x_0 + \mathrm{d}x_0$ 的微分细缝对干涉场的贡献为

$$\mathrm{d}I(x) = i_0 \Big(1 + \gamma_0 \cos \Big(2\pi \frac{2x_0}{D\lambda} x \Big) \Big) \mathrm{d}x_0,$$

于是,屏幕上总的光强分布为

$$I(x) = \int_a^{a+b} \mathrm{d}I_0 = i_0 \int_a^{a+b} \Big(1 + \gamma_0 \cos \Big(2\pi \frac{2x}{D\lambda} x_0 \Big) \Big) \mathrm{d}x_0$$

$$= I_0 + \int_a^{a+b} i_0 \gamma_0 \cos \Big(2\pi \frac{2x}{D\lambda} x_0 \Big) \mathrm{d}x_0, \quad I_0 \equiv b i_0,$$

引入缩写符号

$$f \equiv \frac{2x}{D\lambda} \quad (\text{具有空间频率的量纲}),$$

于是,以上积分式被表达为

$$\int_a^{a+b} i_0\gamma_0 \cos(2\pi f x_0) \mathrm{d}x_0 = \frac{1}{2\pi f} i_0\gamma_0 (\sin 2\pi f x_0)\Big|_a^{a+b}$$

$$= i_0\gamma_0 b \cdot \frac{\sin \pi fb}{\pi fb} \cdot \cos\left(2\pi\left(a + \frac{b}{2}\right)f\right),$$

还原 f,最终求得,

$$I(x) = I_0\left[1 + \gamma_0 \frac{\sin\frac{2\pi b}{D\lambda}x}{\frac{2\pi b}{D\lambda}x} \cdot \cos\left(2\pi \frac{2a+b}{D\lambda}x\right)\right]. \tag{1}$$

这表明干涉场中的强度分布呈现一余弦型振荡,但其振幅被一 sinc 函数所调制,两者合成为一衰减振荡型;由交流项系数,我们得到此场合的衬比度函数

$$\gamma(x) = \gamma_0 \cdot \frac{\sin\frac{2\pi b}{D\lambda}x}{\frac{2\pi b}{D\lambda}x}, \tag{2}$$

据此求出第一次使 $\gamma=0$ 的场点位置坐标 x_M,

$$令 \quad \frac{2\pi b}{D\lambda}x_M = \pi, \quad 得 \quad x_M = \frac{D\lambda}{2b}. \tag{3}$$

以 x_M 改写 $\gamma(x)$ 为更简明形式,

$$\gamma(x) = \gamma_0 \frac{\sin\pi\frac{x}{x_M}}{\pi\frac{x}{x_M}}.$$

注意到本底余弦振荡周期为 $\Delta x_0 = D\lambda/(2a+b)$,因之在 $0 \sim x_M$ 区域中出现的振荡数目为

$$N_0 = \frac{x_M}{\Delta x_0} = \frac{2a+b}{2b} = \frac{a}{b} + \frac{1}{2},$$

若要求 $N_0 = 5.5$,则

$$\frac{a}{b} = 5,$$

即 $a=0.5\,\mathrm{mm}$, $b=0.1\,\mathrm{mm}$; $a=1.0\,\mathrm{mm}$, $b=0.2\,\mathrm{mm}$.
这说明,在扩展光源条件下,欲想在幕上看到几个条纹,对于劳埃德镜实验,其所允许的光源宽度是十分狭窄的.另一方面,a 过大了,条纹间距 Δx 就很小,那只好增加 D 以扩大 Δx. 目前,劳埃德镜干涉实验,可用激光束直接照明,那也必须使光束方向与镜面之夹角非常小.

4.5 如图所示,这是一种利用干涉条纹的移动来测量气体折射率的原理性结构.在双缝之一 S_1 后面置放一长度为 l 的透明容器,待测气体徐徐注入容器而使空气逐渐排出,在此过程中,观察者视场中的条纹就将移动.人们可由条纹移动的方向和数目,测定气体的折射率.

(1)若待测气体的折射率大于空气折射率,试预测干涉条纹怎样移动?

(2)设 l 为 $2.0\,\mathrm{cm}$,光波长为 $589.3\,\mathrm{nm}$,空气折射率 n_0 为 $1.000\,276$;往容器内充以氯气,观测到条纹向上移动了 20 个,求待测氯气的折射率 n_g.

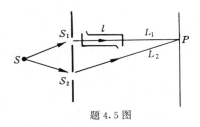

题 4.5 图

解 (1)若待测气体折射率 $n_\mathrm{g} > n_0$,则到达上方固定场点 P 的光程差 $\Delta L(P) = (L_2 - L_1)$ 变小,相应地其条纹级别变低,这意味着原来处于 P 下方的那低级别的条纹移至 P 处.换句话说,在以观测点 P 为中心的视场范围内,呈现出条纹向上移动的景象.

(2)据题意,令光程差变化为

$$\delta(\Delta L) = -N\lambda_0, \quad N = 20;$$

又,$\delta(\Delta L) = \delta(L_2 - L_1) = -\delta L_1 = -(n_\mathrm{g} - n_0)l$,得

$$\Delta n = (n_\mathrm{g} - n_0) = \frac{N\lambda_0}{l} = \frac{20 \times 589.3\,\mathrm{nm}}{2.0\,\mathrm{cm}} = 5.893 \times 10^{-4},$$

最后算出待测气体(氯气)的折射率为

$$n_g = n_0 + \Delta n = 1.000\,276 + 0.000\,589\,3 \approx 1.000\,865.$$

4.6　类似上题的干涉装置如图所示,称作瑞利干涉仪,用以测定空气折射率.在双缝后面置放两个透明长管 T_1 和 T_2,其中 T_2 管已充满待测的空气,而 T_1 管在初始时刻为真空,然后徐徐注入空气,直至充满气压相同于 T_2 管的空气.测定这一过程中观察点 P 强度变化的次数 N 为 98.5,T_1 管中空气柱长度为 20 cm,光波长为 589.3 nm.试求空气的折射率 n_0.

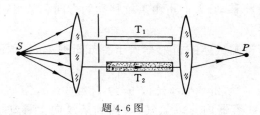

题 4.6 图

解　视觉效应中的条纹移动,源于到达观察点 P 之光程差的变化,

$$\delta(\Delta L_P) = \delta(L_1 - L_2) = \delta L_1 = (n_0 - 1)l_1,$$

这里,"1"表示真空折射率.又,从 $I(P)$ 强度变化的次数 N 获知,

$$\delta(\Delta L_P) = N\lambda_0,$$

于是,求出此待测空气折射率为

$$n_0 = 1 + \frac{N\lambda_0}{l_1} = 1 + \frac{98.5 \times 589.3\,\text{nm}}{20\,\text{cm}} = 1 + 2.90 \times 10^{-4}$$

$$= 1.000\,290.$$

4.7　现用钠光灯作为杨氏双缝干涉实验的光源,其宽度 b 已被一光阑限制为 2 mm,它与双缝平面相距 2.5 m.为了在幕上能出现可见的干涉条纹,问:

(1) 双缝间隔不能大于多少? 设其为 d_0.

(2) 若双缝实际间距 d 取 $d_0/2$,此时前方幕上干涉场的衬比度 γ 为多少?

解　(1) 根据光场空间相干性之反比律公式(可参见原书 4.3 节),

$$b \cdot \frac{d_0}{R} \approx \lambda, \quad 即 \quad d_0 = \frac{R\lambda}{b},$$

令 $b=2\,\mathrm{mm}$，$R=2.5\,\mathrm{m}$，$\lambda=589\,\mathrm{nm}$，算出此情形下所允许的双缝最大间隔值

$$d_0 \approx \frac{(2.5 \times 10^3) \times (589 \times 10^{-6})}{2}\,\mathrm{mm} \approx 0.7\,\mathrm{mm}.$$

其意义是，若这双缝实际间隔 $d \approx d_0$，则屏幕上接收的干涉场之衬比度 $\gamma \approx 0$，无强度起伏，几乎均匀一片. 换言之，若要获得 $\gamma > 0$ 的干涉场以供观测，应当调节 $d < d_0$.

（2）关于面光源照明空间中双孔干涉场之衬比度 γ 函数，有现成公式可查考（请见原书（4.34）式），

$$\gamma\left(\frac{d}{d_0}\right) = \left| \frac{\sin \pi \dfrac{\Delta\theta}{\Delta\theta_0}}{\pi \dfrac{\Delta\theta}{\Delta\theta_0}} \right| = \left| \frac{\sin \pi \dfrac{d}{d_0}}{\pi \dfrac{d}{d_0}} \right|,$$

据题意，令 $d/d_0 = 1/2$，算得此时衬比度值为

$$\gamma = \frac{\sin \pi/2}{\pi/2} = \frac{2}{\pi} \approx 0.64,$$

这干涉场中强度的这等起伏程度是适宜于实际观测的.

4.8 一个直径为 1 cm 的热光源，如果用干涉孔径角 $\Delta\theta_0$ 来描述，其空间相干范围为多少弧度？如果用相干面积 ΔS_0 来描述，问 1 m 远的相干面积 ΔS_{10} 为多少？10 m 远的相干面积 ΔS_{20} 为多少？取光波长为 550 nm.

解 根据光场空间相干性之反比律公式（可参见原书 4.3 节），

$$b \cdot \Delta\theta_0 \approx \lambda, \quad 即 \quad \Delta\theta_0 \approx \frac{\lambda}{b},$$

令 $b=1\,\mathrm{cm}$，$\lambda=550\,\mathrm{nm}$，算出此圆盘状热光源所照明空间中之相干孔径角

$$\Delta\theta_0 \approx \frac{550\,\mathrm{nm}}{1\,\mathrm{cm}} \approx 5.5 \times 10^{-5}\,\mathrm{rad} \approx 11''.$$

可见，这角径甚小. 相应地，在正前方 R 远处之横向面积即相干面积为

$$\Delta S \approx (R \cdot \Delta \theta_0)^2 \approx \begin{cases} 3 \times 10^{-3}\,\text{mm}^2, & \text{当 } R = 1\,\text{m}; \\ 3 \times 10^{-1}\,\text{mm}^2, & \text{当 } R = 10\,\text{m}. \end{cases}$$

最后顺便说明,此种场合对 $\Delta \theta_0$ 和 ΔS 只需作粗略的估算,不必过于准确. 与此意相应,在应用反比律公式时不计较那 1.2 的系数,在计算相干面积时不计较那 $\pi/4$ 的系数,均取为 1.

4.9　若直接以月亮作为光源,在地面上作杨氏双孔实验,为了获得可见的干涉条纹,问双孔间隔 d 不能大于多少? 已知月地距离约为 3.8×10^5 km,月亮直径为 3477 km,光波长取 550 nm.

解　关于空间相干性之反比律公式,可采取另一对易形式如下(可参见原书 162 页),

$$d_0 \cdot \Delta \theta_0' \approx \lambda, \quad \text{即} \quad d_0 \approx \frac{\lambda}{\Delta \theta_0'},$$

这里,$\Delta \theta_0'$ 是光源对双孔中心所张开的孔径角;对于月亮,

$$\Delta \theta_0' \approx \frac{b}{R} = \frac{3477\,\text{km}}{3.8 \times 10^5\,\text{km}} \approx 9 \times 10^{-3}\,\text{rad} \approx 30'.$$

故,若以月亮作为光源来做双孔或双缝实验,则这双孔之最大值为

$$d_0 \approx \frac{\lambda}{\Delta \theta_0'} \approx \frac{550\,\text{nm}}{9 \times 10^{-3}} \approx 60\,\mu\text{m}.$$

有意思的是,此数值 60 μm 与太阳作为光源时的 d_0 值竟相同,这是因为日、月对地球观察者所张之孔径角几乎相等,均约为 30$'$.

另外,月亮发光非自发,而是反射所照射的阳光. 从这一意义上说,月亮自身是一个"部分相干光源",而不像太阳那样是一个完全非相干的热光源.

　　　　　※　　　　　　　※　　　　　　　※

4.10　一直径为 d 的细丝垫在两块平板玻璃之一边,以形成楔形空气层,在钠黄光垂直照射下出现干涉条纹如图所示. 试求细丝直径 d.

解　凡薄膜表面之等厚条纹,其相邻亮纹处或相邻暗纹处所对应的膜层厚度差 $\delta h = \lambda/2$. 据此,由本题图右端细丝处与左端密接处之间出现 8 个条纹间隔之事实,求得右端细丝之直径为

$$d = 8 \times \frac{\lambda}{2} = 4 \times 589.3\,\text{nm} \approx 2.36\,\mu\text{m}.$$

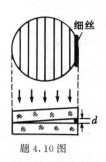

题 4.10 图

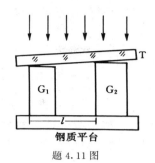

题 4.11 图

4.11 块规是机械加工技术中所用的一种长度标准,它是一块钢质的长方体,其两个端面经过研磨抛光,达到相互平行,如图所示,是两个相同规号的块规,其中 G_1 的长度是标准的,G_2 是待校准的.校准的方法如下:把 G_1 和 G_2 放在钢质平台上并使之严密接触;再用一块透明平板 T 压在 G_1,G_2 上面,以形成一楔形空气层,如果 G_1 和 G_2 的高度略有差别;在单色光照射下便出现等厚干涉条纹,用以精测待校准块规长度的偏差.

(1) 设光波长为 5893 Å,G_1,G_2 相距 l 为 5 cm,出现于 G_1 区和 G_2 区的条纹间距均为 0.50 mm,试求高度差 Δh.

(2) 怎样判断 G_1,G_2 高度谁高谁低?

(3) 若出现两区中条纹间距不相等,比如 G_1 区的 Δx_1 为 0.5 mm,而 G_2 区的 $\Delta x_2 = 0.3$ mm,这反映了什么问题?

解 (1) 首先由条纹间距 $\Delta x = \lambda / 2\alpha$ 求出楔形空气层的劈角 α,

$$\alpha = \frac{\lambda}{2\Delta x} = \frac{589.3 \text{ nm}}{2 \times 0.50 \text{ mm}} \approx 5.89 \times 10^{-4} \text{ rad};$$

尔后,由两个块规之横向距离 l 算出其纵向高度差,

$$\Delta h = l \cdot \alpha = (5 \times 10^4 \ \mu\text{m}) \times (5.89 \times 10^{-4}) \approx 29.5 \ \mu\text{m}.$$

(2) 仅从静态条纹难以断定两块规之高度 h_1,h_2 之差别.判断 h_1,h_2 之高低的一种简易手段为轻轻按压上方平板 T 之中部,看条纹间距之变化——若右侧 G_2 处之条纹变密,则 $h_2 > h_1$,这与 α_2 角变大一致;若右侧 G_2 处之条纹变疏,则 $h_2 < h_1$,这与 α_2 角变小一致.

(3) 若两区域中静态条纹之间距不相等,$\Delta x_1 \neq \Delta x_2$,这反映了两处空气层劈角不相等,$\alpha_1 \neq \alpha_2$,其根源于待测块规 G_2 之上、下两表

面并非严格平行,其不平行度可由角度差 $\Delta\alpha$ 度量之,即

$$\Delta\alpha = |\alpha_2 - \alpha_1| = \frac{\lambda}{2}\left(\frac{1}{\Delta x_2} - \frac{1}{\Delta x_1}\right)$$

$$= \frac{1}{2} \times 589.3\,\text{nm}\left(\frac{1}{0.3\,\text{mm}} - \frac{1}{0.5\,\text{mm}}\right)$$

$$\approx 4 \times 10^{-4}\,\text{rad} \approx 1.33'.$$

4.12 如图所示是一种干涉膨胀计,其中 G 为两个标准的石英环,C 为待测的柱形样品,其略有倾斜的上表面与石英盖板 T_1 之间形成一楔形空气层,从而产生等厚条纹.当温度改变时,由于样品与石英有不同的膨胀系数,以致空气层厚度发生了变化而出现条纹移动.

(1) 设样品和石英环的高度 $l_0 \approx$ 1 cm,在温度升高 $\Delta t \approx 100$ ℃过程中,视场中的干涉条纹移过了 20 条,光波长为 5893 Å.求出该样品的线膨胀系数与石英的差值 $\Delta\beta$.

(2) 怎样判断差值 $\Delta\beta$ 的正负号?设石英膨胀系数为 3.5×10^{-7}/℃,条纹移动方向背向交棱,试给出样品的线膨胀系数 β 值.

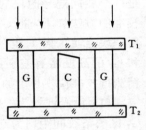

题 4.12 图

解 (1) 由条纹移动数目 N 算出上方楔形空气膜厚度之改变量,

$$\Delta h \equiv (h_C - h_G) = \pm N \cdot \frac{\lambda}{2}, \tag{1}$$

另一方面,物体的线胀定律表明

$$h_C = l_0(1 + \beta_C t), \quad h_G = l_0(1 + \beta_G t),$$

这里,t 为温度且以℃为单位,β 为线胀系数(1/℃),l_0 为 0 ℃时的物体长度.于是,

$$h_C(t) - h_G(t) = l_0(\beta_C - \beta_G) \cdot t. \tag{2}$$

联立(1)式和(2)式,得两者线胀系数之差为

$$\Delta\beta \equiv (\beta_C - \beta_G) = \pm \frac{N\lambda}{2l_0 t}$$

$$= \pm \frac{20 \times 589.3 \text{ nm}}{2 \times 1 \text{ cm} \times 100 \text{ ℃}} \approx \pm 5.89 \times 10^6 / \text{℃}.$$

(2) 若要判断 $\Delta\beta$ 之正负号,则必须关注那条纹移动的方向. 据题意,该条纹背向交棱移动,反映了空气层厚度变小,此乃样品线胀系数 $\beta_C > \beta_G$ 所致,故上式 $\Delta\beta$ 应当取正号,即

$$\beta_C = \beta_G + \Delta\beta = 3.5 \times 10^{-7} / \text{℃} + 5.89 \times 10^{-6} / \text{℃}$$
$$\approx 6.24 \times 10^{-6} / \text{℃}.$$

4.13　一待测透镜与玻璃平晶生成的牛顿环,从其中心往外数第 5 环和第 10 环的直径分别为 1.4 mm 和 3.4 mm. 求出透镜的曲率半径. 设光波长为 0.63 μm.

解　考虑到实际情况,牛顿环之中心并非密接,故中心为非零级;设小环的干涉级别为 k,则相隔 m 个间距的那大环的级别为 $(k+m)$. 这两者的直径 d_k, d_{k+m} 与该透镜的曲率半径 R 的关系为(参见原书 4.4 节 (4.45) 式),

$$R = \frac{d_{k+m}^2 - d_k^2}{4m\lambda},$$

据题意, $m=5$, $d_k = 1.4 \text{ mm}$, $d_{k+5} = 3.4 \text{ mm}$, $\lambda = 0.63 \text{ μm}$,代入得这透镜曲率半径为

$$R = \frac{(3.4)^2 - (1.4)^2}{4 \times 5 \times (0.63 \times 10^{-3})} \approx 762 \text{ mm}.$$

4.14　现观察到一肥皂膜的反射光呈现绿色,这时视线与膜法线之夹角约为 35°.

(1) 试估算此膜的最小厚度 h_m 约为多少? 设肥皂水的折射率为 1.33,绿光波长为 515 nm.

(2) 若观察者的注视点不变动,而改变了视线角度,从 35° 开始逐渐变小,试问该处先后呈现何种色调? 可能先后出现绿、黄绿、黄、橙、红这种色调变化吗?

解　(1) 膜层表面等厚条纹的表观光程差为

$$\Delta L_0 \approx 2nh\cos i, \tag{1}$$

其中, i 为内折射角,它与外入射角 i_0 之关系为

$$\cos i = \sqrt{1 - \sin^2 i} = \sqrt{1 - \left(\frac{1}{n}\sin i\right)^2} = \sqrt{1 - \frac{1}{n^2}\sin^2 i_0},$$

于是，ΔL_0 被表达为

$$\Delta L_0 = 2h \cdot \sqrt{n^2 - \sin^2 i_0}; \qquad (2)$$

考虑到目前"空气/肥皂水/空气"情形下,反射双光束间存在相位突变 π(半波损),故出现亮场的条件为

$$\Delta L_0 = \left(k + \frac{1}{2}\right)\lambda, \quad k = 0, +1, +2, \cdots,$$

即

$$2h \cdot \sqrt{n^2 - \sin^2 i_0} = \left(k + \frac{1}{2}\right)\lambda_0, \qquad (3)$$

令 $k=0$,求得此时膜层的最小厚度为

$$h_m \approx \frac{\lambda}{4\sqrt{n^2 - \sin^2 i_0}} = \frac{515\,\mathrm{nm}}{4\sqrt{(1.33)^2 - (\sin 35°)}} \approx 107\,\mathrm{nm}.$$

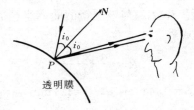

题 4.14 图

(2) 公式(1)或(2)表明,若视线角度 i_0 变小,则光程差 ΔL_0 变大,因之出现亮场的波长向长波方向变化,这是定性分析. 然而,定量上考察,其色调变化之范围是受限的. 比如,目前若取膜厚为 $h_m \approx 107\,\mathrm{nm}$,则当 $i_0 = 0$,即正法线方向观察时获得最大光程差为

$$\Delta L_M \approx 2nh_m \cdot \cos 0° = \frac{\lambda_M}{2},$$

即相应地,出现亮场的最长之波长为

$$\lambda_M = 4nh_m = 4 \times 1.33 \times 107\,\mathrm{nm} \approx 569\,\mathrm{nm} \quad (黄绿色),$$

这表明在膜厚为 h_m 时,当观察者的视线角从 35°→0°过程中,其所见膜层该处的色调变化从绿色→黄绿色,不可能呈现"黄→橙→红"之色调.

当然,若令(3)式中的 $k=1$,其相应的膜厚为

$$h' = 3h_m = 3 \times 107\,\mathrm{nm} = 321\,\mathrm{nm},$$

该处亦能在视线角为 35°时呈现绿色调. 如是,则当 i_0 从 35°→0°过程中,出现亮场之最长之波长为

$$\lambda'_M = 4nh' = 3\lambda_M = 3 \times 569 \text{ nm} \approx 1.71 \ \mu\text{m} \quad \text{(近红外)},$$

这是不可见的红外光. 不过,在可见光波段内仍可能有某一波长成分呈现亮场. 试令 $k=3$,在(3)式中,算得 $\lambda''_M = 569 \text{ nm}$,即在 0°方向该波长的光呈现亮场,它依然为黄绿光. 这表明即便在膜厚为 321 nm 情形下,变换视线角从 35°至 0°,此处色调变化依然是从绿色变向黄绿色.

以上讨论的价值在于,人们可以通过改变视线角 i_0 来观察色调之变化(色序),从而对膜厚作出一定程度的正确判定. 读者不妨进一步思考,当膜厚 $h'' = 5h_m \approx 535 \text{ nm}$,其色调变化之色序如何,当 i_0 从 35°至 0°.

总之,分析这类薄膜色调变化问题的基本公式为

$$h_k = \left(k + \frac{1}{2} \right) \frac{\lambda_0}{2\sqrt{n^2 - \sin^2 i_0}}, \tag{4.a}$$

或

$$\lambda_k = \frac{2h\sqrt{n^2 - \sin^2 i_0}}{\left(k + \frac{1}{2} \right)}, \tag{4.b}$$

$$k = 0, 1, 2, \cdots.$$

(4.a)式用以分析在波长 λ 给定条件下,可能出现亮场的膜层厚度;(4.b)式用以分析在膜厚给定条件下,可能出现亮场的波长取值. 同时看出视线角 i_0 及其变化范围对色调变化的影响.

4.15 以玻璃片为衬底,涂上一层透明薄膜,其折射率为 1.30,设玻璃折射率为 1.5.

(1) 对于波长为 550 nm 的光而言,这膜厚应当取多少才能使其反射光因干涉而相消? 这时光强反射率 R 为多少?

(2) 此膜厚对于波长为 400 nm 的紫光或 700 nm 的红光,其反射双光束之间分别有多大的相位差 δ_1 或 δ_2.

解 (1) 目前,$n_1 = 1.0$,$n = 1.3$,$n_g = 1.5$,这属 $n_1 < n < n_g$ 情

形,各反射光线之间不存在相位突变 π,
故相邻反射线之间的表观光程差 ΔL_0 就
是有效光程差 ΔL,即

$$\Delta L = \Delta L_0 = 2nh;$$

为了使反射光场因相干而相消,令

$$2nh = \left(k + \frac{1}{2}\right)\lambda, \quad k = 0,1,2,\cdots,$$

于是,膜厚取值离散化为

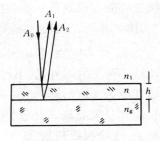

题 4.15 图

$$h_k = \left(k + \frac{1}{2}\right)\frac{\lambda}{2n},$$

比如,取 $k=0$,得其最小值为

$$h_0 = \frac{\lambda}{4n} = \frac{550\,\text{nm}}{4 \times 1.3} \approx 106\,\text{nm}.$$

下面考量这薄膜元件的光强反射率 R,它可能并不为 0,虽然相干相消. 考虑到目前单界面反射率很低,可用双光束干涉作近似处理. 首先分别求出反射双光束的振幅 A_1 和 A_2(参见题图):

$$A_1 = rA_0 = \frac{n - n_1}{n + n_1}A_0 = \frac{1.3 - 1.0}{1.3 + 1.0}A_0 \approx 0.13A_0,$$

$$A_2 = t \cdot r' \cdot t'A_0 = \frac{2n_1}{n + n_1} \cdot \frac{n_g - n}{n_g + n} \cdot \frac{2n}{n_1 + n}A_0$$

$$= \frac{2}{1.3 + 1.0} \times \frac{1.5 - 1.3}{1.5 + 1.3} \times \frac{2 \times 1.3}{1.0 + 1.3}A_0$$

$$= \frac{1.04}{14.8}A_0 \approx 0.07A_0;$$

因这两个光扰动之相位差为 π,故其相干叠加的合成振幅为

$$A = A_1 - A_2 = (0.13 - 0.07)A_0 = 0.06A_0;$$

最后得出这单膜元件的光强反射率为

$$R = \frac{A^2}{A_0^2} = (0.06)^2 = 0.36\%.$$

若无这单层膜,则空气/玻璃的单界面光强反射率 $R_0 \approx 4\%$ 当 $n_g = 1.5$. 欲想单膜元件 $R \approx 0$,应满足 $n^2 = n_1 n_g$ 关系. 比如,若 $n_1 = 1.0$, $n_g = 1.5$,则应当选择 $n = \sqrt{n_1 n_g} \approx 1.22$ 的材质镀膜;若 $n_1 = 1.0$, $n =$

1.3,则应当选择 $n_g = n^2/n_1 \approx 1.69$ 的材质作为衬底.

(2) 对波长 $\lambda_1 = 400\,nm$ 的紫光或波长 $\lambda_2 = 700\,nm$ 的红光,该膜层所产生的相位差分别为

$$\delta_1 = \frac{2\pi}{\lambda_1}2nh_0 = \frac{2\pi}{\lambda_1} \cdot \frac{\lambda}{2} = \frac{\lambda}{\lambda_1}\pi = \frac{550\,nm}{400\,nm}\pi \approx 1.38\pi,$$

$$\delta_2 = \frac{2\pi}{\lambda_2}2nh_0 = \frac{\lambda}{\lambda_2}\pi = \frac{550\,nm}{700\,nm}\pi \approx 0.79\pi.$$

这使此两种波长的光其反射光强有所增加,亦即其消反射的效果有所减弱.我们不妨计算之:

$$I_1 = A_1^2 + A_2^2 + 2A_1A_2\cos\delta_1$$
$$= ((0.13)^2 + (0.07)^2 + 2 \times 0.13 \times 0.07\cos(1.38\pi))I_0$$
$$\approx 0.028I_0,$$

$$I_2 = A_1^2 + A_2^2 + 2A_1A_2\cos\delta_2$$
$$= ((0.13)^2 + (0.07)^2 + 2 \times 0.13 \times 0.07 \times \cos(0.79\pi))I_0$$
$$\approx 0.036I_0,$$

其中 $I_0 = A_0^2$ 表示入射光强.于是,这单膜层对这两种波长的光,其光强反射率分别为

$R_1 \approx 2.8\%$, 对 400 nm 光; $R_2 \approx 3.6\%$, 对 700 nm 光.

显然,它们远大于那 550 nm 光的 $R \approx 0.36\%$.

本题旨在认识任何增透消反膜总是针对某一特定波长 λ_0 而设计的,比如本题中的 $\lambda_0 = 550\,nm$;在这 λ_0 附近其他波长的光就不能被完全消反射.换言之,在消反射膜的透射光谱中出现了一个谱峰,其中心波长为 λ_0,且有一定的谱宽 $\Delta\lambda$.这一概念适用于任何干涉滤光片.

4.16 GaAs 发光管被制成半球形,以增加位于球心的发光区的对外输出光功率.为了进一步提高输出光功率,常在表面镀上一层增透膜如图所示.GaAs 发射光波长为 930 nm,折射率为 3.4.

(1) 无增透膜时,球面光强反射率 R_0 为多少?

(2) 为了实现完全消反射,增透膜的折射率 n 和厚度 h 应当为多少?

(3) 如果选用折射率为 1.38 的氟化镁 MgF_2 能否增透?此时其

光强反射率 R' 为多少？膜层厚度 h' 应取多少？

(4) 若选用折射率为 2.58 的硫化锌 ZnS 能否增透？此时其光强反射率 R'' 为多少？膜层厚度 h'' 应取多少？

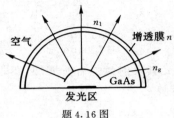

题 4.16 图

解 (1) 设空气/膜层/GaAs 的折射率分别为 n_1, n 和 n_g. 如果无增透膜，则光通过 GaAs/空气界面之光强反射率在正入射条件下为

$$R_0 = \left(\frac{n_g - n_1}{n_g + n_1}\right)^2 = \left(\frac{3.4 - 1.0}{3.4 + 1.0}\right)^2 \approx 30\%,$$

这是一个十分可观的比例，这源于半导体发光材料 GaAs 的高折射率，它是空气折射率的 3.4 倍.

(2) 为实现完全消反射，这增透膜必须同时满足两个条件：

膜层材质折射率 $\quad n = \sqrt{n_1 n_g}$, $\qquad\qquad$ (1)

膜层光学厚度 $\quad nh_k = \left(k + \frac{1}{2}\right)\frac{\lambda}{2} = (2k + 1)\frac{\lambda}{4}$, $\qquad$ (2)

$$k = 0, 1, 2, \cdots.$$

据题意，$n_g = 3.4$，$\lambda = 930$ nm，$n_1 = 1.0$，算得

$$n = \sqrt{1.0 \times 3.4} \approx 1.84, \quad h_0 = \frac{930\,\text{nm}}{4 \times 1.84} \approx 126.4\,\text{nm}.$$

(3) 如果选用较低折射率 $n = 1.38$ 的材质，也能达到增透，虽然不能完全消反射. 此时，对膜层厚度的要求不变，即对反射双光束之相位差为 π 的要求不变. 其最小厚度应当为

$$h_0' = \frac{\lambda}{4n} = \frac{930\,\text{nm}}{4 \times 1.38} \approx 168.5\,\text{nm}.$$

此时，这光强反射率 R' 可直接套用上题 4.15 的算法而得到，但

要注意其中 n_1 与 n_g 的位置应当对调：

$$A_1 = \frac{n - n_g}{n + n_g} A_0 = \frac{1.38 - 3.4}{1.38 + 3.4} A_0 \approx -0.42 A_0,$$

$$A_2 = \frac{2n_g}{n + n_g} \cdot \frac{n_1 - n}{n_1 + n} \cdot \frac{2n}{n_g + n} A_0$$

$$= \frac{2 \times 3.4}{1.38 + 3.4} \times \frac{1.0 - 1.38}{1.0 + 1.38} \times \frac{2 \times 1.38}{3.4 + 1.38} A_0$$

$$\approx -0.13 A_0,$$

其中,关于 A_1, A_2 中的那个"−"号无关紧要,在目前算法中我们只关心其绝对值;于是,反射双光束的合成振幅因膜厚已保证了其相位差为 π,而成为

$$A = |A_1| - |A_2| = (0.42 - 0.13) A_0 \approx 0.29 A_0,$$

最终得这光强反射率

$$R' = \frac{A^2}{A_0^2} \approx (0.29)^2 \approx 8.4\%,$$

这比 $R_0 \approx 30\%$ 要少得多.

(4) 若选用较高折射率 $n = 2.58$ 材质制作膜层,也能减反增透;因现在依然维持 $n_g > n > n_1$,故对膜层厚度的要求依然不变,其最小厚度应当满足,

$$h_0'' = \frac{\lambda}{4n} = \frac{930\,\text{nm}}{4 \times 2.58} \approx 90\,\text{nm}.$$

其反射双光束的振幅分别为

$$A_1 = \frac{2.58 - 3.4}{2.58 + 3.4} A_0 \approx -0.137 A_0,$$

$$A_2 = \frac{2 \times 3.4}{2.58 + 3.4} \times \frac{1.0 - 2.58}{1.0 + 2.58} \times \frac{2 \times 2.58}{3.4 + 2.58} A_0$$

$$\approx -0.433 A_0,$$

其合成振幅为

$$A = |A_2| - |A_1| = (0.433 - 0.137) A_0 \approx 0.296 A_0,$$

相应的光强反射率为

$$R'' = \frac{A^2}{A_0^2} = (0.296)^2 \approx 8.7\%.$$

我们不妨将以上关于膜层最小厚度 h_0、光强反射率 R 值列表一览示之.

发光材料 GaAs ($n = 3.4$, $\lambda = 930\,\mathrm{nm}$)

膜层材质	无膜层(空气)	MgF$_2$	理想层	ZnS
n	1.0	1.38	1.84	2.58
$R/(\%)$	30	8.4	0	8.7
h_0/nm	—	169	126	90

4.17 用眼睛或透镜观察等倾干涉环,里疏外密.试证明,在傍轴条件下,干涉环的半径 ρ_m 与条纹级数差 m 之关系为

$$\rho_m \approx \sqrt{m}\,\rho_0, \quad \rho_0 = f\sqrt{\frac{n\lambda}{h}}.$$

这里,整数 m 为该干涉环与最靠近中心那干涉环之间的级数差,亦即两者之间的环数;ρ_0 为一常数,f 为焦距.

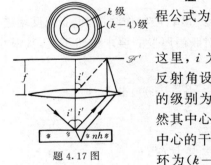

题 4.17 图

证 参见题图,对于等倾条纹,其光程公式为

$$\Delta L_0 = 2nh\cos i,$$

这里,i 为内折射角,其对应的入射角或反射角设为 i'.据此可见,其内圈干涉环的级别为高,外圈干涉环的级别为低,当然其中心不一定是暗斑或亮斑.设最靠近中心的干涉环为 k 级,相隔 m 圈的那干涉环为 $(k-m)$ 级,其对应的内折射角 i_1, i_m 分别满足以下方程,

$$2nh\cos i_1 = k\lambda, \quad 即 \quad \cos i_1 = k\frac{\lambda}{2nh}, \tag{1}$$

$$2nh\cos i_m = (k-m)\lambda, \quad 即 \quad \cos i_m = (k-m)\frac{\lambda}{2nh}, \tag{2}$$

于是,那 $(k-m)$ 级环之半径 ρ_m,在傍轴条件下表示为

$$\rho_m \approx f \cdot \sin i'_m$$

$$= f \cdot n\sin i_m \qquad (应用折射定律)$$

$$= fn\sqrt{1 - \cos^2 i_m}$$

$$= fn\sqrt{1 - \left(\frac{k\lambda}{2nh} - \frac{m\lambda}{2nh}\right)^2} \qquad \text{(应用(2)式)}$$

$$= fn\sqrt{1 - \left(\cos i_1 - \frac{m\lambda}{2nh}\right)^2}, \qquad \text{(应用(1)式)}$$

展开根号下的若干项,在 $2nh \gg \lambda$ 条件下,忽略 $(m\lambda/2nh)^2$ 项;在傍轴条件 $i_1 < 25°$ 范围内,取近似 $\cos i_1 \approx 1$,$\cos^2 i_1 \approx 1$. 于是,

$$\rho_m \approx fn\sqrt{\frac{m\lambda}{nh}} = \sqrt{m}\,\rho_1, \qquad \rho_1 \equiv f\sqrt{\frac{n\lambda}{h}}.$$

这种半径 $\rho_m \propto \sqrt{m}$ 的关系,曾出现于经典菲涅耳波带片中,也出现于经典牛顿环中,它均表明其圆环之间隔随 m 增加而减少,即这些同心圆环内疏外密.

※   ※   ※

4.18 用钠光观察迈克耳孙干涉条纹,先看到干涉场中有 12 个亮环,且中心是亮的;尔后移动一臂镜面 M_1,看到中心吞(吐)了 10 环,而此时干涉场中还存在 5 个亮环.试求:

(1) 镜面 M_1 移动的距离 Δh.

(2) 开始时中心亮斑的干涉级 k_0,相应的等效空气膜厚 h_0.

解 (1) 首先,由视场中心所吞吐的条纹数目,可以算出这等效空气膜的厚度改变量,

$$\Delta h = N \cdot \frac{\lambda}{2} = 10 \times \frac{589.3\,\text{nm}}{2} \approx 2.95\,\mu\text{m}.$$

这膜厚是增加还是减少,这要根据视场范围中存在的那干涉环的数目是多了还是少了. 由题意这数目由 12 减为 5,这反映了视场中的条纹变稀疏了,亦即视场中的亮环似乎不断收缩而汇向中心(吞);这意味着这膜层变薄了,因为根据光程差公式 $2nh\cos i = k\lambda$,对于 k 级亮环,倾角 i 变小,$\cos i$ 值变大,故 h 必定下降以维持光程差值不变.

(2) 设初始时这膜厚为 h_0,中心亮点级别为 k_0,视场边缘之亮环的级别则为 $(k_0 - 12)$,据此列出以下两个方程,

$$2h_0 = k_0\lambda, \tag{1}$$
$$2h_0 \cos i_b = (k_0 - 12)\lambda; \tag{2}$$

这里，i_b 为边缘亮环所对应的倾角，空气层折射率 n 自然地取为 1.
同理，对于终态也可以列出两个方程，

$$2(h_0 - \Delta h) = (k_0 - 10)\lambda, \tag{3}$$
$$2(h_0 - \Delta h)\cos i_b = ((k_0 - 10) - 5)\lambda. \tag{4}$$

其中，Δh 已经求得，这样看上述独立的方程为(1)，(2)和(4)，恰好包含了 3 个未知量 h_0, k_0 和 i_b，故其解存在且惟一. 具体解法可以这样：由(4)/(2)，得

$$\frac{(h_0 - \Delta h)}{h_0} = \frac{k_0 - 15}{k_0 - 12},$$

借用(1)式和(3)式，有 $h_0 = k_0\lambda/2$，$\Delta h = 10 \cdot \lambda/2$，于是

$$\frac{k_0 - 10}{k_0} = \frac{k_0 - 15}{k_0 - 12}, \quad 即 \quad 7k_0 = 120,$$

最后求得

$$k_0 \approx 17, \quad h_0 = k_0 \cdot \lambda/2 \approx 17 \times \frac{589.3\,\text{nm}}{2} \approx 5.01\,\mu\text{m}.$$

本题旨在获知由条纹的相对级别及其变动，如何求得其绝对级别及相应的膜层厚度，这时不仅要关注某一处的条纹变动，还必须观测整个视场中的条纹变动. 顺便说明，以上算得的 k_0 值偏离整数少许，其原因是初态那最外层亮环的倾角 i_b 与终态的 i_b' 并不严格相等，而上述计算是基于 $i_b \approx i_b'$.

4.19　钠灯发射的黄光包含两条相近的谱线，俗称黄双线 λ_1 和 λ_2. 以钠黄光入射于迈克耳孙干涉仪，通过镜面移动来观察干涉场衬比度的变化，从而可分辨出黄双线的波长差 $\Delta\lambda$.

（1）实测结果为，在条纹由最清晰到最模糊过程中，视场里吞(吐)了 490 个条纹，求钠双线的波长差 $\Delta\lambda$，以及 λ_1 和 λ_2. 已知事先粗测了钠黄光波长 $\bar{\lambda}$ 为 5893 Å.

（2）水银灯发射的光谱中也含有较强的黄双线，其波长为 $\lambda_1' \approx 5770$ Å，$\lambda_2' \approx 5791$ Å. 在上述实验中若改用这水银黄光，则视场里由最清晰到最模糊过程中吞吐的条纹数 N' 为多少？

解　(1)当入射光之光谱为双线时,其所造成的双光束之干涉场中的强度分布或变化呈现为"拍",即其衬比度 γ 随光程差的增加而呈现周期性变化,从最清晰至最模糊过程中条纹变动数目 N_0 满足以下关系(可参见原书 4.6 节),

$$N_0 \approx \frac{\bar{\lambda}}{2\Delta\lambda},$$

据题意,$N_0 \approx 490$,$\bar{\lambda} \approx 589.3\,\text{nm}$,算得

$$\Delta\lambda \approx \frac{\bar{\lambda}}{2N_0} = \frac{589.3\,\text{nm}}{2 \times 498} \approx 0.6\,\text{nm},$$

故这双谱线的波长分别为

$$\lambda_1 \approx \bar{\lambda} - \frac{\Delta\lambda}{2} \approx 589.0\,\text{nm}, \quad \lambda_2 \approx \bar{\lambda} + \frac{\Delta\lambda}{2} \approx 589.6\,\text{nm}.$$

(2)对于水银光谱中的黄双线,在上述实验中观测到的那条纹数目为

$$N_0' = \frac{\lambda_2}{2\Delta\lambda} \approx \frac{\bar{\lambda}}{2 \cdot \Delta\lambda},$$

据题意,$\lambda_1 = 577\,\text{nm}$,$\lambda_2 = 579\,\text{nm}$,求出

$$N_0' = \frac{579\,\text{nm}}{2 \times 2\,\text{nm}} \approx 145.$$

4.20　用迈克耳孙干涉仪进行精密测长,入射光为 6328 Å 的 He-Ne 激光,其谱线宽度为 10^{-3} Å,对干涉强度信号的测量灵敏度可达 1/8 个条纹.

(1)这台干涉测长仪的测长精度 δl 为多少?

(2)这台测长仪一次测长量程 l_M 为多少?

解　(1)测长仪之动镜若位移 $\lambda/2$.则接收的相干强度改变 1 级条纹,故这台干涉测长仪的测长精度为

$$\delta l = \frac{1}{8} \cdot \frac{\lambda}{2} = \frac{632.8\,\text{nm}}{16} \approx 40\,\text{nm}.$$

(2)干涉测长量程 l_M 受限于入射光的谱线宽度 $\Delta\lambda$(参见原书 188 页),

$$l_M = \frac{\lambda^2}{2\Delta\lambda} = \frac{(632.8)^2\,\text{nm}^2}{2 \times 10^{-4}\,\text{nm}} \approx 2000\,\text{mm}.$$

综合其 δl 和 l_M,得这测长仪之整机精度即相对误差为

$$\Delta \approx \frac{\delta l}{l_M} \approx 2 \times 10^{-8}.$$

4.21 迈克耳孙干涉仪中的一臂镜面以速度 v 匀速推移,而用透镜接收干涉条纹,并将它会聚到光电元件上,把光强变化转化为电信号.

(1) 若测得电信号的时间频率为 f(Hz),求入射光的波长 λ.

(2) 若入射光波长在可见光谱区中间 $0.55\,\mu m$ 左右,要使电信号的频率控制在低频范围,比如 $50\,Hz$,问反射镜平移速度应当为多少?

(3) 若入射光波长在红外光谱区,比如 $20\,\mu m$,要使电信号的频率控制在低频范围,比如 $100\,Hz$,问反射镜平移速度应当为多少?

(4) 若反射镜平移速度为 $30\,\mu m/s$,则钠黄光入射时所产生的电信号其拍频 f_b 为多少? 已知钠黄光双线 $\lambda_1 = 5890\,\text{Å}$,$\lambda_2 = 5896\,\text{Å}$.

解 求解这组题目所依据的基本公式为

$$f = \frac{v}{\lambda/2} = \frac{2v}{\lambda}. \tag{1}$$

这里,v 为这干涉仪一臂的动镜所平移的速度,λ 为光波长,f 为接收器所感受的光强信号频率,亦即电信号的频率——如果那光电元件为线性元件.

(1) 据(1)式得

$$\lambda = \frac{2v}{f}, \tag{2}$$

这表明人们可以从测量数据 f 和 v,获知那入射单色光的波长.推而广知,若入射光为非单色光,它有一个光谱曲线 $i(\lambda)$,则该仪器接收的电信号 $u(t)$ 经傅里叶变换,便得到其频谱曲线 $i'(f)$.式(1)或式(2)给出了 $\lambda \longrightarrow f$ 对应关系,从而给出了 $i(\lambda) \longrightarrow i'(f)$ 对应关系,这就是傅里叶变换光谱仪所基于的基本原理之一.

(2) 据(1)式得那反射镜的平移速度应当为

$$v = \frac{f\lambda}{2} = \frac{50\,\text{Hz} \times 0.55\,\mu m}{2} \approx 14\,\mu m/s.$$

(3) 此时,那反射镜的平移速度应当为

$$v = \frac{f\lambda}{2} = \frac{100\,\text{Hz} \times 20\,\mu m}{2} \approx 1.0\,mm/s.$$

以上两小题均以低频电信号作为要求而提出,那是因为对低频电信号的接收、放大和检测,是一个十分平常的电子线路问题,从而避免了处理高频电信号的许多麻烦.

(4) 若入射光谱为双线结构,λ_1 和 λ_2,且 $\Delta\lambda \ll \bar{\lambda}$,则由(1)式获知那接收器将感受到两种频率的电信号,

$$f_1 = \frac{2v}{\lambda_1}, \quad f_2 = \frac{2v}{\lambda_2}, \quad 且 \quad \Delta f \ll \bar{f}.$$

这两者的非相干叠加便产生一列"拍"信号,其包络之频率即拍频 f_b 等于差频 Δf,

$$f_b = \Delta f = 2v\left(\frac{1}{\lambda_1} - \frac{1}{\lambda_2}\right) \approx 2v\frac{\Delta\lambda}{\lambda^2},$$

据题意,对于钠黄光双线,$\Delta\lambda \approx 6$ Å,$\bar{\lambda} \approx 5893$ Å,$v \approx 30\,\mu m/s$,代入而求得这电信号之拍频为

$$f_b \approx 2 \times 30\,\mu m/s \times \frac{6}{(5893)^2 \times 10^{-4}\,\mu m} \approx 0.1\,Hz.$$

4.22　镉灯为一准单色光源,其发射的中心波长 λ_0 为 6428 Å,谱线宽度 $\Delta\lambda$ 为 10^{-2} Å.

(1) 求其光场的相干长度 L_0 和相干时间 τ_0.

(2) 求镉红光的频宽 $\Delta\nu$.

(3) 若将此镉灯作为迈克耳孙干涉仪的光源,用镜面移动来观测干涉场输出光电信号曲线,设镜面移动速度为 0.5 mm/s,试估算约需多长时间 Δt,可以获得显示有两个波包形状的信号曲线.

解　(1) 根据光场时间相干性的反比律公式(参见原书 196 页),

$$L_0 \cdot \frac{\Delta\lambda}{\lambda} \approx \lambda,$$

以 $\lambda = 6428$ Å,$\Delta\lambda = 10^{-2}$ Å 代入,得其光场的相干长度为

$$L_0 = \frac{\lambda^2}{2\Delta\lambda} = \frac{(6428)^2}{10^{-2}}\,Å \approx 4 \times 10^8\,nm = 40\,cm.$$

此光场的相干时间相应地为

$$\tau_0 = \frac{L_0}{c} = \frac{40\,cm}{3 \times 10^{10}\,cm/s} \approx 1.3 \times 10^{-9}\,s = 1.3\,ns(纳秒).$$

（2）利用光场时间相干性的另一反比律公式

$$\tau_0 \cdot \Delta\nu \approx 1,$$

求出镉红光之谱线的频宽为

$$\Delta\nu \approx \frac{1}{\tau_0} \approx 0.75 \times 10^9 \, \text{Hz} = 750 \, \text{MHz（兆赫）}.$$

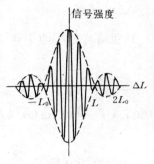

题 4.22 图

（3）根据衬比度函 $\gamma(\Delta L)$ 公式（参见原书 197 页），

$$\gamma(\Delta L) = \left| \frac{\sin \pi \dfrac{\Delta L}{L_0}}{\pi \dfrac{\Delta L}{L_0}} \right|,$$

当 $\Delta L = \pm L_0$ 时，$\gamma = 0$；当 $\Delta L = \pm 2L_0$ 时，$\gamma = 0$；当 $\Delta L = 0$ 时，$\gamma = 1$，这出现于主波包的中心，参见题图. 因此，当光程差从 $(-L_0) \to L_0$ 过程中那接收信号出现了一个主波包，再从 $L_0 \to 2L_0$ 过程中，又出现了一个次波包. 若要求那接收器显示两个波包信号（一主一次），则其光程差变化范围应当为

$$\Delta L' = 3L_0,$$

相应的动镜平移距离为

$$l' = \frac{1}{2}\Delta L' = 1.5L_0,$$

它除以那动镜平移速度 v，便得到其所需时间，

$$\Delta t = \frac{l'}{v} = \frac{1.5L_0}{v} \approx \frac{1.5 \times 40 \, \text{cm}}{0.5 \, \text{mm/s}} = 1.2 \times 10^3 \, \text{s} = 20 \, \text{min}.$$

　　　　　　　　※　　　　　　　※　　　　　　　※

4. 23　设有两条光谱线其波长约为 600 nm 而波长差约在 10^{-4} nm 量级，现要求用法布里-珀罗干涉仪将它俩分辨开来，试问法-珀仪的镜面间距 h 至少要多长？设单镜面反射率 R 为 0.95.

　　解　法-珀仪可分辨的最小波长差（参见原书 202 页），

$$\delta\lambda_m \approx \frac{\lambda}{\pi k} \cdot \frac{1-R}{\sqrt{R}}, \tag{1}$$

其干涉环之级别 k 可由中心处之级别为代表来估算,

$$2nh \approx k\lambda, \quad 即 \quad k = \frac{2nh}{\lambda}. \tag{2}$$

将其代入(1)式,得

$$\delta\lambda_m \approx \frac{\lambda^2}{2\pi h} \cdot \frac{1-R}{\sqrt{R}} \quad 或 \quad h \approx \frac{\lambda^2}{2\pi\delta\lambda_m} \cdot \frac{1-R}{\sqrt{R}}.$$

按题意,令 $\lambda \approx 600\,\text{nm}$,$\delta\lambda_m \approx 10^{-4}\,\text{nm}$,$R = 0.95$,求出这法-珀仪的镜面间距 h 的下限值

$$h_0 \approx \frac{(600)^2\,\text{nm}^2}{2\pi \times 10^{-4}\,\text{nm}} \cdot \frac{1-0.95}{\sqrt{0.95}} \approx 3\,\text{cm}.$$

4.24 设法-珀仪两镜面之距离 h 为 $1\,\text{cm}$,用波长为 $500\,\text{nm}$ 的绿光做实验,干涉图样的中心恰好是一亮斑,试求出第 10 个亮环的角直径 $\Delta\theta$;若用一长焦距 $f = 300\,\text{mm}$ 的镜头拍摄,所得该环的直径 d 为多少?

解 根据上题(2)式,估算出这中心亮环的级别为

$$k_0 = \frac{2h}{\lambda} = \frac{2 \times 10^7\,\text{nm}}{500\,\text{nm}} = 4 \times 10^4.$$

从中心往外第 10 个亮环的级别为 $k = k_0 - 10$,相应地其倾角 θ_k 满足

$$2h\cos\theta_k = k\lambda, \quad 即 \quad \cos\theta_k = \frac{k\lambda}{2h} = \frac{(k_0 - 10)\lambda}{2h} = 1 - \frac{5\lambda}{h},$$

注意到 $\lambda \ll h$,$\cos\theta_k$ 十分接近于 1,亦即 θ_k 为小角,作小角近似展开,

$$1 - \frac{1}{2}\theta_k^2 \approx 1 - \frac{5\lambda}{h},$$

得到

$$\theta_k \approx \sqrt{2 \times \frac{5\lambda}{h}} = \sqrt{\frac{10 \times 500\,\text{nm}}{10^7\,\text{nm}}} \approx 2.24 \times 10^{-2}\,\text{rad} \approx 1.28°.$$

相应的角直径为

$$2\theta_k \approx 4.5 \times 10^{-2}\,\text{rad} \approx 2.6°,$$

于是,该环的直径为

$$d_k = f \cdot 2\theta_k = 300\,\text{mm} \times 4.5 \times 10^{-2}\,\text{rad} = 13.5\,\text{mm}.$$

4.25 设一法-珀腔其长度为 $5\,\text{cm}$,若用准单色扩展光源做实验,其中心光波长为 $600\,\text{nm}$.

（1）求中心干涉级数 k_0.

（2）在倾角为 1° 附近,干涉环的半角宽度 $\Delta\theta_k$ 为多少? 设反射率 R 为 0.98.

（3）若用这个法-珀腔来分辨谱线,其色分辨本领 R_c 为多少? 可分辨的最小波长间隔 $\delta\lambda_m$ 为多少? 设 $\lambda \approx 600$ nm.

（4）若用一束白光正入射于这法-珀腔,以使法-珀腔对白光进行选频.试问输出纵模的频率间隔 $\Delta\nu$ 为多少? 其单模线宽 $\Delta\nu_k$ 为多少? 这相当于谱线宽度 $\Delta\lambda_k$ 为多少?

（5）由于测量过程中的热胀冷缩,引起该法-珀腔长的改变量 $\delta h/h$ 约为 10^{-5},则输出谱线的漂移量 $\delta\lambda_k$ 为多少?

解（1）其中心干涉级别为

$$k_0 = \frac{2h}{\lambda} = \frac{2 \times (5 \times 10^7 \text{ nm})}{600 \text{ nm}} \approx 1.7 \times 10^5.$$

可见这级别是相当高的,它表明了法-珀仪是一种长程差干涉仪.

（2）关于法-珀仪干涉环的半值角宽度 $\Delta\theta_k$ 有现成公式可查考（原书 201 页）,

$$\Delta\theta_k = \frac{1}{\pi k \sin\theta_k} \cdot \frac{1-R}{\sqrt{R}} \approx \frac{1}{\pi k_0 \cdot \theta_k} \cdot \frac{1-R}{\sqrt{R}},$$

据题意,令 $R=0.98$, $k \approx k_0 \approx 1.7 \times 10^5$, $\theta_k \approx 1° \approx 1.8 \times 10^{-2}$ rad,代入而求出,

$$\Delta\theta_k \approx \frac{1}{\pi \times (1.7 \times 10^5) \times (1.8 \times 10^{-2})} \times \frac{1-0.98}{\sqrt{0.98}}$$

$$\approx 2 \times 10^{-6} \text{ rad} \approx 0.4''.$$

（3）法-珀仪的色分辨本领公式为

$$R_c \equiv \frac{\lambda}{\delta\lambda_m} = \pi k \frac{\sqrt{R}}{1-R},$$

以 $k \approx k_0 \approx 1.7 \times 10^5$, $R=0.98$ 代入,算出其色分辨本领及相应的可分辨的最小波长间隔分别为

$$R_c = \pi \times (1.7 \times 10^5) \times \frac{\sqrt{0.98}}{1-0.98} \approx 2.6 \times 10^7,$$

$$\delta\lambda_m = \frac{\lambda}{R_c} \approx \frac{600 \text{ nm}}{2.6 \times 10^7} \approx 2.3 \times 10^{-5} \text{ nm}.$$

这是一个非常高性能的数据,它比一块中等尺度的高密度光栅比如其 $D \approx 5\,\text{cm}$, $1/d \approx 1200$ 线/mm,几乎优越 3 个数量级.

(4) 关于法-珀腔的纵模间隔 $\Delta\nu$ 和单模线宽 $\Delta\nu_k$ 有现成公式可查考(原书 203 页),

$$\Delta\nu = \frac{c}{2h}, \quad \Delta\nu_k = \frac{c}{2\pi h} \cdot \frac{1-R}{\sqrt{R}} = \frac{\Delta\nu}{\pi} \cdot \frac{1-R}{\sqrt{R}}.$$

代入 $h = 5\,\text{cm}$, $c = 3 \times 10^{10}\,\text{cm/s}$, $R = 0.98$,算得

$$\Delta\nu = \frac{3 \times 10^{10}\,\text{cm/s}}{2 \times 5\,\text{cm}} = 3 \times 10^9\,\text{Hz} = 3 \times 10^3\,\text{MHz},$$

$$\Delta\nu_k = \frac{3 \times 10^9}{\pi} \cdot \frac{1-0.98}{\sqrt{0.98}} \approx 2 \times 10^7\,\text{Hz} = 20\,\text{MHz}.$$

再根据频宽 $\Delta\nu$ 与线宽 $\Delta\lambda$ 的换算关系

$$\frac{\Delta\lambda}{\lambda} \approx \frac{\Delta\nu}{\nu},$$

得　　　　$$\Delta\lambda_k \approx \frac{\Delta\nu_k}{\nu_k} \cdot \lambda_k = \frac{\lambda_k^2}{c} \cdot \Delta\nu_k,$$

这里取白光波段居中波长 $\lambda \approx 550\,\text{nm}$ 估算,得其谱线宽度为

$$\Delta\lambda_k \approx \frac{(550)^2\,\text{nm}^2}{3 \times 10^{17}\,\text{nm/s}} \times (2 \times 10^7\,\text{Hz}) \approx 2 \times 10^{-5}\,\text{nm}.$$

以上公式和计算再一次表明,对于法-珀腔的纵模间隔和单模线宽的表示,若以光频 ν 为变量,则 $\Delta\nu$ 和 $\Delta\nu_k$ 均与 ν_k 无关,仅决定于 h 和 R;若以光波长 λ 为变量,则 $\Delta\lambda$ 和 $\Delta\lambda_k$ 均与 λ_k 位置有关.鉴于此,人们喜欢在这种场合采用 $\Delta\nu$ 和 $\Delta\nu_k$,如果有必要再将其换算为 $\Delta\lambda$ 和 $\Delta\lambda_k$.

(5) 考虑正入射情形.满足透射主极强条件而输出的光谱成分 λ_k 为

$$2h = k\lambda_k,$$

对此式作一微分运算再除以 h,有

$$2\delta h = k\delta\lambda_k, \quad \frac{\delta h}{h} = k\frac{\delta\lambda_k}{2h} = \frac{\delta\lambda_k}{\lambda_k},$$

据题意可知,由于法-珀腔工作过程中热胀冷缩所导致的腔长相对改变量 $\delta h/h \approx 10^{-5}$,故其输出波长的相对漂移量为

$$\frac{\delta\lambda_k}{\lambda_k} \approx 10^{-5},$$

相应的波长绝对漂移量为

$$\delta\lambda_k \approx 10^{-5} \times 550\,\mathrm{nm} = 5.5 \times 10^{-3}\,\mathrm{nm},$$

这已远远大于单模线宽 $\Delta\lambda_k \approx 2 \times 10^{-5}\,\mathrm{nm}$. 换言之,此种场合下理论上给出的法-珀腔有很窄的单模线宽,已经失去实际意义,从而看到"单模稳频"技术的必要性.

4.26 利用多光束干涉可以制成一种干涉滤光片,如图所示,在玻璃平晶上镀一层银,在银面上蒸镀一层透明膜,在膜上再镀一层银,于是,两个高反射率银面之间形成一个膜层而产生多光束干涉. 那透明膜层材料可选用水晶石（$3\mathrm{NaF} \cdot \mathrm{AlF}_3$）,其折射率为 1.55. 设银面反射率 R 为 0.96,膜层厚度 h 为 0.40 $\mu\mathrm{m}$.

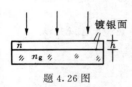

题 4.26 图

(1) 在可见光范围内,透射光最强的谱线有几条,其光波长各为多少?

(2) 每条透射谱线的宽度 $\Delta\lambda_k$ 为多少?

解 (1) 多光束干涉透射极强的波长条件为

$$2nh = k\lambda_k, \quad \text{即} \quad \lambda_k = \frac{2nh}{k}.$$

据题意,此膜层材质的折射率 $n = 1.55$,膜厚 $h = 400\,\mathrm{nm}$,得

$$2nh = 2 \times 1.55 \times 400\,\mathrm{nm} = 1240\,\mathrm{nm}.$$

于是,

$$\lambda_1 = \frac{2nh}{1} = 1240\,\mathrm{nm}（近红外）; \quad \lambda_2 = \frac{2nh}{2} = 620\,\mathrm{nm}（红光）;$$

$$\lambda_3 = \frac{2nh}{3} = 413\,\mathrm{nm}（紫光）; \quad \lambda_4 = \frac{2nh}{4} = 310\,\mathrm{nm}（紫外）.$$

由此可见,这干涉滤光片在可见光波段仅获得两条透射谱线,其波长为 620 nm 和 413 nm.

(2) 当然,这两条谱线有一定的线宽 $\Delta\lambda_k$ 或 $\Delta\nu_k$. 先算其频宽,

$$\Delta\nu_k = \frac{c}{2\pi nh} \cdot \frac{1-R}{\sqrt{R}} = \frac{3 \times 10^{10}\,\mathrm{cm/s}}{2\pi \times 1.55 \times 400\,\mathrm{nm}} \cdot \frac{1-0.96}{\sqrt{0.96}}$$

$$\approx 3 \times 10^{12}\,\mathrm{Hz} \quad (\text{与 } k \text{ 无关}),$$

接着,按以下公式算出线宽,

$$\Delta\lambda_k = \frac{\lambda_k^2}{c} \cdot \Delta\nu_k \quad (\text{与 } k \text{ 有关}),$$

得

$$\Delta\lambda_2 \approx 3.8\,\mathrm{nm}, \qquad \text{对于} \quad \lambda_2 = 620\,\mathrm{nm};$$

$$\Delta\lambda_3 \approx 1.7\,\mathrm{nm}, \qquad \text{对于} \quad \lambda_3 = 413\,\mathrm{nm}.$$

4.27 参见题图,对于完全消反射的单层膜,其光学厚度 nh 和材质折射率 n,需要同时满足以下两个条件:

(1) $nh = (2k+1)\dfrac{\lambda_0}{4}$, $k = 0,1,2,3,\cdots$;

(2) $n = \sqrt{n_1 \cdot n_g}$.

试对此给出证明.

证 本题是 4.15 题、4.16 题的深入. 在 $n_1 < n < n_g$ 条件下,反射双光束 1 与 2 之间无相位突变,因之,其表观光程差 $2nh$ 便决定了两者之实际相位差,

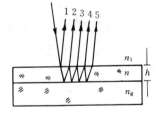

题 4.27 图

$$\delta_{12} = \frac{2\pi}{\lambda_0} \cdot 2nh = \frac{2\pi}{\lambda_0}(2k+1)\frac{\lambda_0}{4}$$

$$= (2k+1)\pi.$$

这表明光束 1,2 之间相干相消,故可称条件(1)为相位条件. 若要满足完全消反射,则应当使反射光振幅为 0,这要由多光束相干场的结果给出相应的折射率条件,即振幅条件(2). 为此先明示以下若干符号的定义:

在 n_1/n 界面的振幅反射率和透射率为 r 和 t;

在 n/n_1 界面的振幅反射率和透射率为 r' 和 t';

在 n/n_g 界面的振幅反射率为 r_0.

由于目前 $n_g \neq n_1$,故我们不能直接应用书中关于多光束干涉强度 $I_T(\delta)$ 或 $I_R(\delta)$ 的现成公式. 我们不妨试写出此时反射多光束的复振幅系列,设入射光振幅为 A_0,

$$\tilde{U}_1 = r \cdot A_0,$$

$$\widetilde{U}_2 = r_0 tt' \mathrm{e}^{\mathrm{i}\delta} \cdot A_0, \quad \delta = \frac{2\pi}{\lambda_0} \cdot 2nh,$$

$$\widetilde{U}_3 = r_0 tt' (r_0 r') \mathrm{e}^{\mathrm{i}2\delta} \cdot A_0,$$

$$\widetilde{U}_4 = r_0 tt' (r_0 r')^2 \mathrm{e}^{\mathrm{i}3\delta} \cdot A_0,$$

$$\vdots$$

不难看出,除 $\widetilde{U}_1$ 以外,$\widetilde{U}_2, \widetilde{U}_3, \widetilde{U}_4, \cdots$ 形成一收敛的等比级数,其公比为 $(r_0 r') \mathrm{e}^{\mathrm{i}\delta}$,故这级数之和为 $\dfrac{r_0 tt' \mathrm{e}^{\mathrm{i}\delta} \cdot A_0}{1 - r_0 r' \mathrm{e}^{\mathrm{i}\delta}}$;于是,这反射多光束之干涉场为

$$\widetilde{U}_{\mathrm{R}} = \sum_{j=1}^{\infty} \widetilde{U}_j = \left(r + \frac{r_0 tt' \mathrm{e}^{\mathrm{i}\delta}}{1 - r_0 r' \mathrm{e}^{\mathrm{i}\delta}} \right) A_0.$$

注意到该膜层之光学厚度已满足相位条件(1),即 $\delta = (2k+1)\pi$,故 $\mathrm{e}^{\mathrm{i}\delta} = -1$,而简化上式为

$$\widetilde{U}_{\mathrm{R}} = \left(r - \frac{r_0 tt'}{1 + r_0 r'} \right) A_0 = \frac{r + r_0 (rr' - tt')}{1 + r_0 r'} A_0.$$

注意到有个斯托克斯的倒逆关系,$(tt' - rr') = 1$,上式被进一步简化为

$$\widetilde{U}_{\mathrm{R}} = \frac{r - r_0}{1 + r_0 r'} A_0.$$

为满足完全消反射,令 $(r - r_0) = 0$,得

$$r = r_0, \quad \text{即} \quad \frac{n - n_1}{n + n_1} = \frac{n_{\mathrm{g}} - n}{n_{\mathrm{g}} + n},$$

便立刻解出,

$$n^2 = n_1 n_{\mathrm{g}} \quad \text{或} \quad n = \sqrt{n_1 n_{\mathrm{g}}}.$$

以上分两步来证明本题,先是证明了相位条件(1),再是证明了振幅条件(2),这样处理的好处是图像较清晰,数学处理较简洁.

多元多维结构衍射与分形光学

5.1 位移-相移定理

5.2 有序结构 一维光栅的衍射

5.3 光栅光谱仪 闪耀光栅

5.4 二维周期结构的衍射

5.5 三维周期结构 X 射线晶体衍射

5.6 无规分布的衍射

5.7 分形光学——自相似结构的衍射

5.8 光栅自成像 5.9 超短光脉冲和锁模

习题 16 道

5.1 如图(a),(b),(c)所示,有三个不同字符的孔型衍射屏,试分别导出其夫琅禾费衍射场 $\tilde{U}_a(\theta_1,\theta_2)$,$\tilde{U}_b(\theta_1,\theta_2)$ 和 $\tilde{U}_c(\theta_1,\theta_2)$. 设入射光为正入射,其振幅为 A,波长为 λ;字符尺寸已标在图上.

提示:字符(a)和(c)可以看为一个大方孔减去若干个小方孔,这也许能简化推导.

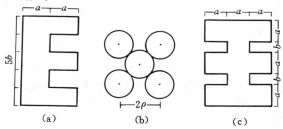

题 5.1 图(a)**E**孔;(b)五圆孔;(c)王孔

解　求解这类问题的理论基础是那"位移-相移定理"(参见原书5.1节)：在光波衍射系统中,若一图像位移 $\boldsymbol{r}(x_0,y_0)$,其夫琅禾费衍射场则响应一个相移 (δ_1,δ_2),两者的定量关系为

位移 (x_0,y_0) $\Longleftrightarrow$ 相移 $(\delta_1,\delta_2)=(-k\sin\theta_1\cdot x_0,-k\sin\theta_2\cdot y_0)$.

(1) **E** 孔的 $\mathscr{F}$ 场. 可以将这光孔屏看作几个简单孔的组合. 比如图(a.1),将它看作三个相同矩孔 1,2,3 和左侧一个纵向长方孔 4 的组合. 若取 1 号孔中心为坐标 (xy) 的原点,则其余三个孔之中心的位移量分别为

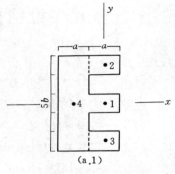

$$\boldsymbol{r}_2(0,2b),$$
$$\boldsymbol{r}_3(0,-2b),$$
$$\boldsymbol{r}_4(-a,0);$$

其相应的相移因子分别为

$$\widetilde{P}_2=\mathrm{e}^{-ik\sin\theta_2\cdot2b},$$
$$\widetilde{P}_3=\mathrm{e}^{ik\sin\theta_2\cdot2b},$$
$$\widetilde{P}_4=\mathrm{e}^{ik\sin\theta_1\cdot a}.$$

这 **E** 孔所产生的 $\mathscr{F}$ 场是那四个光孔分别产生的 $\mathscr{F}$ 场之相干叠加场,

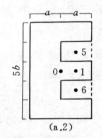

题 5.1 图(a.1)和(a.2)

$$\widetilde{U}(\theta_1,\theta_2)=\widetilde{U}_1+\widetilde{U}_2+\widetilde{U}_3+\widetilde{U}_4=\widetilde{U}_1(1+\widetilde{P}_2+\widetilde{P}_3)+\widetilde{P}_4\widetilde{U}_4', \qquad (1)$$

其中, $\widetilde{U}_1(\theta_1,\theta_2)$ 为 1 号小矩孔的 $\mathscr{F}$ 场, $\widetilde{U}_4'(\theta_1,\theta_2)$ 为 4 号长矩孔且中心位于原点时的 $\mathscr{F}$ 场,这两者均有可靠的现成公式可套,因而不必从头推演. 查原书 2.12 节,有

$$\widetilde{U}_1(\theta_1,\theta_2)=\widetilde{c}\left(\frac{\sin\alpha}{\alpha}\cdot\frac{\sin\beta}{\beta}\right), \qquad \alpha=\frac{\pi a\sin\theta_1}{\lambda}, \qquad \beta=\frac{\pi b\sin\theta_2}{\lambda}; \qquad (2)$$

$$\widetilde{U}_4'(\theta_1,\theta_2)=\widetilde{c}'\left(\frac{\sin\alpha'}{\alpha'}\cdot\frac{\sin\beta'}{\beta'}\right), \quad \alpha'=\frac{\pi a\sin\theta_1}{\lambda}, \quad \beta'=\frac{\pi 5b\sin\theta_2}{\lambda}. \quad (3)$$

我们注意到上式那比例系数 $\widetilde{c}$ 或 $\widetilde{c}'$,不仅与入射光振幅 A、光波长 λ、透镜焦距 f 等因素有关,它还与矩孔面积成正比,故

$$\frac{\tilde{c}'}{\tilde{c}} = \frac{(a \times 5b)}{(a \times b)} = 5 ;$$

我们还注意到那两个相移因子 $\tilde{P}_2$ 与 $\tilde{P}_3$ 互为共轭,故

$$(\tilde{P}_2 + \tilde{P}_3) = 2\cos(k2b\sin\theta_2).$$

最终这 E 孔的 $\mathscr{F}$ 场被显示为

$$\tilde{U}(\theta_1, \theta_2) = (1 + 2\cos(k2b\sin\theta_2))\left(\frac{\sin\alpha}{\alpha} \cdot \frac{\sin\beta}{\beta}\right)$$

$$+ 5e^{ika\sin\theta_1}\left(\frac{\sin\alpha'}{\alpha'} \cdot \frac{\sin\beta'}{\beta'}\right), \qquad (4)$$

这里,我们已将系数 $\tilde{c}$ 简略为 1,这不影响 $\mathscr{F}$ 场的分布特征.相应的可观测的衍射光强分布函数为

$$I(\theta_1, \theta_2) = \tilde{U} \cdot \tilde{U}^* = |\tilde{U}(\theta_1, \theta_2)|^2, \qquad (5)$$

这项工作可由计算机来完成,亦即我们只要将复函数 $\tilde{U}(\theta_1, \theta_2)$ 输入电脑,它就能算出其模平方值 $I(\theta_1, \theta_2)$,尔后绘制出曲线,或直接地显示出图像,如图(a.3),其中下图较上图缩小了放大率,而显示更丰富的图样.

我们也可以采取另一种眼光看待 E 孔,如图(a.2)所示,将它看作一个 $(2a \times 5b)$ 的大矩孔 0 号,再减去两个 $(a \times b)$ 的小矩孔 5 号和 6 号.我们仍然选定 1 号矩孔之中心为坐标原点.于是,相应的相移因子为

$$\tilde{P}_5 = e^{-ik\sin\theta_2 \cdot b}, \quad \tilde{P}_6 = e^{ik\sin\theta_2 \cdot b}, \quad \tilde{P}_0 = e^{ik\sin\theta_1 \cdot \frac{a}{2}};$$

这 E 孔的 $\mathscr{F}$ 场被表达为

$$\tilde{U}(\theta_1, \theta_2) = \tilde{U}_0 - (\tilde{U}_5 + \tilde{U}_6) = \tilde{P}_0\tilde{U}_0' - (\tilde{P}_5 + \tilde{P}_6)\tilde{U}_1$$

$$= e^{ik\frac{a}{2}\sin\theta_1} \cdot c_0'\left(\frac{\sin\alpha_0'}{\alpha_0'} \cdot \frac{\sin\beta_0'}{\beta_0'}\right)$$

$$- 2\cos(kb\sin\theta_2) \cdot \tilde{c}\left(\frac{\sin\alpha}{\alpha} \cdot \frac{\sin\beta}{\beta}\right).$$

其中新出现的三个参量为

$$\alpha_0' = \frac{\pi 2a\sin\theta_1}{\lambda}, \quad \beta_0' = \frac{\pi 5b\sin\theta_2}{\lambda}, \quad \tilde{c}_0' = \frac{(2a \times 5b)}{(a \times b)}\tilde{c} = 10\,\tilde{c}.$$

于是,最终给出了这 $\mathscr{F}$ 场的最简表达式为

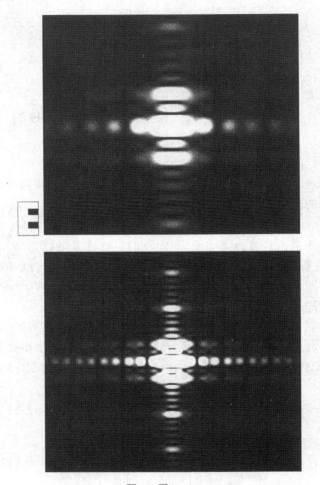

题 5.1 图(a.3)

$$\widetilde{U}(\theta_1, \theta_2) = 10\,\mathrm{e}^{\mathrm{i}k\frac{a}{2}\sin\theta_1}\left(\frac{\sin\alpha_0'}{\alpha_0'} \cdot \frac{\sin\beta_0'}{\beta_0'}\right)$$

$$- 2\cos(kb\sin\theta_2)\left(\frac{\sin\alpha}{\alpha} \cdot \frac{\sin\beta}{\beta}\right). \tag{6}$$

乍一看(4)式与(6)式不一样,其实,通过恰当的三角函数的变换,便可表明这两式是一致的.

(2) 五圆孔的 $\mathscr{F}$ 场. 参见图(b.1),选定那居中圆孔之圆心为坐标原点,则外围那四个圆孔的位移矢量分别为

$$\boldsymbol{r}_1(b,b), \quad \boldsymbol{r}_2(b,-b), \quad \boldsymbol{r}_3(-b,-b), \quad \boldsymbol{r}_4(-b,b);$$

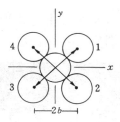

题 5.1 图(b.1)

则相应的相移因子分别为

$$\widetilde{P}_1 = \mathrm{e}^{-\mathrm{i}k(\sin\theta_1\cdot b+\sin\theta_2\cdot b)}, \qquad \widetilde{P}_2 = \mathrm{e}^{-\mathrm{i}k(\sin\theta_1\cdot b-\sin\theta_2\cdot b)},$$

$$\widetilde{P}_3 = \mathrm{e}^{\mathrm{i}k(\sin\theta_1\cdot b+\sin\theta_2\cdot b)}, \qquad \widetilde{P}_4 = \mathrm{e}^{\mathrm{i}k(\sin\theta_1\cdot b-\sin\theta_2\cdot b)}.$$

可见,$\widetilde{P}_1$ 与 $\widetilde{P}_3$ 共轭,$\widetilde{P}_2$ 与 $\widetilde{P}_4$ 共轭.

这五圆孔的 $\mathscr{F}$ 场为

$$\widetilde{U}(\theta_1,\theta_2) = \widetilde{U}_0 + \widetilde{U}_1 + \widetilde{U}_2 + \widetilde{U}_3 + \widetilde{U}_4$$

$$= (1 + \widetilde{P}_1 + \widetilde{P}_2 + \widetilde{P}_3 + \widetilde{P}_4)\cdot\widetilde{U}_0, \qquad (7)$$

这里,$\widetilde{U}_0$ 是那居中圆孔的 $\mathscr{F}$ 场,它有现成公式可查用,参见原书 2.13 节:

$$\widetilde{U}_0(\theta) = \widetilde{c}\cdot\frac{2\mathrm{J}_1(\alpha)}{\alpha}, \quad \alpha = \frac{\pi 2a\sin\theta}{\lambda},$$

$\mathrm{J}_1(\alpha)$ 为一阶贝塞耳函数, 圆孔半径 $a = \dfrac{b}{\sqrt{2}}$ (本题).

其中,角变量 θ 是衍射方向与纵轴 z 之夹角,$\widetilde{U}(\theta)$ 函数表明了圆孔衍射场具有轴对称性. 角 θ 与衍射角 (θ_1,θ_2) 之关系为

$$\sin\theta = \sqrt{\sin^2\theta_1 + \sin^2\theta_2}.$$

最终将这五圆孔的 $\mathscr{F}$ 场简约并显示为

$$\tilde{U}(\theta_1,\theta_2) = [1 + 2\cos(kb(\sin\theta_1 + \sin\theta_2))$$

$$+ 2\cos(kb(\sin\theta_1 - \sin\theta_2))] \cdot \frac{2J_1(\alpha)}{\alpha}$$

$$= [1 + 4\cos(kb\sin\theta_1) \cdot \cos(kb\sin\theta_2)] \cdot \frac{2J_1(\alpha)}{\alpha}. \quad (8)$$

由电脑计算其模平方值 $I(\theta_1,\theta_2)$，并绘制出图像如图(b.2)所示，其中下图缩了放大倍率，其图样更丰富.

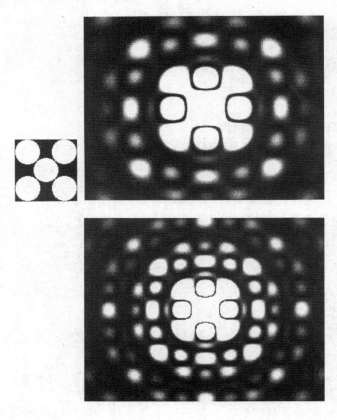

题 5.1 图(b.2)

（3）**王**孔的 $\mathscr{F}$ 场. 一种眼光是将这**王**孔看作三个 $(3a \times a)$ 横条矩孔 1,2,3 和两个 $(a \times b)$ 小矩孔 4,5 的组合，参见图(c.1). 我们

选定 1 号矩孔的中心为坐标原点,于是,其余四个单元的相移因子分别为

$$\widetilde{P}_2 = \mathrm{e}^{-ik\sin\theta_2\cdot(a+b)}, \quad \widetilde{P}_3 = \mathrm{e}^{ik\sin\theta_2\cdot(a+b)},$$

$$\widetilde{P}_4 = \mathrm{e}^{-ik\sin\theta_2\cdot(a+b)/2}, \quad \widetilde{P}_5 = \mathrm{e}^{-ik\sin\theta_2\cdot(a+b)/2}.$$

则这王孔的 $\mathscr{F}$ 场被表达为

$$\widetilde{U}(\theta_1,\theta_2) = \sum_{n=1}^{5} \widetilde{U}_n$$

$$= (1 + \widetilde{P}_2 + \widetilde{P}_3)\cdot\widetilde{U}_1$$

$$+ (\widetilde{P}_4 + \widetilde{P}_5)\cdot\widetilde{U}'_4,$$

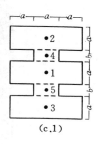

(c.1)

这里,$\widetilde{U}_1(\theta_1,\theta_2)$ 为 1 号矩孔的 $\mathscr{F}$ 场,$\widetilde{U}'_4(\theta_1,\theta_2)$ 为 $(a\times b)$ 小矩孔且其中心在原点时的 $\mathscr{F}$ 场,

$$\widetilde{U}_1(\theta_1,\theta_2) = \widetilde{c}\left(\frac{\sin\alpha}{\alpha}\cdot\frac{\sin\beta}{\beta}\right),$$

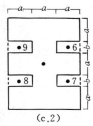

(c.2)

题 5.1 图(c.1)和(c.2)

$$\alpha = \frac{\pi 3a\sin\theta_1}{\lambda}, \quad \beta = \frac{\pi a\sin\theta_2}{\lambda};$$

$$\widetilde{U}'_4(\theta_1,\theta_2) = \widetilde{c}\,'\left(\frac{\sin\alpha\,'}{\alpha\,'}\cdot\frac{\sin\beta\,'}{\beta\,'}\right),$$

$$\alpha\,' = \frac{\pi a\sin\theta_1}{\lambda}, \quad \beta\,' = \frac{\pi b\sin\theta_2}{\lambda}.$$

注意到那两个系数之比值,

$$\frac{\widetilde{c}}{\widetilde{c}\,'} = \frac{3a\times a}{a\times b} = 3\frac{a}{b}.$$

最终给出了这王孔的 $\mathscr{F}$ 场的最简表达式为

$$\widetilde{U}(\theta_1,\theta_2) = 3\frac{a}{b}[1 + 2\cos(k(a+b)\sin\theta_2)]\cdot\left(\frac{\sin\alpha}{\alpha}\cdot\frac{\sin\beta}{\beta}\right)$$

$$+ 2\cos\left(k\frac{a+b}{2}\sin\theta_2\right)\cdot\left(\frac{\sin\alpha\,'}{\alpha\,'}\cdot\frac{\sin\beta\,'}{\beta\,'}\right). \quad (9)$$

由电脑计算其模平方值 $I(\theta_1,\theta_2)$,并绘制出图像如图(c.3)所示.

另一种眼光是,将这王孔看作一个 $[3a\times(3a+2b)]$ 大矩孔,再减

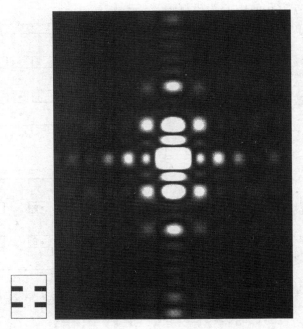

题 5.1 图(c.3)

去其间四个 $(a \times b)$ 小矩孔 $6,7,8,9$，参见图(c.2). 我们自然地选定那大矩孔之几何中心为坐标原点. 于是，那四个相移因子中的 $\widetilde{P}_6$ 与 $\widetilde{P}_8$ 共轭，$\widetilde{P}_7$ 与 $\widetilde{P}_9$ 共轭，故

$$\widetilde{P}_6 + \widetilde{P}_8 = 2\cos\left(k\left(a\sin\theta_1 + \frac{a+b}{2}\sin\theta_2\right)\right),$$

$$\widetilde{P}_7 + \widetilde{P}_9 = 2\cos\left(k\left(a\sin\theta_1 - \frac{a+b}{2}\sin\theta_2\right)\right),$$

再应用三角函数和差化积公式，进而有

$$(\widetilde{P}_6 + \widetilde{P}_7 + \widetilde{P}_8 + \widetilde{P}_9) = 4\cos(ka\sin\theta_1)\cdot\cos\left(k\frac{a+b}{2}\sin\theta_2\right).$$

于是，这**王**孔的 $\mathscr{F}$ 场被表达为

$$\widetilde{U}(\theta_1,\theta_2) = \widetilde{U}_0 - (\widetilde{P}_6 + \widetilde{P}_7 + \widetilde{P}_8 + \widetilde{P}_9)\cdot\widetilde{U}_6'$$

$$= \tilde{c}_0 \left(\frac{\sin \alpha_0}{\alpha_0} \cdot \frac{\sin \beta_0}{\beta_0} \right) - 4 \cos(ka\sin\theta_1)$$

$$\cdot \cos\left(k\frac{a+b}{2}\sin\theta_2 \right) \cdot \tilde{c}\,' \left(\frac{\sin\alpha'}{\alpha'} \cdot \frac{\sin\beta'}{\beta'} \right), \qquad (10)$$

$$\alpha_0 = \frac{\pi 3a\sin\theta_1}{\lambda}, \quad \beta_0 = \frac{\pi(3a+2b)\sin\theta_2}{\lambda},$$

$$\alpha' = \frac{\pi a\sin\theta_1}{\lambda}, \quad \beta' = \frac{\pi b\sin\theta_2}{\lambda},$$

$$\frac{\tilde{c}_0}{\tilde{c}\,'} = \frac{3a \times (3a+2b)}{a \times b} = 6 + 9\frac{a}{b}.$$

可以肯定,这王孔 $\mathscr{F}$ 场的两个表达式(9)或(10)是等价的,虽然表观上看这两者的函数形式不一样.

5.2　有 5 个正方孔斜向排列如图(a)所示,试求其夫琅禾费衍射场 $\tilde{U}(\theta_1, \theta_2)$ 及其强度分布 $I(\theta_1, \theta_2)$,并要求在坐标纸上粗略地描绘出衍射花样,注意到它与正方孔衍射图样的主要区别.

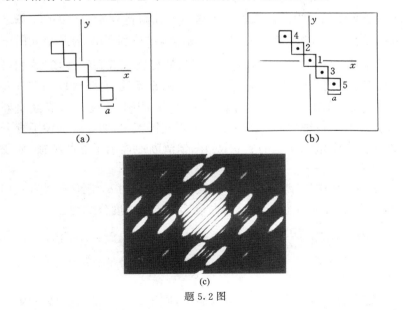

题 5.2 图

解　在这组斜排的五个方孔中,我们自然地选择那居中的 1 号孔之中心为坐标原点,据此来考量其他四个孔的位移及其相应的相移因子,参见题图(b).不难发现,其中相移因子 $\tilde{P}_2$ 与 $\tilde{P}_3$ 共轭,$\tilde{P}_4$ 与 $\tilde{P}_5$ 共轭,它们分别为

$$\tilde{P}_2 = \tilde{P}_3^* = \mathrm{e}^{-ik[\sin\theta_1\cdot(-a)+\sin\theta_2\cdot a]},$$
$$\tilde{P}_4 = \tilde{P}_5^* = \mathrm{e}^{-ik[\sin\theta_1\cdot(-2a)+\sin\theta_2\cdot 2a]};$$

那居中 1 号方孔的 $\mathscr{F}$ 场为

$$\tilde{U}_1(\theta_1,\theta_2) = \tilde{c}\left(\frac{\sin\alpha}{\alpha}\cdot\frac{\sin\beta}{\beta}\right),\quad \alpha=\frac{\pi a\sin\theta_1}{\lambda},\quad \beta=\frac{\pi a\sin\theta_2}{\lambda}.$$

令 $\tilde{c}=1$,最终给出这组斜排方孔的 $\mathscr{F}$ 场之最简公式为

$$\tilde{U}(\theta_1,\theta_2) = \sum_{n=1}^{5}\tilde{U}_n = (1+\tilde{P}_2+\tilde{P}_3+\tilde{P}_4+\tilde{P}_5)\cdot\tilde{U}_1$$
$$=[1+2\cos(ka(\sin\theta_1-\sin\theta_2))$$
$$+2\cos(k2a(\sin\theta_1-\sin\theta_2))]\cdot\left(\frac{\sin\alpha}{\alpha}\cdot\frac{\sin\beta}{\beta}\right).$$
$$=\tilde{S}\cdot\tilde{U}_1$$

这式子前面括号内的函数表达了这组方孔斜排列所产生的 $\mathscr{F}$ 场之结构因子 $\tilde{S}(\theta_1,\theta_2)$.换言之,这 $\mathscr{F}$ 场是其结构因子 $\tilde{S}$ 与其单元因子 $\tilde{U}_1$ 的乘积.若仅考虑 $\tilde{S}(\theta_1,\theta_2)$ 的贡献,就相当于五孔干涉场,或相当于五束平行光的干涉场,呈现一组平行的直条纹,且条纹取向与五孔连线正交.然而,由于单孔衍射因子 $\tilde{U}_1$ 的调制,致使这些亮纹是断续的,在与坐标轴方向一致的那两个正交区域中,明显地保留了那一段段亮纹.由电脑绘制的 $I(\theta_1,\theta_2)$ 图像清晰地显示了这些特征,如图(c)所示.

5.3　如图所示,有三条平行狭缝,宽度均为 a,缝距分别为 d 和 $2d$,试证明,平行光正入射时其夫琅禾费衍射强度公式为

$$I(\theta)=I_0\left(\frac{\sin\alpha}{\alpha}\right)^2\cdot(3+2(\cos2\beta+\cos4\beta+\cos6\beta)),$$
$$\alpha=\frac{\pi a\sin\theta}{\lambda},\quad \beta=\frac{\pi d\sin\theta}{\lambda}.$$

证　我们选择左侧那单缝为参考,则第二个单缝其位移量为 d,第三个单缝的位移量为 $3d$,相应的相移量为 $\mathrm{e}^{i\delta},\mathrm{e}^{i3\delta}$.故,这三个单缝所产生的 $\mathscr{F}$ 场为

$$\widetilde{U}(\theta) = (1 + e^{i\delta} + e^{i3\delta}) \cdot \widetilde{U}_1(\theta),$$

这里,$\delta = -kd \sin\theta$,$\widetilde{U}_1(\theta) = \widetilde{c}_1\left(\dfrac{\sin\alpha}{\alpha}\right)$,$\alpha = \dfrac{\pi a \sin\theta}{\lambda}$.

相应的衍射强度分布为

$$
\begin{aligned}
I(\theta) &= \widetilde{U} \cdot \widetilde{U}^* \\
&= (1 + e^{i\delta} + e^{i3\delta}) \cdot (1 + e^{-i\delta} + e^{-i3\delta}) \cdot I_1(\theta) \\
&= (3 + 2\cos\delta + 2\cos 2\delta + 2\cos 3\delta) \cdot I_1(\theta),
\end{aligned}
$$

其中,$I_1(\theta) = \widetilde{U}_1 \cdot \widetilde{U}_1^* = I_0(\sin\alpha/\alpha)^2$;令

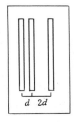

题 5.3 图

$$\beta = \frac{\pi d \sin\theta}{\lambda}, \qquad \text{则} \qquad \delta = -2\beta.$$

于是,最终给出这 $\mathscr{F}$ 场的表达式如题目所表示的. 本题若采用矢量图解法,亦能容易地求出这相同结果.

5.4 如图所示,有两个宽度分别为 a 和 $2a$ 的狭缝,其缝距为 $d=3a$,试导出,平行光正入射时其夫琅禾费衍射强度公式为

$$I(\theta) = I_0\left(\frac{\sin\alpha}{\alpha}\right)^2 \cdot (3 + 2(\cos 2\alpha + \cos 5\alpha + \cos 7\alpha)),$$

$$\alpha = \frac{\pi a \sin\theta}{\lambda},$$

习题 5.4 图

I_0 为宽度 a 的单缝衍射零级斑中心强度.

证 我们注意到这两个宽度不等的单缝,其几何中心点之间隔为 $d=3a$,相应的相移量为 $\delta = kd \sin\theta$. 故,宽度为 a 和 $2a$ 的两个单缝所产生的 $\mathscr{F}$ 场应当被表示为

$$\widetilde{U}_1(\theta) = \widetilde{c}\left(\frac{\sin\alpha}{\alpha}\right), \quad \alpha = \frac{\pi a \sin\theta}{\lambda};$$

$$\widetilde{U}_2(\theta) = \widetilde{c}\,'\left(\frac{\sin\alpha\,'}{\alpha\,'}\right) \cdot e^{i\delta}, \quad \alpha' = \frac{\pi 2a \sin\theta}{\lambda} = 2\alpha,$$

$$\delta = kd \sin\theta = k3a \sin\theta = 6\alpha, \quad \frac{\widetilde{c}\,'}{\widetilde{c}} = \frac{2a}{a} = 2.$$

于是,这双缝产生的 $\mathscr{F}$ 场为

$$\widetilde{U}(\theta) = \widetilde{U}_1 + \widetilde{U}_2 = \widetilde{c}\left(\frac{\sin\alpha}{\alpha}\right) \cdot \left(1 + 2e^{i\delta}\frac{\sin\alpha\,'}{\alpha\,'} \cdot \frac{\alpha}{\sin\alpha}\right),$$

其中,最后括号内的函数可作如下简并,

$$\widetilde{S}(\theta) \equiv \left(1 + 2\mathrm{e}^{\mathrm{i}\delta} \frac{\sin \alpha'}{\alpha'} \cdot \frac{\alpha}{\sin \alpha} \right) = (1 + 2\mathrm{e}^{\mathrm{i}\delta} \cos \alpha),$$

$$\begin{aligned} \widetilde{S} \cdot \widetilde{S}^* &= 1 + (2\cos \alpha)^2 + 2 \times 2\cos \alpha \cdot \cos 6\alpha \\ &= 1 + 2(1 + \cos 2\alpha) + 2(\cos 5\alpha + \cos 7\alpha) \\ &= 3 + 2(\cos 2\alpha + \cos 5\alpha + \cos 7\alpha), \end{aligned}$$

相应的衍射强度分布为

$$I(\theta) = \widetilde{U} \cdot \widetilde{U}^* = I_0 \left(\frac{\sin \alpha}{\alpha} \right)^2 \cdot (\widetilde{S}\,\widetilde{S}^*),$$

代入上述 $\widetilde{S}\widetilde{S}^*$ 展开式,正是题目给出的 $I(\theta)$ 表达式,其中 I_0 等于 $\widetilde{c}\widetilde{c}^*$,它应当是那宽度为 a 的单缝衍射零级斑中心的强度.

5.5 如图所示,有 $2N$ 条狭缝且缝宽均为 a,而缝间不透明部位的宽度作周期性变化,$a, 3a, a, 3a, \cdots$. 试导出,平行光正入射时其夫琅禾费衍射强度公式为

$$I(\theta) = 4I_0(\cos 2\alpha)^2 \cdot \left(\frac{\sin \alpha}{\alpha} \cdot \frac{\sin 6N\alpha}{\sin 6\alpha} \right)^2,$$

$$\alpha = \frac{\pi a \sin \theta}{\lambda},$$

I_0 为单缝衍射零级斑中心强度.

证 我们可以选定其双缝为衍射单元,则这屏含有 N 个单元,其空间周期为 $d = 3a + 3a = 6a$. 借用关于多缝 $\mathscr{F}$ 场的现成公式,获知本光栅的 $\mathscr{F}$ 场为

题 5.5 图

$$\widetilde{U}(\theta) = \widetilde{U}_1(\theta) \cdot \left(\frac{\sin N\beta}{\sin \beta} \right), \quad \beta = \frac{\pi d \sin \theta}{\lambda} = 6 \frac{\pi a \sin \theta}{\lambda},$$

其中 $\widetilde{U}_1(\theta)$ 为单元即双缝的 $\mathscr{F}$ 场. 同样地借用多缝光栅的 $\mathscr{F}$ 场公式,获知

$$\widetilde{U}_1(\theta) = \widetilde{c} \left(\frac{\sin \alpha}{\alpha} \right) \cdot \left(\frac{\sin 2\beta'}{\sin \beta'} \right) = \widetilde{c} \left(\frac{\sin \alpha}{\alpha} \right) \cdot 2\cos \beta',$$

$$\alpha = \frac{\pi a \sin \theta}{\lambda}, \quad \beta' = \frac{\pi 2a \sin \theta}{\lambda} = 2\alpha.$$

最后给出这 $\mathscr{F}$ 场的表达式为

$$\tilde{U}(\theta) = \tilde{c}\left(\frac{\sin\alpha}{\alpha}\right)\cdot 2\cos 2\alpha \cdot \left(\frac{\sin 6N\alpha}{\sin 6\alpha}\right),$$

其模平方即为衍射光强 $I(\theta)$,正如题目给出的,其中参考光强 $I_0 = \tilde{c}\tilde{c}^*$,正是那单缝衍射零级斑中心的光强.

我们也可以采取另一种"编组方式":将此屏看作两块光栅的组合,即,将单缝$(1,3,5,\cdots)$编为一个 N 缝光栅,将单缝$(2,4,6,\cdots)$编为另一个 N 缝光栅,并注意到这两个光栅之间有一个位移量 $2a$,因而其 $\mathscr{F}_1$ 场与 $\mathscr{F}_2$ 场之间有一相位差 $\delta = k2a\sin\theta = 4\alpha$. 如此看待,必将得到关于 $I(\theta)$ 的同样表达式. 读者不妨试算之.

5.6 试导出,平行光斜入射时多缝夫琅禾费衍射强度公式为

$$I(\theta) = i_0\left(\frac{\sin\alpha}{\alpha}\right)^2\cdot\left(\frac{\sin N\beta}{\sin\beta}\right)^2,$$

$$\alpha = \frac{\pi a}{\lambda}(\sin\theta - \sin\theta_0),\quad \beta = \frac{\pi d}{\lambda}(\sin\theta - \sin\theta_0),$$

这里,θ_0 为入射光束与多缝平面法线之夹角.并据此给出:

(1) 斜入射时多缝衍射主极强位置公式.

(2) 第 k 级主极强半角宽度公式,且与正入射时相比较.

证 一维光栅的 $\mathscr{F}$ 场其结构因子 $\tilde{S}(\theta)$ 决定于其相邻单元之间的相位差 $\delta(\theta)$,参见原书 5.2 节,

$$\tilde{S}(\theta) = \frac{\sin N\beta}{\sin\beta},\quad \beta = \frac{\delta}{2}.$$

普遍而论,这 δ 由两部分组成.一是后场传播而导致的相位差 δ',它决定于相邻单元之对应点源所发出的沿 θ 方向的衍射线之间的光程差 $\Delta L'$;二是那对应点源之间的相位差 δ_0,它决定于入射光的波前函数.就本题而言,参见题图,

$$\Delta L' = d\sin\theta,\quad \delta' = k\Delta L' = \frac{2\pi}{\lambda}d\sin\theta,$$

$$\Delta L_0 = -d\sin\theta_0,\quad \delta_0 = k\Delta L_0 = -\frac{2\pi}{\lambda}d\sin\theta_0,$$

故 $\qquad\qquad \delta = \delta' + \delta_0 = \frac{2\pi}{\lambda}d(\sin\theta - \sin\theta_0),$

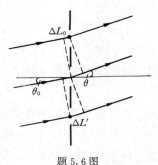

$$\beta = \frac{\delta}{2} = \frac{\pi}{\lambda} d(\sin\theta - \sin\theta_0).$$

同理,对于单元即单缝衍射因子而言,平行光斜入射之波前函数为 $Ae^{ik\sin\theta_0}$,它与衍射积分核 e^{ikr} 演化出来的 $e^{-ik\sin\theta}$,合并为

$$Ae^{-ik(\sin\theta - \sin\theta_0)},$$

题 5.6 图　　这导致其单缝衍射因子为

$$\widetilde{U}(\theta) = \widetilde{c}\,\frac{\sin\alpha}{\alpha}, \quad \alpha = \frac{1}{\lambda}\pi a(\sin\theta - \sin\theta_0).$$

最后,给出了当平行光斜入射于多缝光栅其 $\mathscr{F}$ 场的表达式为

$$\widetilde{U}(\theta) = \widetilde{U}(\theta) \cdot \widetilde{S}(\theta) = \widetilde{c}\left(\frac{\sin\alpha}{\alpha}\right)\cdot\left(\frac{\sin N\beta}{\sin\beta}\right),$$

$$\alpha = \frac{\pi a}{\lambda}(\sin\theta - \sin\theta_0), \quad \beta = \frac{\pi d}{\lambda}(\sin\theta - \sin\theta_0).$$

取其模平方,便得其衍射光强 $I(\theta)$ 公式,正如题目所给出的.

可见其形式与正入射时的完全相同,两者之区别仅在于其宗量 α,β 中的角度函数,从正入射时的 $(\sin\theta)$ 改变为斜入射时的 $(\sin\theta - \sin\theta_0)$. 这表明当衍射方向 $\theta = \theta_0$ 时,$\widetilde{U}(\theta)$ 达到极大值,同时 $\widetilde{S}(\theta)$ 也达到极大值 N. 换言之,目前单元衍射零级与元间干涉零级两者依然没有分离,均出现于轴外"几何像点"的位置.

(1) 此时其主极强之衍射角 θ_k 应满足以下方程,

$$\beta = k\pi, \quad 即 \quad d(\sin\theta_k - \sin\theta_0) = k\lambda, \quad k = 0, \pm 1, \pm 2, \cdots.$$

(2) 设 k 级主极强之邻近第一个暗点的衍射角为 $(\theta_k + \Delta\theta_k)$,则

$$d\cdot(\sin(\theta_k + \Delta\theta_k) - \sin\theta_0) = \left(k + \frac{1}{N}\right)\lambda,$$

又　　　　　　　　$d\cdot(\sin\theta_k - \sin\theta_0) = k\lambda,$

两式相减而得

$$\sin(\theta_k + \Delta\theta_k) - \sin\theta_k = \frac{\lambda}{Nd},$$

即　　　　　　　　$$\cos\theta_k \cdot \Delta\theta_k = \frac{\lambda}{Nd},$$

最终得斜入射时第 k 级主极强之半角宽度公式为

$$\Delta\theta_k = \frac{\lambda}{Nd\cos\theta_k}.$$

表观上这斜入射 $\Delta\theta_k$ 公式与正入射的相同. 实际上两者的数值是不相同的, 因为对同一 k 级两者的衍射角 θ_k 值是不同的, 其中 θ_0 角是要起作用的.

※　　　　　※　　　　　※

5.7 如果要求一个 50 条/mm 的低频光栅在其第 2 级光谱中, 能分辨钠黄光双线 5890 Å 和 5896 Å, 问此光栅的有效宽度 D 至少为多少?

解 根据光栅的色分辨本领公式 (参见原书 5.3 节式 (5.28)),

$$R \equiv \frac{\lambda}{\delta\lambda_m} = kN,$$

令 $\lambda \approx 589\,\text{nm}$, $\delta\lambda_m = 0.6\,\text{nm}$, $k=2$, 得这光栅所含单元总数 N 的下限值为

$$N_m \approx \frac{\lambda}{k\delta\lambda_m} = \frac{589}{2\times0.6} \approx 591.$$

故这光栅之有效宽度的下限值应当为

$$D_m = N_m \cdot d = 491 \times \frac{\text{mm}}{50} \approx 10\,\text{mm}.$$

5.8 某光源发射波长为 650 nm 的红光谱线, 经观测发现它是双线. 如果在 10^5 条刻线光栅的第 3 级光谱中刚好能分辨开此双线, 求其波长差 $\delta\lambda$.

解 根据光栅的色分辨本领公式, 得其可分辨的最小波长间隔为

$$\delta\lambda_m = \frac{\lambda}{kN},$$

现令 $\lambda = 650\,\text{nm}$, $k=3$, $N=10^5$, 求出该红双线的波长差

$$\delta\lambda = \delta\lambda_m = \frac{650\,\text{nm}}{3\times10^5} \approx 2.2\times10^{-3}\,\text{nm}.$$

5.9 用一光栅常数 d 为 2.5×10^{-3} mm、宽度 D 为 30 mm 的光栅, 试图分析绿光 500 nm 附近的光谱.

(1) 求其第 1 级光谱的角色散 D_θ.

(2) 求其第 1 级光谱的线色散 D_l, 设聚光镜的焦距为 50 cm.

(3) 求其第 1 级光谱中能分辨的最小波长差 $\delta\lambda$.

(4) 若将此光栅当作一单色仪使用, 问: 在绿光谱区该单色仪输出的准单色光其线宽 $\Delta\lambda$ 为多少. 设出射狭缝宽度 δs 被调节为 0.1 mm 为最佳.

解　(1) 根据光栅的角色散本领公式

$$D_\theta = \frac{k}{d\cos\theta_k},$$

令 $\lambda \approx 500\,\mathrm{nm}$, $d \approx 2.5 \times 10^{-3}\,\mathrm{mm}$, $k = 1$; 取近似 $\cos\theta_1 \approx 1$, 其准确值可以算出为 0.98. 代入得其 1 级光谱的角色散本领为

$$D_\theta = \frac{1}{2.5 \times 10^{-3} \times 10^6\,\mathrm{nm}} \approx 4 \times 10^{-4}\,\mathrm{rad/nm} \approx 1.3'/\mathrm{nm}.$$

(2) 光栅的线色散本领公式为

$$D_l = f \cdot D_\theta,$$

代入其聚光镜之焦距值 $f = 50\,\mathrm{cm}$, 求出

$$D_l = 50\,\mathrm{cm} \times (4 \times 10^{-4}\,\mathrm{rad/nm}) \approx 0.2\,\mathrm{mm/nm},$$

这表明此光栅对于波长 500 nm 邻近的谱区, 相隔 1 nm 的双线将在出射狭缝处分开 0.2 mm 之间隔.

(3) 此光栅的 1 级光谱中可分辨的最小波长差为

$$\delta\lambda_m = \frac{\lambda}{R} = \frac{\lambda}{kN} = \frac{\lambda}{k(D/d)}$$

$$= \frac{500\,\mathrm{nm}}{1 \times 30\,\mathrm{mm}} \times (2.5 \times 10^{-3}\,\mathrm{mm})$$

$$\approx 4.2 \times 10^{-2}\,\mathrm{nm} = 0.42\,\text{Å}.$$

(4) 其线色散 $D_l \approx 0.2\,\mathrm{mm/nm}$, 其倒数 $1/D_l \approx 5\,\mathrm{nm/mm}$ $\approx 5\,\text{Å}/0.1\,\mathrm{mm}$, 即从出射狭缝 $\delta s \approx 0.1\,\mathrm{mm}$ 处出射的谱线宽度 $\delta\lambda \approx 5\,\text{Å}$, 此值便是这台光栅作为单色仪时的输出谱线宽度.

5.10　一束白光 (380 ～ 760 nm) 正入射于一块 600 线/mm 的多缝透射光栅上. 试求其第 1 序光谱末端与其第 2 序光谱始端之角间隔 $\Delta\theta$.

解　设 $\lambda_1 = 380\,\mathrm{nm}$, $\lambda_2 = 760\,\mathrm{nm}$, 于是, 对于 $\lambda_1 \sim \lambda_2$ 谱区该光栅

第 1 序光谱末端的衍射角 θ_{1M} 满足,

$$d \cdot \sin \theta_{1M} = \lambda_2,$$

其第 2 序光谱始端的衍射角 θ_{2m} 满足

$$d \cdot \sin \theta_{2m} = 2\lambda_1,$$

由以上两式得

$$\frac{\sin \theta_{2m}}{\sin \theta_{1M}} = \frac{2\lambda_1}{\lambda_2} = \frac{2 \times 380\,\text{nm}}{760\,\text{nm}} = 1, \quad \text{即} \quad \theta_{2m} = \theta_{1M}.$$

这表明这两序光谱在记录介质上恰巧衔接上,没有重叠,此结论与光栅周期 d 值无关,它源于长波端 λ_2 值恰巧等于短波端 λ_1 值的 2 倍,即 $\lambda_2/\lambda_1 = 2$;若 $\lambda_2/\lambda_1 > 2$,则 $\theta_{1M} > \theta_{2m}$,这意味着这两序光谱出现重叠,致使测量失效. 这正是多缝光栅光谱仪的一个缺点——出现多序光谱,这既浪费了光的能量,又限制了可测量的光谱范围(自由光谱区). 而反射式闪耀光栅就克服了这一缺点.

5.11 一光栅摄谱仪的说明书中所列数据如下:

物镜焦距 1050 mm,刻划面积 60 mm×40 mm,闪耀波长 3650 Å(1 级),刻线密度 1200 线/mm,色散 8 Å/mm,理论分辨率 7.2×10^4(1 级). 试从以上所给数据,求出:

(1) 该摄谱仪能分辨的最小波长间隔 $\delta\lambda_m$ 为多少?

(2) 该摄谱仪的角色散本领 D_θ 为多少?

(3) 该光栅的闪耀角 θ_b 为多少?闪耀方向与光栅平面法线之夹角 $\Delta\theta$ 为多少?

(4) 与该摄谱仪匹配的记录介质的空间分辨率 N 至少为多少(线/mm)?

解 (1) 从说明书中给出的理论分辨率 $R = 7.2 \times 10^4$、1 级闪耀波长 $\lambda_{1b} = 365\,\text{nm}$,获知该光栅在波长 λ_{1b} 邻近可分辨的最小波长间隔为

$$\delta\lambda_m = \frac{\lambda_{1b}}{R} = \frac{365\,\text{nm}}{7.2 \times 10^4} \approx 5 \times 10^{-3}\,\text{nm} = 0.05\,\text{Å}.$$

(2) 根据说明书中给出的物镜焦距 $f = 1050\,\text{mm}$ 和线色散本领 $D_l = 1\,\text{mm}/8\,\text{Å}$,获知该光栅的角色散本领为

$$D_\theta = \frac{D_l}{f} = \frac{1\,\text{mm}}{8\,\text{Å} \times 1050\,\text{mm}} \approx 1.2 \times 10^{-4}\,\text{rad}/\text{Å} \approx 0.4'/\text{Å}.$$

(3) 设入射光沿光栅槽面法线方向,则 1 级闪耀波长 λ_{1b} 与闪耀角 θ_b 之关系为

$$2d \sin \theta_b = \lambda_{1b},$$

据此算出,

$$\theta_b = \arcsin \frac{\lambda_{1b}}{2d} = \arcsin\left(\frac{365 \, \text{nm}}{2} \times \frac{1200}{\text{mm}} \right) \approx 12°39'.$$

这 θ_b 值也正是槽面法线与光栅宏观平面法线之间的夹角,而槽面法线方向正是此种照明方式时的闪耀方向.

(4) 若将此光栅用作摄谱仪,则存在一个感光介质的空间分辨率 N(线/mm)与光栅色分辨能力之间的匹配问题. 由本题(1)我们获知该光栅可分辨的最小波长间隔 $\delta\lambda_m$,于是,间隔为 $\delta\lambda_m$ 的两条谱线投射到感光片上的线间隔为

$$\delta l_m = \delta\lambda_m \cdot D_l = 0.05 \, \text{Å} \times \frac{1 \, \text{mm}}{8 \, \text{Å}} = 6.25 \, \mu\text{m},$$

则这感光介质的空间分辨率之下限应当为

$$N_m = \frac{1}{\delta l_m} = \frac{1}{6.25 \, \mu\text{m}} \approx 160 \, \text{线 /mm}.$$

惟有如此,才不至于浪费了光栅的色分辨能力.

5.12 一光栅摄谱仪用以分析波段在 600 nm、相隔约 5×10^{-2} nm 的若干谱线. 设此光栅刻痕密度为 300 线/mm,而摄谱仪的焦距为 30 cm.

(1) 要求其 1 序光谱可被分辨,该光栅的有效宽度 D 至少为多少?

(2) 与之匹配的记录介质的空间分辨率 N 应至少取多大(线/mm)?

解 (1) 根据光栅色分辨本领公式

$$R \equiv \frac{\lambda}{\delta\lambda_m} = kN,$$

据题意,令 $\lambda = 600 \, \text{nm}$, $\delta\lambda_m = 5 \times 10^{-2} \, \text{nm}$, $k = 1$,得这光栅应有单元总数为

$$N = \frac{\lambda}{k\delta\lambda_m} = \frac{600 \, \text{nm}}{5 \times 10^{-2} \, \text{nm}} = 1.2 \times 10^4.$$

于是,该光栅的刻痕宽度即其有效宽度的下限值为

$$D_\mathrm{m} = Nd = (1.2 \times 10^4) \times \frac{1\,\mathrm{mm}}{300} = 40\,\mathrm{mm}.$$

(2) 首先,让我们算出相隔 $\delta\lambda_\mathrm{m}$ 之两条谱线投射到记录介质上的线间隔

$$\delta l_\mathrm{m} = \delta\lambda_\mathrm{m} \cdot D_l = \delta\lambda_\mathrm{m} \cdot \frac{f}{d\cos\theta_1},$$

这里,θ_1 为 1 级光谱线的衍射角,经计算 $\cos\theta_1 \approx 0.98 \approx 1$,于是,

$$\delta l_\mathrm{m} \approx (5 \times 10^{-2}\,\mathrm{nm}) \times (300\,\mathrm{mm}) \times \frac{300}{\mathrm{mm}}$$

$$\approx 4.5 \times 10^3\,\mathrm{nm} = 4.5\,\mu\mathrm{m}.$$

故与此光栅摄谱仪相匹配的记录介质的空间分辨率之下限值应当为

$$N_\mathrm{m} = \frac{1}{\delta l_\mathrm{m}} = \frac{1}{4.5\,\mu\mathrm{m}} \approx 222\,\text{线}/\mathrm{mm},$$

惟有这等分辨率才不至于浪费这光栅的色分辨能力.

5.13　关于光栅的最小偏向角.如图所示,当光束以倾角 θ_0 斜入射于光栅时,在倾斜向下的衍射方向上出现的第一个主极强角方位 θ 应满足条件 $d \cdot (\sin\theta + \sin\theta_0) = k\lambda$,于是出现了一个偏向角 $\delta = \theta + \theta_0$;上式可转化为 $d \cdot [\sin(\delta-\theta_0) + \sin\theta_0] = k\lambda$. 试证明,当入射角 θ_0 为一特定值 θ_m 时,出现的偏向角 δ_m 为最小,两者由下式给出:

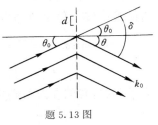

题 5.13 图

$$2d\sin\theta_\mathrm{m} = k\lambda, \quad \delta_\mathrm{m} = 2\theta_\mathrm{m}.$$

证　那下方主极强之衍射角满足方程,

$$d \cdot [\sin(\delta - \theta_0) + \sin\theta_0] = k_0\lambda, \tag{1}$$

它隐含着一个关于偏向角 δ 与入射角 θ_0 之关系的 $\delta(\theta_0)$ 函数. 为了考察 $\delta(\theta_0)$ 的极值性质,试对此方程求导(这里求导符号用 $\partial/\partial\theta_0$,以免与光栅周期 d 混淆),

$$\frac{\partial}{\partial\theta_0}[\sin(\delta - \theta_0) + \sin\theta_0] = 0,$$

得　　　　　$$\cos(\delta - \theta_0) \cdot \left(\frac{\partial\delta}{\partial\theta_0} - 1\right) + \cos\theta_0 = 0,$$

令　　　　　　　　　　　$\dfrac{\partial \delta}{\partial \theta_0} = 0$　（满足极值条件），

则　　　　　　　　　　　$\cos(\delta - \theta_0) = \cos\theta_0$,

于是，出现极值的偏向角

$$\delta_m = 2\theta_m, \quad 即 \quad \theta_0 = \theta_m;$$

进一步，我们可确认

$$\frac{\partial^2 \delta}{\partial \theta_0^2} > 0, \quad 当 \quad \theta_0 = \theta_m.$$

这表明，在改变入射角 θ_0 值的过程中，将出现一个最小偏向角，此时其对应 k_0 级衍射方向与入射方向恰巧对称地跨于光栅两侧，如同三棱镜折射时出现的最小偏向角状态. 再以 $\theta = \theta_0 = \theta_m$ 代入那主极强衍射方程，便确定那特定入射角 θ_m 所满足的方程

$$d \cdot (\sin\theta_m + \sin\theta_m) = k_0\lambda, \quad 即 \quad 2d \cdot \sin\theta_m = k_0\lambda. \quad (2)$$

下面让我们演算一个数值例题. 设入射光为 He-Ne 激光，其波长 $\lambda \approx 633\,\text{nm}$，那光栅刻痕密度为 $1/d \approx 500/\text{mm}$，且选定 $k_0 = 2$，即我们关注下方出现的 2 级主极强的衍射角. 根据方程（2），求出为获得衍射最小偏向角 δ_m 时的入射倾角 θ_m：

$$\sin\theta_m = \frac{k_0\lambda}{2d} = \frac{2 \times 633\,\text{nm}}{2} \times \frac{500}{\text{mm}} \approx 0.3165,$$

$$\theta_m \approx 18.45°, \quad \delta_m = 2\theta_m \approx 36.90°.$$

为了对比，我们在入射倾角 θ_m 邻近，再选两个入射角，

$$\theta_{10} = 14°, \quad \theta_{20} = 23°;$$

其所分别对应的衍射角 θ_1 和 θ_2，可由方程（1）求出：

$$\sin\theta_1 = \frac{k_0\lambda}{d} - \sin\theta_{10} \approx 0.633 - \sin 14° \approx 0.3911,$$

$$\theta_1 \approx 23.02°, \quad \delta_1 = \theta_{10} + \theta_1 = 14° + 23.02° \approx 37.02°;$$

$$\sin\theta_2 = \frac{k_0\lambda}{d} - \sin\theta_{20} \approx 0.633 - \sin 23° \approx 0.2423,$$

$$\theta_2 \approx 14.02°, \quad \delta_2 = \theta_{20} + \theta_2 = 23° + 14.02° \approx 37.02°.$$

由此可见，当入射角 θ_0 偏离 θ_m，无论是稍大或稍小于 θ_m，其衍射偏向角 δ_1 或 δ_2 均大于 δ_m，虽然差别并不大.

　　5.14　二维晶片的共面衍射，参见原书 5.4 节例题和图 5.21.

单色光沿 z 轴方向入射于二维晶片,试确定与晶片共面的 (xz) 平面内,可能出现的夫琅禾费衍射主峰的数目 N 及其方位角,设

(1) $d_1 = 5\lambda, d_2 = 10\lambda$;(2) $d_1 = 8\lambda, d_2 = 6\lambda$.

解 关于二维晶片之共面衍射的概念和基本公式,请参阅原书 5.4 节,其主要结论如下.

沿 x 方向排内点间干涉的主极强方向满足方程,

$$d_1 \sin\theta = k_1\lambda, \quad k_1 = 0, \pm 1, \pm 2, \cdots, \tag{1}$$

沿 z 方向面内排间干涉的主极强方向满足

$$d_2 - d_2\cos\theta = k_2\lambda, \quad k_2 = 0, 1, 2, \cdots. \tag{2}$$

只有同时满足以上两个条件的整数解 (k_1, k_2),才最终给出了二维晶片共面衍射的主极强方向(可参见原书图 5.21).

(1) 对于 $d_1 = 5\lambda$, $d_2 = 10\lambda$ 情形. 由方程(1)得

$$\sin\theta = k_1\frac{\lambda}{d_1} = \frac{k_1}{5}, \quad k_1 = 0, \pm 1, \pm 2, \cdots, \pm 5.$$

相应地有 11 个离散的衍射角 θ_i 出现了排内点间干涉的主极强.再根据方程(2),有

$$k_2 = \frac{d_2}{\lambda} - \frac{d_2}{\lambda}\sqrt{1-\sin^2\theta} = 10 - 10\sqrt{1-\left(\frac{k_1}{5}\right)^2}$$

$$= 10 - 2\sqrt{25-k_1^2}.$$

试列出 k_2 为整数解的系列如下:

当	$k_1 = 0$,	$k_1 = \pm 3$,	$k_1 = \pm 4$,	$k_1 = \pm 5$,
有	$k_2 = 0$,	$k_2 = 2$,	$k_2 = 4$,	$k_2 = 10$,
则	$\theta = 0°$,	$\theta \approx \pm 37°$,	$\theta \approx \pm 53°$,	$\theta = \pm 90°$.

可见,这种情形下此晶片面内出现了 7 个衍射主极强的方向.

(2) 对于 $d_1 = 8\lambda$, $d_2 = 6\lambda$ 情形. 则,

$$\sin\theta = k_1\frac{\lambda}{d_1} = \frac{k_1}{8}, \quad k_1 = 0, \pm 1, \pm 2, \cdots, \pm 8.$$

$$k_2 = \frac{d_2}{\lambda} - \frac{d_2}{\lambda}\sqrt{1-\sin^2\theta} = 6 - 6\sqrt{1-\left(\frac{k_1}{8}\right)^2}$$

$$= 6 - \frac{6}{8}\sqrt{64-k_1^2},$$

试探结果,能获得 k_2 为整数解的只有两个值:

$$当 \quad k_1 = 0, \quad k_1 = \pm 8,$$
$$有 \quad k_2 = 0, \quad k_2 = 6,$$
$$则 \quad \theta = 0°, \quad \theta = \pm 90°.$$

可见,这种情形下该晶片面内出现了 3 个衍射主极强的方向.

这些结果再一次表明,在单色光入射且样品为单晶的条件下,多维衍射是十分难得出现主极强方向的.以上两题中 d_1,d_2 与 λ 的整数比值是经较精心考虑而设定的,否则在 $\theta \in (90°,-90°)$ 范围内也许无任何一个衍射主极强方向,这未免令人失望.当然,$\theta = 0°$ 方向总是一个主极强方向,但它不带有物质结构的任何信息.为了使多维周期结构的衍射能有效地应用于结构分析,人们应当放宽实验条件,或让多色光入射,或取多晶样品,类似劳厄实验或德拜实验那样.

5.15 利用二元光学蚀刻技术,获得一长条沟槽形薄膜样品如图所示,现将其作为衍射屏置于一透镜前方,在后焦面上接收其夫琅禾费衍射场.设样品沟槽深度 $h = 5\lambda/2$,沟槽宽度分别为 $a,3a,a$,样品长度 $b \gg a$,以至于它可以近似地看作一维衍射;膜层明胶的折射率 n 为 1.5.

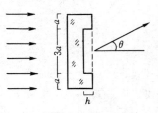

题 5.15 图

(1) 从图中虚线所示的衍射物平面看,作为次波源的中间宽条与上下两个窄条的相位差 δ_0 为多少?

(2) 导出该样品的夫琅禾费衍射场 $\widetilde{U}(\theta)$.

解 (1) 此槽形薄膜屏可以被看作一个宽度为 $3a$ 的宽缝和两个宽度为 a 的窄缝.作为次波的发源地,宽缝处次波源与窄缝处次波源之间是存在相位差 δ_0 的,它决定于光程差 ΔL_0,

$$\delta_0 = \frac{2\pi}{\lambda}\Delta L_0 = \frac{2\pi}{\lambda}(1-n)h$$

$$= \frac{2\pi}{\lambda}(1.0-1.5)\cdot\frac{5}{2}\lambda = -2.5\pi. \tag{1}$$

即其有效相位差为 $(-\pi/2)$.这里顺便提请注意,入射光经宽缝,与其经窄缝处相比较,其光程短,故相位落后得少,亦即实际上其相位是比上、下处的超前 $\pi/2$ 的. 不过,按我们在计算衍射场时所一贯约定的正负号规则,"超前"表示为"$-$"号. 换言之,在理论推演时取 $\delta_0 = -\pi/2$,与实际上宽缝次波源超前 $+\pi/2$,这两种表述均是正确的.

(2) 设宽缝和两个窄缝所产生的 $\mathscr{F}$ 衍射场分别为 $\tilde{U}_0(\theta)$、$\tilde{U}_1(\theta)$ 和 $\tilde{U}_2(\theta)$,并注意到在借用我们所熟悉的单缝 $\mathscr{F}$ 衍射公式时,必须考虑到源之相位差 δ_0,以及上、下窄缝相对于坐标原点的位移所导致的相移量 δ_1 和 δ_2:

$$\delta_1 = -\frac{2\pi}{\lambda}\sin\theta \cdot (1.5a + 0.5a) = -\frac{4\pi}{\lambda}a\sin\theta, \tag{2}$$

$$\delta_2 = +\frac{4\pi}{\lambda}a\sin\theta = -\delta_2. \tag{3}$$

那么,这槽形薄膜的 $\mathscr{F}$ 场为

$$\tilde{U}(\theta) = \tilde{U}_0(\theta) + \tilde{U}_1(\theta) + \tilde{U}_2(\theta)$$
$$= \tilde{c}_0\left(\frac{\sin\alpha_0}{\alpha_0}\right)\cdot e^{i\delta_0} + \tilde{c}\left(\frac{\sin\alpha}{\alpha}\right)\cdot e^{i\delta_1} + \tilde{c}\left(\frac{\sin\alpha}{\alpha}\right)\cdot e^{i\delta_2}, \tag{4}$$

其中,

$$\alpha_0 = \frac{\pi 3a\sin\theta}{\lambda}, \quad \tilde{c}_0 \propto (3a);$$

$$\alpha = \frac{\pi a\sin\theta}{\lambda}, \quad \tilde{c} \propto a; \quad \tilde{c}_0 = 3\tilde{c}. \tag{5}$$

注意到 $\delta_0 = -\pi/2$,故 $e^{i\delta_0} = -i$;$\tilde{U}_1$ 与 $\tilde{U}_2$ 共轭,故

$$\tilde{U}_1(\theta) + \tilde{U}_2(\theta) = 2\tilde{c}\left(\frac{\sin\alpha}{\alpha}\right)\cdot\cos\delta_1 = 2\tilde{c}\left(\frac{\sin\alpha}{\alpha}\right)\cdot\cos(k2a\sin\theta).$$

最后得到此屏的 $\mathscr{F}$ 场之简约形式为

$$\tilde{U}(\theta) = -3\tilde{c}\,i\left(\frac{\sin\alpha_0}{\alpha_0}\right) + 2\tilde{c}\left(\frac{\sin\alpha}{\alpha}\right)\cdot\cos(k2a\sin\theta)$$
$$= \tilde{c}\left[2\left(\frac{\sin\alpha}{\alpha}\right)\cdot\cos(k2a\sin\theta) - i3\left(\frac{\sin\alpha_0}{\alpha_0}\right)\right], \tag{6}$$

相应的 $\mathscr{F}$ 衍射强度分布为

$$I(\theta) = |\tilde{U}|^2 = I_0\left[4\left(\frac{\sin\alpha}{\alpha}\right)^2\cdot\cos^2(k2a\sin\theta) + 9\left(\frac{\sin\alpha_0}{\alpha_0}\right)^2\right].$$

这里，I_0 应被看作宽度为 a 的单缝 $\mathscr{F}$ 衍射零级斑中心之强度.

※　　　　　　※　　　　　　※

5.16 讨论题——光栅光谱中的鬼线(Rowland ghosts). 它源于刻划光栅过程中机械位移装置出现的不可避免的周期性误差. 现以多缝透射光栅为对象，考量这周期性误差对光栅光谱的影响. 如图(a)所示，一块大光栅被分断为 M 个小光栅，每个小光栅内部保持了严格的周期性，其单元数目为 N、周期为 d；两个相邻小光栅的间隔均为 Δ，它是由机械位移的误差所带来的，倒也具有周期性，一般说 Δ 值与 d 同量级，比如 $\Delta \approx 1.6d$ 或 $2.3d$；如果以小光栅为一个衍射单元，则这一块大光栅所包含的单元总数为 M，周期为 $d' = (Nd + \Delta)$. 兹展开讨论如下.

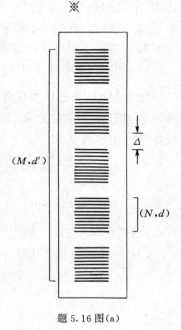

题 5.16 图(a)

(1) 试导出这块光栅的夫琅禾费衍射场为

$$\widetilde{U}(\theta) = \widetilde{u}_0(\theta) \cdot \widetilde{S}_N(\theta) \cdot \widetilde{S}_M(\theta) = \widetilde{u}_0 \cdot \frac{\sin N\beta}{\sin \beta} \cdot \frac{\sin M\beta'}{\sin \beta'},$$

$$\beta = \frac{\pi d \sin \theta}{\lambda}, \quad \beta' = \frac{\pi d' \sin \theta}{\lambda} = \frac{\pi (Nd + \Delta) \sin \theta}{\lambda}.$$

这里，$\widetilde{u}_0(\theta)$ 为单元即单缝 $\mathscr{F}$ 衍射场.

(2) 试给出由结构因子 $\widetilde{S}_N(\theta)$ 所决定的 k 级主峰方位角 θ_k 公式和半角宽度 $\Delta\theta_k$ 公式；试给出由结构因子 $\widetilde{S}_M(\theta)$ 所决定的 k' 级主峰方位角 θ'_k 公式和半角宽度 $\Delta\theta'_k$ 公式；并注意到 $\Delta\theta_k > \delta\theta'$，$\delta\theta'$ 是由 $\widetilde{S}_M$ 决定的主峰角间隔.

(3) 用一张坐标纸分别绘制 $\widetilde{S}_N(\theta)$ 曲线、$\widetilde{S}_M(\theta)$ 曲线以及 $\widetilde{S}_N \cdot \widetilde{S}_M$ 乘积曲线，横坐标表示 $\sin \theta$. 可取用典型数据如下：$1/d \approx 600$ 线/mm，$N \approx 2$ mm$\times 600$/mm$=1200$，$M = 5$ cm/2 mm$=25$.

(4) 分别就 $\Delta=1.5d$，$2.0d$，$3.3d$ 三种情况，回答：

a. 小光栅衍射而出现的主峰是否最终被保留下来？

b. 在小光栅所产生的主(峰)谱线两侧是否可能出现较弱的伴线(鬼线)？

讨论和解 (1) 这是一个复式光栅,它在一长周期 d' 结构中还套有短周期 d 的结构. 首先,可将短周期的小光栅作为一个衍射单元,设其 $\mathscr{F}$ 场为 $\tilde{U}_0(\theta)$,则这长光栅的 $\mathscr{F}$ 场表达为

$$\tilde{U}(\theta) = \tilde{U}_0(\theta) \cdot \tilde{S}_M(\theta),$$

$$\tilde{S}_M(\theta) = \frac{\sin M\beta'}{\sin \beta'}, \quad \beta' = \frac{\pi d' \sin \theta}{\lambda}, \quad d' = (Nd + \Delta), \quad (1)$$

这里, $\tilde{S}_M$ 是长光栅 $\mathscr{F}$ 场的结构因子,亦即单元小光栅间的干涉因子;接着,给出这小光栅的 $\mathscr{F}$ 场,这是我们所熟悉的,

$$\tilde{U}_0(\theta) = \tilde{u}_0(\theta) \cdot \tilde{S}_N(\theta),$$

$$\tilde{S}_N(\theta) = \frac{\sin N\beta}{\sin \beta}, \quad \beta = \frac{\pi d \sin \theta}{\lambda}, \quad (2)$$

这里, $\tilde{S}_N$ 是小光栅 $\mathscr{F}$ 场的结构因子,亦即单缝间的干涉因子; $\tilde{u}_0(\theta)$ 便是单缝衍射因子,这也是我们所熟悉的,并未将其具体地写出,是因为本题所关注的正是由上述两个结构因子 $\tilde{S}_N(\theta)$, $\tilde{S}_M(\theta)$ 所决定的 $\mathscr{F}$ 场主峰之特征.

(2) 我们不难由 $\tilde{S}_N(\theta)$, $\tilde{S}_M(\theta)$,分别求得其主峰的方位角 θ_k, θ'_k 及其半角宽度 $\Delta\theta_k$, $\Delta\theta'_k$：

$$d \cdot \sin \theta_k = k\lambda, \quad \Delta\theta_k \approx \frac{\lambda}{Nd \cos \theta_k}, \quad k = 0, \pm 1, \pm 2, \cdots; \quad (3)$$

$$d' \cdot \sin \theta'_k = k'\lambda,$$

即 $\quad Nd \sin \theta'_k + \Delta \cdot \sin \theta'_k = k'\lambda, \quad k' = 0, \pm 1, \pm 2, \cdots,$

$$\Delta\theta'_k = \frac{\lambda}{Md' \cos \theta'_k}. \quad (4)$$

因为 $Md' = M(Nd+\Delta) \approx MNd \gg Nd$,故 $\Delta\theta_k \gg \Delta\theta'_k$,即小光栅衍射的主峰半角宽度远大于长光栅衍射的主峰半角宽度. 这是预料中的事,因为长光栅的总宽度 $D' = Md' \approx MD$, D 是小光栅的总宽度.

我们不禁要问,当刻划过程中出现周期性误差时,凡满足方程(3)的 k 级主峰(θ_k)是否能被保留下来,这取决于 $\Delta \cdot \sin \theta_k$ 是否可能为 λ 的整数倍:

(a) 当 $\Delta = 2d, 3d, \cdots$,则 $\Delta \cdot \sin \theta_k = k''\lambda$,$k''$ 为整数;

(b) 当 $\Delta = 1.5d, 2.5d, \cdots$,则 $\Delta \cdot \sin \theta_k = \left(k'' + \dfrac{1}{2}\right)\lambda$;

(c) 当 $\Delta = 1.6d, 2.3d, \cdots$,则 $\Delta \cdot \sin \theta_k / \lambda$ 为非整数、非半整数.

显然,对于(a)情形,k 级主峰被保留;(b)情形,k 为奇数级主峰消失;(c)情形,k 级主峰被削弱.

由于 $d' \gg d$,以致长周期结构因子 $\tilde{S}_M(\theta)$ 所产生的一系列主峰是相当密集的,其相邻主峰之间隔为

$$\delta\theta' \equiv \sin\theta_{k'+1} - \sin\theta_{k'} = \frac{\lambda}{d'} = \frac{\lambda}{Nd+\Delta} < \Delta\theta_k = \frac{\lambda}{Nd\cos\theta_k},$$
(5)

这表明由结构因子 $\tilde{S}_N(\theta)$ 所产生的一主峰半角宽度 $\Delta\theta_k$ 之内,总会容纳一二个 $\tilde{S}_M(\theta)$ 之主峰,以致两者乘积 $\tilde{S}_N \cdot \tilde{S}_M$ 的结果,出现"伴线".题图(b),(c),(d)清楚地显示了这一点.

(3) 据题意,

$N = 2\,\text{mm} \times 600/\text{mm} = 1200$,　$M = D'/D = 5\,\text{cm}/2\,\text{mm} = 25$,

即,这块复式光栅含有 25 个小光栅,而每个小光栅含有 1200 条狭缝.根据式(3),(4)和(5),且取 $\lambda \approx 550\,\text{nm}$,分别算出:

$S_N(\theta)$ 决定的主峰半角宽度　$\Delta\theta_k \approx \dfrac{550\,\text{nm}}{2\,\text{mm}} \approx 2.8 \times 10^{-4}\,\text{rad}$,

$S_M(\theta)$ 决定的主峰半角宽度　$\Delta\theta_k' \approx \dfrac{\Delta\theta_k}{M} \approx 1.1 \times 10^{-5}\,\text{rad}$,

$S_M(\theta)$ 决定的主峰之角间隔　$\delta\theta' \approx \dfrac{\lambda}{Nd+\Delta} \approx \Delta\theta_k\left(1 - \dfrac{\Delta}{Nd}\right) < \Delta\theta_k$,

其实,$\delta\theta'$ 稍小于 $\Delta\theta_k$,比如取 $\Delta = 3.3d$,则这差额仅为 0.3%.

(4) 其实,图(d)显示的在一主线旁侧仅出现一条伴线,这是某一特定 Δ 值所造成的,这主线位置也已偏离 $k=1$ 级主峰位置向右约 $\Delta\theta_k/5$ 处.经推算,此情形 $\Delta \approx 0.8d, 1.8d, 2.8d, \cdots$ 其推算公式为

$$\Delta \approx [(k'-N)-m]d,$$
(6)

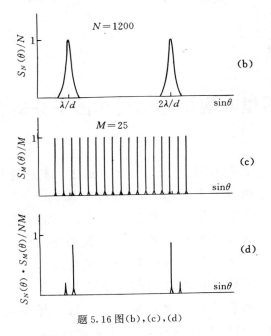

题 5.16 图(b),(c),(d)

其中，m 表示在 $\Delta\theta_k$ 角范围内，$S_M(\theta)$ 主峰位置偏离 $S_N(\theta)$ 1 级主峰位置向右 $m \cdot \Delta\theta_k$．比如那图中显示的情形为 $m = 1/5$．

倘若 Δ/d 为整数，比如 $\Delta = 2d, 3d, \cdots$，则 k 级主峰被保留下来，且其两侧将对称地出现一条甚弱的伴线．倘若 $\Delta = 1.5d, 2.5d, \cdots$，则 k 为奇数级主峰消失，这时在 $\Delta\theta_k$ 角范围内将出现两条较弱的主线．

若令 $\Delta = 3.3d$，则由(6)式得 $m = 0.7$，这表明在 θ_k 右侧 $0.7\Delta\theta_k$ 处出现一条甚弱的伴线(Rowland ghosts)，且必然地在 θ_k 左侧 $0.3\Delta\theta_k$ 处出现一条强主线(principle line)．

6

傅里叶变换光学与相因子分析方法

6.1 用变折射率材料制成一微透镜如图(a)所示,其折射率变化呈抛物线型,

$$n(r) = n_0\left(1 - \frac{1}{2}\alpha r^2\right), \quad r^2 = x^2 + y^2,$$

(1) 试给出其屏函数 $\tilde{t}(x,y)$,设其厚度为 d,孔径为 a,且 $a \gg d \gg \lambda$.

(2) 试由相因子分析法导出该微透镜的焦距公式为

$$F = \frac{1}{\alpha n_0 d}, \quad \text{或} \quad F = \frac{a^2}{2(n_0 - n_a)d}.$$

(3) 若要求 $F \approx 1\,\text{mm}$,问变折射率系数 α 值应为多少? 设 $d \approx$

$10\,\mu m$, $a\approx100\,\mu m$, $n_0\approx1.68$.

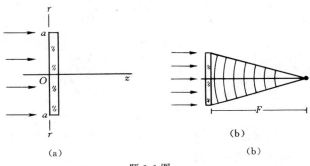

(a)

(b)

(b)

题 6.1 图

解 (1) 这是一个相位型元件,由于其横平面(xy)上的折射率 $n(r)$随 r 而变化,以致经历厚度 d 的光程 $L(r)=n(r)\cdot d$ 随 r 而变化,这导致出射波前上的相位分布 $\varphi_2(r)$有别于入射波前的 $\varphi_1(r)$,两者之差为

$$\varphi(r) = \varphi_2(r) - \varphi_1(r) = kL(r) = kn(r)\cdot d,$$

故这微透镜的屏函数为

$$\tilde{t}(x,y) = \tilde{t}(r) \approx e^{i\varphi(r)} = e^{ikn(r)d}, \quad n(r) = n_0\Big(1 - \frac{1}{2}\alpha r^2\Big).$$

这里,我们取 $\tilde{t}$ 之模为1,这意味着忽略了元件表面的反射和体内吸收所带来的光能损耗;即使计较这种损耗,使 $|\tilde{t}|<1$,只要它是一个常数比如 0.9 或 0.8,那这元件还是纯相位型的.

(2) 设一束平行光正入射于这微透镜,则这入射波前函数为

$$\tilde{U}_1(x,y) = A_1,$$

相应的出射波前为

$$\begin{aligned}
\tilde{U}_2(x,y) &= \tilde{t}\cdot\tilde{U}_1 = A_1 e^{ikn_0\left(1-\frac{1}{2}\alpha r^2\right)d}\\
&= A_1 e^{-ik\frac{1}{2}\alpha n_0 d r^2}\cdot e^{i\varphi_0}\\
&= A_1 e^{-ik\frac{x^2+y^2}{2}\alpha n_0 d}\cdot e^{i\varphi_0}, \quad \varphi_0 \equiv kn_0 d.
\end{aligned}$$

可见这波前具有二次相因子.基于原书所倡导的相因子分析方法,我

们判定这波前代表了一束傍轴会聚球面波且会聚于轴上一点,此乃焦点,参见图(b). 为了确定其焦距 F,应将以上 $\tilde{U}_2$ 表达式改写为标准形式,

$$\tilde{U}_2(x,y) = A_1 e^{-ik\frac{x^2+y^2}{2(1/\alpha n_0 d)}} \cdot e^{i\varphi_0} = A_1 e^{-ik\frac{x^2+y^2}{2F}} \cdot e^{i\varphi_0},$$

其中

$$F = \frac{1}{\alpha n_0 d}, \tag{1}$$

这就是这聚光微透镜之焦距公式. 也可以用该透镜之半径 a 及其边缘折射率 n_a 来表达焦距公式:

$$n_a = n_0\left(1 - \frac{1}{2}\alpha a^2\right), \quad 则 \quad \alpha = \frac{2(n_0 - n_a)}{n_0 a^2},$$

用以替代(1)式中 α,便可得到,

$$F = \frac{a^2}{2(n_0 - n_a)d}. \tag{2}$$

(3) 根据焦距公式(1)获知这变折射率系数为

$$\alpha = \frac{1}{F n_0 d} = \frac{1}{1\,\mathrm{mm} \times 1.68 \times 10\,\mu\mathrm{m}} \approx 60/\mathrm{mm}^2.$$

6.2　一块条状余弦光栅,其栅条密度 $1/d_0$ 为 300 线/mm,现将其作为衍射屏被一平行光照射,而在后焦面 $(x'y')$ 上接收其夫琅禾费衍射场. 设焦距 F 为 200 mm,光波长 λ 为 0.6 μm.

(1) 当栅条沿平行于 x 轴方向时,试写出其屏函数 $\tilde{t}(x,y)$,空间频率 (f_x, f_y) 值,及其在后焦面上三个衍射斑中心坐标 (x', y') 值. 要求图示.

(2) 当栅条逆时针转过 45° 而处于 (xy) 平面的一、三象限时,试给出相应的 $\tilde{t}(x,y)$、(f_x, f_y) 值和 (x', y') 值,要求图示.

(3) 当栅条顺时针转过 30° 而处于 (xy) 平面的二、四象限时,试给出相应的 $\tilde{t}(x,y)$、(f_x, f_y) 值和 (x', y') 值,要求图示.

解　这组题目旨在明瞭二维平面上的周期物信息有两个空间频率 (f_x, f_y),或两个空间周期 (d_x, d_y),它们与直观上的栅条周期 d_0 或频率 f_0 的关系为(参见原书 287 页),

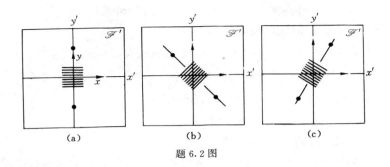

题 6.2 图

$$\sqrt{f_x^2 + f_y^2} = f_0, \quad f_y/f_x = \tan\theta, \quad \theta \text{ 为栅条正交方向之倾角；}$$

或者

$$f_x = f_0 \sin\alpha, \quad f_y = -f_0 \cos\alpha, \quad \alpha \text{ 为栅条取向之倾角.}$$

与此相联系,作为物信息基元成分的余弦光栅,其屏函数的普遍表示式为

$$\tilde{t}(x,y) = t_0 + t_1 \cos(2\pi f_x x + 2\pi f_y y + \varphi_0).$$

相应的三个 $\mathscr{F}$ 衍射斑的角方位 (θ_1, θ_2) 和线坐标 (x', y') 分别为

零级斑, $\quad (\theta_{01}, \theta_{02}) = (0,0), \quad (x_0', y_0') = (0,0);$

± 1 级斑, $\quad (\sin\theta_{\pm 1,1}, \sin\theta_{\pm 1,2}) = (\pm f_x \lambda, \pm f_y \lambda),$

$$(x_{\pm 1}', y_{\pm 1}') \approx (\pm F f_x \lambda, \pm F f_y \lambda).$$

以上几个公式是计算下列一组问题的根据.

(1) 如图(a)所示,其屏函数为

$$\tilde{t}(x,y) = \tilde{t}(y) = t_0 + t_1 \cos(2\pi f_y y + \varphi_0),$$

其空间频率为

$$f_x = 0, \quad f_y = f_0 = 300/\text{mm},$$

其三个 $\mathscr{F}$ 衍射斑均呈现于 y' 轴上,相应的线坐标为

$$y_0' = 0, \quad y_{\pm 1}' = \pm\, 200\,\text{mm} \times 300/\text{mm} \times 0.6\,\mu\text{m} \approx \pm\, 36\,\text{mm}.$$

(2) 如图(b)所示,此时 $\alpha = +45°$,故其屏函数应当表示为

$$\tilde{t}(x,y) = t_0 + t_1 \cos(2\pi f_x x + 2\pi f_y y + \varphi_0),$$

其中,空间频率 (f_x, f_y) 分别为,

$$f_x = f_0 \sin 45° = \frac{300}{\text{mm}} \times \frac{1}{\sqrt{2}} \approx 212/\text{mm},$$

$$f_y = - f_0 \cos 45° \approx - 212/\text{mm}.$$

相应的±1级衍射斑的线坐标分别为

±1级斑：$x'_{+1} = F f_x \lambda = 200 \text{ mm} \times 212/\text{mm} \times 0.6 \ \mu\text{m} \approx 25.5 \text{ mm}$,

$$y'_{+1} = F f_y \lambda \approx -25.5 \text{ mm};$$

−1级斑：$x'_{-1} = -F f_x \lambda \approx -25.5 \text{ mm}$,

$$y'_{-1} = -F f_y \lambda \approx +25.5 \text{ mm}.$$

零级斑总是位于坐标原点$(0,0)$.

（3）如图(c)所示，此时$\alpha = 150°$,故其屏函数应当表示为

$$\tilde{t}(x,y) = t_0 + t_1 \cos(2\pi f_x x + 2\pi f_y y + \varphi_0),$$

其中,空间频率(f_x, f_y)分别为

$$f_x = f_0 \sin 150° = \frac{300}{\text{mm}} \times \frac{1}{2} = 150/\text{mm},$$

$$f_y = - f_0 \cos 150° \approx 260/\text{mm}.$$

相应的±1级衍射斑的线坐标分别为

+1级斑：$x'_{+1} = F f_x \lambda = 200 \text{ mm} \times 150/\text{mm} \times 0.6 \ \mu\text{m} \approx 18 \text{ mm}$,

$$y'_{+1} = F f_y \lambda = 200 \text{ mm} \times 260/\text{mm} \times 0.6 \ \mu\text{m} \approx 31 \text{ mm};$$

−1级斑：$x'_{-1} = -F f_x \lambda \approx -18 \text{ mm}$,

$$y'_{+1} = -F f_y \lambda \approx -31 \text{ mm}.$$

零级斑总是存在的,且位于坐标原点$(0,0)$.

以上关于余弦光栅的三种取向所出现的 $\mathscr{F}$ 衍射斑,分别显示于图(a),(b)和(c).那里,我们将物平面(xy)与 $\mathscr{F}$ 衍射场面$(x'y')$两者叠画一起,这不仅是要节约版面,也有利于对比和联系——余弦光栅所产生的三个 $\mathscr{F}$ 衍射斑之连线总是与栅条取向正交的.图中未画出处于原点的零级衍射斑,那是为了保持余弦光栅图像的明净.

6.3　如图所示为两个颇为相似的相位型衍射屏.其中图(a)是在一块较大的玻璃板上有一透明小液滴,其半径为r_0,厚度近似均匀为h,液体折射率为n_0;图(b)是在一块玻璃板内部存在一个小气泡,其半径为r_0,厚度近似均匀为h.

（1）试给出(a)的屏函数$\tilde{t}_a(r)$,设入射光波长为λ.

（2）试给出(b)的屏函数$\tilde{t}_b(r)$.

（3）思考 $\tilde{t}_a(r),\tilde{t}_b(r)$ 与先前熟悉的圆孔或圆屏的屏函数有何联系和区别？

（4）若如实地考虑到液滴厚度的非均匀而使它更像一个小透镜,同样地那气泡也更像一个小透镜,则其屏函数 $\tilde{t}_a'(r),\tilde{t}_b'(r)$ 应该改写成什么样子？

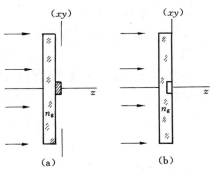

题 6.3 图

解　（1）注意到液滴折射率 n_0 与其周围空气折射率 1.0 之差为 (n_0-1),故入射光束经玻璃底板而到达 (xy) 平面时,其相位分布有了变化,相应地这相位型屏函数可以写成,

$$\tilde{t}_a(r)=\begin{cases} e^{ik(n_0-1)h}, & r<r_0; \\ 1, & r>r_0. \end{cases}$$

它可以被看作以下两个屏函数之和,

$$\tilde{t}_a(r)=\tilde{t}_1(r)+\tilde{t}_2(r),$$

$$\tilde{t}_1(r)=\begin{cases} 0, \\ 1, \end{cases} \quad \tilde{t}_2(r)=\begin{cases} e^{ik(n_0-1)h}, & r<r_0; \\ 0, & r>r_0. \end{cases}$$

显然可见,其中 $\tilde{t}_1(r)$ 相当于我们所熟悉的圆屏；$\tilde{t}_2(r)$ 相当于一个圆孔,但要注意这圆孔内的次波源含有非零相位 $\varphi_0=k(n_0-1)h$. 于是,当入射光投射于这个附着小液滴的透明板时,其衍射场就是圆屏衍射场与含 φ_0 的圆孔衍射场的相干叠加场.

（2）同理,含有小气泡的透明板,其屏函数可以被写成,

$$\tilde{t}_b(r)=\begin{cases} e^{-ik(n_g-1)h} \\ 1 \end{cases}=\begin{cases} 0 \\ 1 \end{cases}+\begin{cases} e^{-ik(n_g-1)h}, & r<r_0; \\ 0, & r>r_0. \end{cases}$$

右端第一项代表圆屏,第二项代表含非零相位 $\varphi_0 = -k(n_g-1)h$ 的圆孔.

(3) 以上我们已经将那两种原始的屏函数 $\tilde{t}_a$ 和 $\tilde{t}_b$,均作恰当的分解,以便同熟悉的圆孔、圆屏联系起来,从而有利于人们分析其衍射场.当然,那种分解方式不是惟一的.比如对情形(a)的屏函数,还可以作如下分解(用 Δn 表示 (n_0-1)),

$$\tilde{t}_a(r) = \begin{cases} e^{ik\Delta nh} \\ 1 \end{cases} = \begin{cases} 1 \\ 1 \end{cases} + \begin{cases} (e^{ik\Delta nh}-1), & r < r_0; \\ 0, & r > r_0. \end{cases}$$

右端第一项代表一均匀平板,它将不会导致衍射;第二项代表一圆孔,它含有一个相幅因子 $(e^{ik\Delta nh}-1)$. 于是,这 $\tilde{t}_a$ 导致的衍射场 $\tilde{U}_a$ 就等于那单纯圆孔的衍射场 $\tilde{U}_0$ 再乘以这相幅因子,即

$$\tilde{U}(x',y') = (e^{ik\Delta nh}-1) \cdot \tilde{U}_0(x',y'),$$

无论近场或远场,这关系总是成立的.

(4) 倘若将小液滴或小气泡更实际地看作一小透镜,那就应该用透镜的屏函数 $\tilde{t}_L$ 替代 $\tilde{t}_a$ 中的 $e^{ik\Delta nh}$,或替代 $\tilde{t}_b$ 中的 $e^{-ik\Delta nh}$,即

$$\tilde{t}'_a(r) = \begin{cases} e^{-ikr^2/2F_1} \\ 1 \end{cases} = \begin{cases} 1 \\ 1 \end{cases} + \begin{cases} (e^{-ikr^2/2F_1}-1), & r < r_0; \\ 0, & r > r_0. \end{cases}$$

$$\tilde{t}'_b(r) = \begin{cases} e^{-ikr^2/2F_2} \\ 1 \end{cases} = \begin{cases} 1 \\ 1 \end{cases} + \begin{cases} (e^{-ikr^2/2F_2}-1), & r < r_0; \\ 0, & r > r_0. \end{cases}$$

其中,F 为液滴小透镜之焦距,一般 $F_1 > 0$,呈会聚性;F_2 为气泡小透镜之焦距,一般 $F_2 < 0$,呈发散性.

在光学技术中存在许多透明光学元件,比如透镜、棱镜和平晶等,若其材质内部含有小气泡,这是不能被忽视的,因为它将导致光的衍射或散射.大气中含有大量的小水滴和小冰晶,它们对阳光的衍射或散射,是大气光学现象中的一个重要角色.这些正是所拟本题的实际背景.

6.4 如图所示,一余弦光栅 G 覆盖在一记录胶片 H 之上,用一束平行光照射,然后对曝光了的胶片进行线性洗印.试问如此获得的

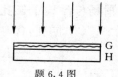

题 6.4 图

这块新光栅 H 是否为一张单频余弦光栅? 其复振幅透过率即屏函数包含有几个空间频率? 设 G 的复振幅透过率函数为 $\hat{t}_G(x,y)=t_0+t_1\cos(2\pi f_1 x+\varphi_0)$.

解　设入射光振幅为 A_0,则通过余弦光栅 G 而投射于记录胶片 H 的光场为

$$\tilde{U}_1(x,y)=A_0\tilde{t}_G=A_0(t_0+t_1\cos(2\pi f_1 x+\varphi_0)).$$

注意到记录介质直接感受的是光强,那么,落实到 H 面上的光强分布为

$$I_H(x,y)=I_0|\tilde{t}_G|^2\quad(I_0=A_0^2),$$

这张被曝光了的 H 片,经线性洗印以后,其复振幅透过率函数为

$$\begin{aligned}\tilde{t}_H(x,y)\propto I_H(x,y)&=I_0|\tilde{t}_G|^2\\&=I_0(t_0+t_1\cos(2\pi f_1 x+\varphi_0))^2\\&=I_0 t_0^2\Big[1+2\frac{t_1}{t_0}\cos(2\pi f_1 x+\varphi_0)\\&\quad+\frac{1}{2}\Big(\frac{t_1}{t_0}\Big)^2(1+\cos(4\pi f_1 x+2\varphi_0))\Big].\end{aligned}$$

可见,这样复制成的 H 片是一张复合余弦光栅,它包含两种空间频率成分 f_1 和 f_2, $f_2=2f_1$. 这一情况,与振幅型黑白光栅其透过率函数为 $(1/0/1/0/\cdots)$ 的不同,黑白光栅是可以按题图方式来复制的.

6.5　一余弦光栅的屏函数为

$$\tilde{t}(x,y)=t_0+t_1\cos 2\pi fx,$$

现将它沿 x 方向平移 $\Delta x=d/6, d/4, d/2, 3d/4$,这里 $d=1/f$. 试写出平移后这光栅的屏函数表达式.

　　提示:新的屏函数只是添加一个相移量 δ,而写成 $\tilde{t}'(x,y)=t_0+t_1\cos(2\pi fx+\delta)$.

　　解　简谐函数图像的位移 Δx,将引起其表达式中那相角因子 $\varphi(x)$ 的一个改变量 δ,

$$\begin{aligned}\tilde{t}'(x,y)=\tilde{t}(x-\Delta x)&=t_0+t_1\cos(2\pi f(x-\Delta x))\\&=t_0+t_1\cos(2\pi fx-2\pi f\Delta x)\\&=t_0+t_1\cos(2\pi fx+\delta),\end{aligned}$$

可见,相移量 δ 与位移量 Δx 之定量关系为

$$\delta = - 2\pi f \cdot \Delta x = - \frac{2\pi}{d} \cdot \Delta x. \tag{1}$$

据此,

当 $\Delta x = \dfrac{d}{6}$, 则 $\delta = -\dfrac{\pi}{3}$, $\tilde{t}'(x,y) = t_0 + t_1 \cos\left(2\pi fx - \dfrac{\pi}{3}\right)$,

当 $\Delta x = \dfrac{d}{4}$, 则 $\delta = -\dfrac{\pi}{2}$, $\tilde{t}'(x,y) = t_0 + t_1 \cos\left(2\pi fx - \dfrac{\pi}{2}\right)$,

当 $\Delta x = \dfrac{d}{2}$, 则 $\delta = \pm\pi$, $\tilde{t}'(x,y) = t_0 + t_1 \cos(2\pi fx \pm \pi)$,

当 $\Delta x = \dfrac{3d}{4}$, 则 $\delta = \dfrac{\pi}{2}$, $\tilde{t}'(x,y) = t_0 + t_1 \cos\left(2\pi fx + \dfrac{\pi}{2}\right)$.

如果物信息含有若干个频率成分 f_1, f_2, f_3,对于图像的一位移量 Δx,则相应的相移量是不同的,

$$\delta_1 = - 2\pi f_1 \cdot \Delta x, \quad \delta_2 = - 2\pi f_2 \cdot \Delta x, \quad \delta_3 = - 2\pi f_3 \cdot \Delta x.$$

这一概念在光学信息处理中是有用的.

6.6 一余弦光栅的屏函数为 $\tilde{t}(x,y) = t_0 + t_1 \cos(2\pi f_x x + 2\pi f_y y)$,现将它沿斜方向平移 $\Delta \boldsymbol{r}(\Delta x, \Delta y)$,试写出平移后这光栅的屏函数表达式.

解 可直接对上题(1)式作推广,即,当余弦光栅平移 $(\Delta x, \Delta y)$,则相应的函数表达式中之相移量为

$$\delta = - 2\pi(f_x \cdot \Delta x + f_y \cdot \Delta y),$$

于是,位移后的这光栅的屏函数被表达为

$$\tilde{t}'(x,y) = t_0 + t_1 \cos(2\pi f_x x + 2\pi f_y y + \delta).$$

　　　　　　　※　　　　　　　※　　　　　　　※

6.7 凭借一平面波和一球面波的干涉,并经线性冲洗,便可获得一全息透镜(参见习题 2.13).全息透镜的屏函数具有轴对称性,

$$\tilde{t}(r) = t_0 + t_1 \cos\left(k_0 \frac{r^2}{2a}\right), \quad r^2 = x^2 + y^2,$$

其中,$t_0, t_1; k_0, a$ 均为特定的常数.现有一轴外点源 Q 发射一傍轴球面波而照射这张全息透镜,如图所示,设其波数为 k_0.

(1)试用波前函数的相因子分析法,给出透射场的主要特征——聚散性,像点 Q' 的纵距 s' 和横距 x'.设物点 Q 的纵距为 s,横距

为 x_0.

(2) 导出横向线放大率 $V \equiv x'/x_0$ 公式.

(3) 若用一平面波正入射于这张全息透镜,结果如何?

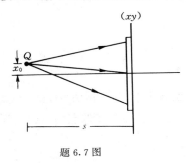

题 6.7 图

解 (1) 这环状余弦光栅的屏函数可以被分解为三项,

$$\tilde{t}(r) = t_0 + \frac{t_1}{2}e^{ik_0\frac{r^2}{2a}} + \frac{t_1}{2}e^{-ik_0\frac{r^2}{2a}} = t_0 + \tilde{t}_D(r) + \tilde{t}_C(r), \quad (1)$$

凭借我们倡导的关于光学元件的相因子分析方法,可以断定这里的第二项 $\tilde{t}_D$ 具有发散透镜的功能,第三项 $\tilde{t}_C$ 具有会聚透镜的功能. 故,傍轴点源 Q 所发射的傍轴球面波 $\tilde{U}_1$,经历这全息透镜的作用,将产生三列球面波,这可通过对透射波前函数 $\tilde{U}_2$ 的分析而确证:

$$\tilde{U}_2(x,y) = \tilde{t}(r) \cdot \tilde{U}_1(x,y)$$

$$= (t_0 + \tilde{t}_D(r) + \tilde{t}_C(r)) \cdot A_1 e^{ik_0\frac{(x-x_0)+y^2}{2s}}$$

$$= \tilde{U}_0(x,y) + \tilde{U}_{+1}(x,y) + \tilde{U}_{-1}(x,y).$$

(a) 0 级波. 其波前函数为

$$\tilde{U}_0(x,y) = t_0 A_1 e^{ik_0\frac{(x-x_0)^2+y^2}{2s}},$$

它是入射波的直接透射波,仅是其振幅系数减少为 $t_0 A_1$.

(b) +1 级波. 其波前函数为

$$\tilde{U}_{+1}(x,y) = \tilde{t}_D \cdot \tilde{U}_1 = \frac{1}{2}t_1 A_1 e^{ik_0\frac{x^2+y^2}{2a}} \cdot e^{ik_0\frac{(x-x_0)^2+y^2}{2s}}.$$

下面将此波前函数改写为标准化形式,为此引入距离量 s',令其满足,

$$\frac{1}{s'} = \frac{1}{a} + \frac{1}{s}, \tag{2}$$

于是,

$$\widetilde{U}_{+1}(x,y) = \frac{1}{2}t_1 A_1 e^{ik_0\left(\frac{x^2+y^2}{2s'} - \frac{s'}{s}\frac{x_0 x}{s'}\right)} \cdot e^{ik_0\frac{x_0^2}{2s}}, \tag{3}$$

凭借我们倡导的波前相因子分析方法,这(3)式表达的 $\widetilde{U}_{+1}$ 波,是一列发散球面波,其发散中心即虚像点 Q_{+1} 的坐标为

$$x_{+1} = \frac{s'}{s}x_0, \quad y_{+1} = 0, \quad z_{+1} = s' \quad (左侧). \tag{4}$$

(c) -1 级波. 其波前函数为

$$\widetilde{U}_{-1}(x,y) = \tilde{t}_c \cdot \widetilde{U}_1 = \frac{1}{2}t_1 A_1 e^{-ik_0\frac{x^2+y^2}{2a}} \cdot e^{ik_0\frac{(x-x_0)^2+y^2}{2s}},$$

同样地为了便于运用波前相因子分析方法,应将其改写为标准化形式,为此引入另一个距离量 s'',令其满足,

$$\frac{1}{s''} = \frac{1}{a} - \frac{1}{s}, \tag{5}$$

于是,

$$\widetilde{U}_{-1}(x,y) = \frac{1}{2}t_1 A_1 e^{-ik_0\left(\frac{x^2+y^2}{2s''} - \frac{\left(-\frac{s''}{s}x_0\right)x}{s''}\right)} \cdot e^{ik_0\frac{x_0^2}{2s}}, \tag{6}$$

可见它代表一列会聚球面波,其会聚中心即实像点 Q_{-1} 的坐标为

$$x_{-1} = -\frac{s''}{s}x_0, \quad y_{-1} = 0, \quad z_{-1} = s'' \quad (右侧). \tag{7}$$

这里,值得注意的是,由(5)式给出的像距 s'' 并非一定为正值,

当 $s > a$,即物点 Q 在 $\tilde{t}_c$ 前焦点之外,则 $s'' > 0$,实像;

当 $s < a$,即物点 Q 在 $\tilde{t}_c$ 前焦点之内,则 $s'' < 0$,虚像.

当然,不论是哪种情况,以上给出的(5)、(6)、(7)式均是正确的.

(2) 由式(4)获知 Q_{+1} 像的横向放大率为

$$V_{+1} \equiv \frac{x_{+1}}{x_0} = \frac{s'}{s}, \tag{8}$$

由式(7)获知 Q_{-1} 像的横向放大率为

$$V_{-1} \equiv \frac{x_{-1}}{x_0} = -\frac{s''}{s}.$$

这些结果以及物像距公式(2)和(5),均与几何光学中薄透镜的相应公式一致.这里的特点是用干涉法制备成一个全息透镜;全息透镜同时具有发散功能和会聚功能;运用纯粹波前光学的相位因子分析方法而得到一切关于成像的公式.

(3)若用一束平行光照射于这张全息透镜,则透射波前中所含的三种成分 $\tilde{U}_0,\tilde{U}_{+1}$ 和 $\tilde{U}_{-1}$ 就显得较为简单.

$$\begin{cases} \tilde{U}_0(x,y)=t_0 A_1, & \text{代表入射波照直前进的直接透射波;} \\[2mm] \tilde{U}_{+1}(x,y)=\frac{1}{2}t_1 A_1 e^{ik\frac{r^2}{0\,2a}}, & \text{代表发散于轴上 } a \text{ 处的球面波;} \\[2mm] \tilde{U}_{-1}(x,y)=\frac{1}{2}t_1 A_1 e^{-ik\frac{r^2}{0\,2a}}, & \text{代表会聚于轴上 } a \text{ 处的球面波.} \end{cases}$$

一个全息透镜同时具有"聚散性",从成像角度去评价,这个特点并非是个优点,或者更积极的提法是,人们如何同时利用全息透镜的发散性和会聚性.

6.8 如图,一波长为 λ 的平行光束斜入射于一余弦光栅,

$$\tilde{t}(x,y)=t_0+t_1\cos 2\pi f x,$$

试用波前相因子分析法讨论其透射场的主要特征.证明其 ±1 级平面衍射波的方位角 $\theta_{\pm1}$ 由下式给出,

$$\sin\theta_{+1}=\sin\theta_0+f\lambda,$$
$$\sin\theta_{-1}=\sin\theta_0-f\lambda.$$

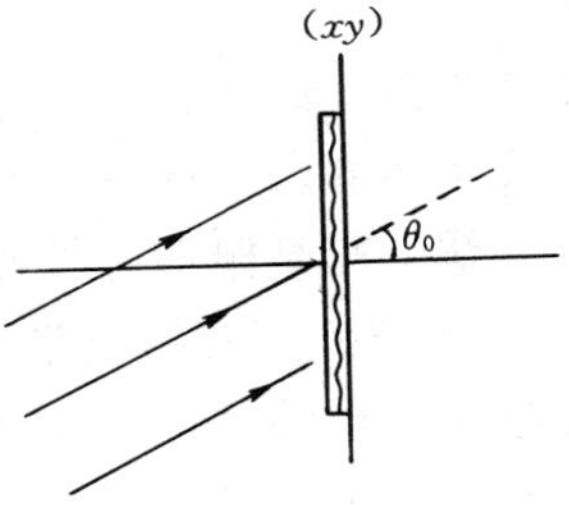

题 6.8 图

解 首先写出这斜入射光束之波前函数,

$$\tilde{U}_1(x,y)=A_1 e^{ik\sin\theta_0\cdot x},$$

于是,经此余弦光栅的透射波前函数为

$$\tilde{U}_2(x,y)=\tilde{t}\cdot\tilde{U}_1=(t_0+t_1\cos 2\pi f x)A_1 e^{ik\sin\theta_0\cdot x}$$

$$= t_0 A_1 \mathrm{e}^{\mathrm{i}k\sin\theta_0 \cdot x} + \frac{1}{2} t_1 A_1 \mathrm{e}^{\mathrm{i}(2\pi f + k\sin\theta_0)\cdot x}$$

$$+ \frac{1}{2} t_1 A_1 \mathrm{e}^{-\mathrm{i}(2\pi f - k\sin\theta_0)\cdot x}$$

$$= \tilde{U}_0 + \tilde{U}_{+1} + \tilde{U}_{-1},$$

其中，0 级波，

$$\tilde{U}_0(x,y) = t_0 A_1 \mathrm{e}^{\mathrm{i}k\sin\theta_0 \cdot x}, \qquad 代表这斜入射平面波的直接透射波；$$

+1 级衍射波，

$$\tilde{U}_{+1}(x,y) = \frac{1}{2} t_1 A_1 \mathrm{e}^{\mathrm{i}k(f\lambda + \sin\theta_0)\cdot x} = \frac{1}{2} t_1 A_1 \mathrm{e}^{\mathrm{i}k\sin\theta_{+1}\cdot x},$$

$$\sin\theta_{+1} = \sin\theta_0 + f\lambda, \qquad 代表倾角为 \theta_{+1} 的平面衍射波；$$

−1 级衍射波，

$$\tilde{U}_{-1}(x,y) = \frac{1}{2} t_1 A_1 \mathrm{e}^{\mathrm{i}k(\sin\theta_0 - f\lambda)\cdot x} = \frac{1}{2} t_1 A_1 \mathrm{e}^{\mathrm{i}k\sin\theta_{-1}\cdot x},$$

$$\sin\theta_{-1} = \sin\theta_0 - f\lambda, \qquad 代表倾角为 \theta_{-1} 的平面衍射波.$$

6.9 一光栅的屏函数为

$$\tilde{t}(x,y) = t_0 + t_1 \cos 2\pi f x + t_1 \cos\left(2\pi f x + \frac{\pi}{4}\right),$$

当波长为 λ 的平行光正入射于这光栅时,其夫琅禾费衍射场中将出现几个衍射斑? 各衍射斑中心强度与 0 级斑中心之比值为多少?

解 此光栅也可以被看作一复合光栅,虽然两者的频率相同,均为 f,但彼此间有相位差 $\delta = \pi/4$,这相当于后者第三项相对于前者第二项有一位移 $\Delta x = -d/8$. 故,当一束平行光入射于这光栅,其后场依然是三列平面衍射波,只不过其中+1 级平面波中含有两种成分,其相位差为 $\pi/4$；−1 级平面波中也是这样. 于是,±1 级衍射波的方向角依然为

$$\sin\theta_{\pm 1} = \pm f\lambda,$$

其振幅系数为

$$A_{\pm 1} = \frac{1}{2} t_1 A_1 \cdot |1 + \mathrm{e}^{\mathrm{i}\pi/4}| = \frac{1}{2} t_1 A_1 \cdot \sqrt{2 + 2\cos\frac{\pi}{4}},$$

故,这±1 级衍射斑中心强度与 0 级斑中心强度之比值为

$$\frac{I_{\pm1}}{I_0}=\frac{A_{\pm1}^2}{A_0^2}=\frac{\left(\dfrac{1}{2}t_1A_1\right)^2}{(t_0A_1)^2}\cdot 2\left(1+\cos\frac{\pi}{4}\right)$$

$$=\frac{1}{2}\left(1+\cos\frac{\pi}{4}\right)\cdot\left(\frac{t_1}{t_0}\right)^2\approx0.85\left(\frac{t_1}{t_0}\right)^2.$$

6.10　如图(a)所示,一会聚球面波照射一余弦光栅,其屏函数为 $\tilde{t}(x,y)=t_0+t_1\cos(2\pi fx)$,试用波前相因子分析法给出傍轴条件下其衍射场的主要特征——有几个衍射斑及其位置坐标 (x,y,z).

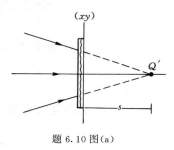

题 6.10 图(a)

解　先写出这入射的会聚球面波前函数,

$$\tilde{U}_1(x,y)\approx A_1\mathrm{e}^{-\mathrm{i}k\frac{x^2+y^2}{2s}},$$

经屏函数 $\tilde{t}$ 的作用,其透射波前函数为

$$\tilde{U}_2(x,y)=\tilde{t}\cdot\tilde{U}_1=(t_0+t_1\cos2\pi fx)\cdot A_1\mathrm{e}^{-\mathrm{i}k\frac{x^2+y^2}{2s}}$$

$$=t_0A_1\mathrm{e}^{-\mathrm{i}k\frac{x^2+y^2}{2s}}+\frac{1}{2}t_1A_1\mathrm{e}^{-\mathrm{i}k\frac{x^2+y^2}{2s}}\mathrm{e}^{\mathrm{i}2\pi fx}$$

$$+\frac{1}{2}t_1A_1\mathrm{e}^{-\mathrm{i}k\frac{x^2+y^2}{2s}}\mathrm{e}^{-\mathrm{i}2\pi fx}$$

$$=\tilde{U}_0+\tilde{U}_{+1}+\tilde{U}_{-1}.$$

我们运用波前相因子分析方法,可对以上三列衍射波的类型和特征作出明确判断如下.

(a) 0 级波,其波前函数为

$$\widetilde{U}_0(x,y) \approx t_0 A_1 e^{-ik\frac{x^2+y^2}{2s}},$$

它表示一束会聚于 Q' 点的傍轴球面波,即其坐标为 $(0,0,s)$. 与入射光束相比较,其振幅系数减为 $(t_0 A_1)$,因为 $t_0 < 1$.

(b) $+1$ 级波,其波前函数为

$$\widetilde{U}_{+1}(x,y) \approx \frac{1}{2} t_1 A_1 e^{-ik\frac{x^2+y^2}{2s}} e^{i2\pi fx}$$

$$= \frac{1}{2} t_1 A_1 e^{-ik\left(\frac{x^2+y^2}{2s} - \frac{(f\lambda s)x}{s}\right)},$$

它表示一束会聚于轴外 Q_{+1} 点的傍轴球面波,其纵距依然为 s,横距 $x_{+1} = f\lambda s$, $y_{+1} = 0$,即

$$Q_{+1}(f\lambda s, 0, s).$$

(c) -1 级波,其波前函数经标准化改写后成为

$$\widetilde{U}_{-1}(x,y) \approx \frac{1}{2} t_1 A_1 e^{-ik\left(\frac{x^2+y^2}{2s} - \frac{(-f\lambda s)x}{s}\right)},$$

它表示一束会聚于轴外 Q_{-1} 点的傍轴球面波,其坐标位置为

$$Q_{-1}(-f\lambda s, 0, s).$$

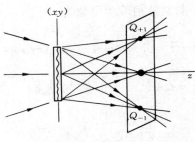

题 6.10 图(b)

以上结果显示于图(b). 如果我们追溯那入射会聚波的来源,则不难想到它是一点光源 Q 发射的发散球面波,经一透镜变换为这里的会聚于 Q' 点的球面波,故 Q' 点是物点 Q 的像点. 以上产生的三个衍射斑均出现于像面上. 这里的场景与平行光正入射于这余弦光栅时的场景是一样的. 其区别仅在于,后者产生的三个衍射斑出现于聚

焦透镜的后焦面 $\mathscr{F}'$ 上,而这里是出现于 Q' 像面上. 由此可见,本题是对"像面衍射系夫琅禾费衍射"这一普遍概念的一个鲜明的例证. 倘若接收平面偏离这像面向左或向右,则观测到的均系菲涅耳衍射,目前它是三列球面衍射波的相干叠加场.

6.11 有两张余弦光栅 G_1 和 G_2 叠合一起,其屏函数分别为

$$\tilde{t}_1(x,y) = 0.5 + 0.4\cos 2\pi f_1 x, \quad f_1 = 100/\text{mm};$$

$$\tilde{t}_2(x,y) = 0.5 + 0.4\cos 2\pi f_2 x, \quad f_2 = 300/\text{mm}.$$

(1) 试给出这组合光栅的屏函数 $\tilde{t}(x,y)$.

(2) 现用波长为 $630\,\text{nm}$ 的平行光束正入射于这组合光栅,试问在接收透镜后焦面 $\mathscr{F}'$ 上出现几个衍射斑,以及它们的位置坐标 (x',y'),要求将结果描在坐标纸上. 设透镜焦距为 $150\,\text{mm}$.

解 (1) 两张屏的相叠其组合屏函数等于那两个屏函数之乘积,即

$$\tilde{t}(x,y) = \tilde{t}_1 \cdot \tilde{t}_2 = (t_0 + t_1\cos 2\pi f_1 x) \cdot (t_0 + t_1\cos 2\pi f_2 x).$$

(2) 这乘积展开为 5 项(参考原书 6.4 节),其中除常数项外,其余 4 项均为一特定频率的余弦光栅,其每一个均衍射出一对平面衍射波,落实到 $\mathscr{F}'$ 面上为一对衍射斑. 故这张组合屏共产生

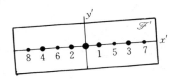

题 6.11 图

9 个衍射斑,排列在 x' 轴上如图所示,其坐标位置(mm)为:

零频项, 振幅系数 $t_0^2 \longrightarrow$ 衍射斑 $x_0 = 0$;

低频项 $f_1 = 100/\text{mm}$,

振幅系数 $t_1 t_0 \longrightarrow$ 衍射斑 $x'_{1,2} = \pm f_1\lambda F \approx 9.45$;

高频项 $f_2 = 300/\text{mm}$,

振幅系数 $t_1 t_0 \longrightarrow$ 衍射斑 $x'_{3,4} = \pm f_2\lambda F \approx 28.4$;

差频项 $(f_2 - f_1) = 200/\text{mm}$,

振幅系数 $\frac{1}{2}t_1^2 \longrightarrow$ 衍射斑 $x'_{5,6} = \pm(f_2 - f_1)\lambda F \approx 18.9$;

和频项 $(f_2 + f_1) = 400/\text{mm}$,

振幅系数 $\frac{1}{2}t_1^2 \longrightarrow$ 衍射斑 $x'_{7,8} = \pm(f_2 + f_1)\lambda F \approx 37.8$.

6.12 有两张余弦光栅 G_1 和 G_2 叠合在一起,其屏函数分别为

$$\tilde{t}_1(x,y) = 0.5 + 0.4\cos 2\pi f_1 x, \qquad f_1 = 100/mm;$$

$$\tilde{t}_2(x,y) = 0.5 + 0.4\cos 2\pi f_2 y, \qquad f_2 = 200/mm.$$

(1) 给出这组合光栅的屏函数 $\tilde{t}(x,y)$.

(2) 现用波长为 630 nm 的平行光束正入射于这组合光栅,试问在接收透镜后焦面 $\mathscr{F}'$ 上出现几个衍射斑,以及它们的位置坐标 (x',y'),要求将结果描在坐标纸上.设透镜焦距为 150 mm.

解 (1) 这组合光栅的屏函数为

$$\tilde{t}(x,y) = \tilde{t}_1 \cdot \tilde{t}_2 = (t_0 + t_1\cos 2\pi f_1 x) \cdot (t_0 + t_1\cos 2\pi f_2 y)$$

$$= t_0^2 + t_1 t_0 \cos 2\pi f_1 x + t_1 t_0 \cos 2\pi f_2 y$$

$$+ \frac{1}{2}t_1^2 \cos 2\pi(f_1 x - f_2 y) + \frac{1}{2}t_1^2 \cos 2\pi(f_1 x + f_2 y).$$

(2) 因此,这组合光栅所产生的衍射场包含有 9 列平面衍射波,落实到 $\mathscr{F}'$ 面上有 9 个衍射斑,其坐标 (x',y') 与空频 (f_x,f_y) 的对应关系为

$$(x',y') = \pm(f_x\lambda F, f_y\lambda F),$$

据此,算出这 9 个衍射斑的坐标(以 mm 为单位)如下:

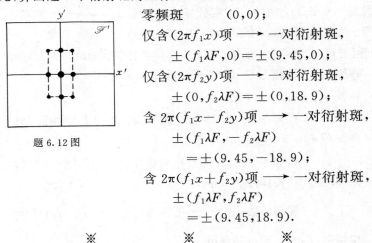

题 6.12 图

零频斑 $(0,0)$;

仅含 $(2\pi f_1 x)$ 项 —— 一对衍射斑,
$$\pm(f_1\lambda F, 0) = \pm(9.45, 0);$$

仅含 $(2\pi f_2 y)$ 项 —— 一对衍射斑,
$$\pm(0, f_2\lambda F) = \pm(0, 18.9);$$

含 $2\pi(f_1 x - f_2 y)$ 项 —— 一对衍射斑,
$$\pm(f_1\lambda F, -f_2\lambda F)$$
$$= \pm(9.45, -18.9);$$

含 $2\pi(f_1 x + f_2 y)$ 项 —— 一对衍射斑,
$$\pm(f_1\lambda F, f_2\lambda F)$$
$$= \pm(9.45, 18.9).$$

※   ※   ※

6.13 讨论相干成像镜头的截止频率 f_M. 如图所示,由于物镜孔径 D 有限,使得物结构中一定高频成分所产生的衍射波无法进入

镜头而丢失. 截止频率 f_M 定义为物结构中可以使其衍射波进入镜头的最高空间频率.

(1) 试证明截止频率由下式给出

$$f_M \approx \frac{D - \Delta x}{2F\lambda}.$$

这里, D 和 F 分别为镜头的孔径和焦距, Δx 为物的尺寸.

(2) 设镜头相对孔径 $D/F = 1/2$, 焦距 $F \approx 200\,\text{mm}$, $\Delta x \approx 40\,\text{mm}$, $\lambda \approx 630\,\text{nm}$, 问此情形下截止频率为多少?

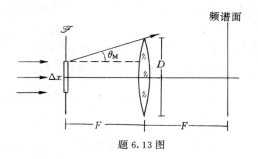

题 6.13 图

讨论 (1) 在衍射的平面波理论中, 余弦光栅被选择为物结构的基元成分, 其产生的一对受限平面衍射波之主倾角 $\theta_{\pm 1}$ 由下式决定[①],

$$\sin \theta_{\pm 1} = \pm f\lambda, \tag{1}$$

即, 高频对应大倾角, 低频对应小倾角, 故有限孔径的实际透镜是一个低通滤波器, 其所能接收的受限平面波的最大主倾角 θ_M 由下式给出(参见题图),

$$\tan \theta_M = \frac{(D - \Delta x)/2}{F}, \tag{2}$$

这规定是过于严厉的, 因为大于 θ_M 的那些平面衍射波也多少能部分地进入透镜.

令 $\theta_{+1} \approx \theta_M$, 且取小角近似 $\sin \theta_1 \approx \tan \theta_1$, 联立方程(1)和(2), 便

---

① 受限平面波是指其截面受到物尺寸 Δx 的限制, 因而它有一定的衍射发散角, 亦可称"受限平面波"为"准平面波", 这里给出的 $\theta_{\pm 1}$ 正是这一对准平面波的主极强方向.

可导出这透镜作为频谱分析器,它所能接收的物结构信息的最高频率(截止频率)为

$$f_M \approx \frac{(D - \Delta x)}{2F\lambda}. \tag{3}$$

当然,这是针对物平面置于透镜前焦面 $\mathscr{F}$ 的情形,此时在后焦面 $\mathscr{F}'$ 上便可准确地获得物结构的空间频谱. 倘若只是要求获得夫琅禾费衍射的强度分布(功率谱),那物平面越靠近透镜则能接收的截止频率就越高. 式(3)表明,口径越大、焦距越短之傅里叶透镜其截止频率值越高. 关于物尺寸 Δx 值的选择,则与该系统的通频道数 N 有关,对此在下题 6.14 给予讨论.

(2) 令透镜孔径 $D = F/2 = 200\,\text{mm}/2 = 100\,\text{mm}$,$\Delta x = 40\,\text{mm}$,$\lambda = 630\,\text{nm} = 6.3 \times 10^{-4}\,\text{mm}$,得其截止频率为

$$f_M \approx \frac{(100 - 40)}{2 \times 200 \times 6.3 \times 10^{-4}\,\text{mm}} \approx 240/\text{mm}.$$

这值属中频段.

6.14 讨论相干成像镜头的通频道数 N,参见 6.13 题图.

(1) 即使物结构为一单频信息即一个余弦光栅,由于物尺寸 Δx 的限制,使其衍射波有一定的发散角 $\delta\theta$,这反映到频谱面上就占有一定的频宽 δf,它被称为单频线宽. 试证明,

$$\delta f = \frac{1}{\Delta x}.$$

(2) 镜头的截止频率 f_M 实际上给出了从零频到截止频率的镜头的通频带宽度 Δf,即 $\Delta f = f_M$. 从信息科学的眼光看,相干成像镜头的信息容量或通频道数 N 是受限的,

$$N \equiv \frac{\Delta f}{\delta f} = \Delta x \cdot \Delta f,$$

故亦称 N 为空间带宽积. 在镜头 D 和 F 给定的条件下,为使 N 取最大值,则待分析的物尺寸 Δx 要适中. 试证明,当 $\Delta x = D/2$ 时,通频道数 N 达到最大 N_M,且

$$N_M = \frac{F}{8\lambda}\left(\frac{D}{F}\right)^2, \quad \text{当 } \Delta x = \frac{D}{2} \text{ 时}.$$

(3) 设一傅里叶透镜的相对孔径 $D/F = 1/2$,焦距 $F = 200\,\text{mm}$,

波长 λ 为 633 nm,试给出其通频道数的最大值.

讨论 (1) 通频道数之概念存在于一切信息传输系统中. 比如,对于无线电广播系统,那中频波段在我国设定为 535~1605 kHz,而每个广播电台发射其中一特定频率的载波信号,例如北京 1 台发射 720 kHz. 那么,这是否意味着在中波段 Δf 范围内可容纳无数个电台呢?非也. 虽然每个电台发射的载波频率标称是单频的,其实它有一个频带宽度 δf. 比如,对于广播电台来说,它发射的载波是经声频信号调制的调幅波,其频谱是以载频 f_0 为中心且左、右有一宽度约 ± 10 kHz,即其频宽 $\delta f \approx 20$ kHz. 于是,在广播中波段 Δf 范围内可容纳的电台数 N 为

$$N \approx \frac{\Delta f}{\delta f} = \frac{(1605 - 535)\,\text{kHz}}{20\,\text{kHz}} \approx 54.$$

倘若全国广播电台所发射的载波的个数多于这 N 值,则势必造成"串台"现象,一定程度地影响了受众的收听效果. 当然,以上考量仅是一个估算,若选取 $\delta f \approx 10$ kHz,则 $N' \approx 100$. 但至少表明,各电台所发射的载频不能接近,必须保持一定的间隔 δf.

现在回到本题所要论述的空间信息传输系统. 设物结构为一单频 f 信息,由于其尺寸 Δx 值有限,故准确地说,它是一个准单频信息,其衍射发散角为

$$\Delta \theta \approx \frac{\lambda}{\Delta x}; \tag{1}$$

另一方面,我们知道后焦面上的角方位 θ 对应物平面上的一空间频率 f,$\sin \theta = f\lambda$,即

$$\cos \theta \cdot \delta \theta = \lambda \cdot \delta f, \quad \text{有} \quad \delta \theta = \frac{\lambda}{\cos \theta} \cdot \delta f \approx \lambda \cdot \delta f, \tag{2}$$

这表明后焦面上角间隔 $\delta \theta$ 与频宽 δf 对应. 联立(1)和(2),且令 $\delta \theta = \Delta \theta$,遂得

$$\delta f \approx \frac{1}{\Delta x}, \tag{3}$$

它表明一准单频 f 信息在频谱面上占有一频宽 δf,它反比于 Δx,即物尺寸 Δx 越大,则频宽 δf 越小.

(2) 题 6.13 已经给出透镜的截止频率 f_M 公式,它表明作为空

间频谱分析器的透镜,其可分析的空间信息的频率范围被限定为 $0 \sim f_M$,即其通频带宽度为

$$\Delta f = f_M,$$

而每个准单频信息又占有 δf 频宽,故这透镜的通频道数为

$$N \equiv \frac{\Delta f}{\delta f} = \Delta x \cdot \Delta f = \Delta x \cdot f_M. \tag{4}$$

它常被称作"空间带宽积",其中"空间"指称 Δx,"带宽"指称 Δf. 代入 6.13 题给出的 f_M 公式,上式表现为

$$N = \Delta x \cdot \frac{D - \Delta x}{2F\lambda},$$

由此可见,物尺寸 Δx 对 N 的影响是非单调的,其间存在一极大值 N_M,出现于 $\Delta x = D/2$ 条件,

$$N_M = \frac{F}{8\lambda}\left(\frac{D}{F}\right)^2, \quad \text{当} \quad \Delta x_0 = \frac{D}{2}. \tag{5}$$

(3) 据题意,令 $D/F = 1/2$, $F = 200 \, \text{mm}$, $\lambda = 633 \, \text{nm} = 6.33 \times 10^{-4} \, \text{mm}$,求出这傅里叶透镜的通频道数的最大值为

$$N_M = \frac{200}{8 \times 6.33 \times 10^{-4}} \times \left(\frac{1}{2}\right)^2 \approx 10^4,$$

相配的物尺寸应当选择为

$$\Delta x_0 = \frac{1}{2} \times 100 \, \text{mm} = 50 \, \text{mm}.$$

本题讨论这通频道数 N_M 的实际意义之一,是为频谱面上记录介质之空间分辨率的选择提供一个依据. 在 $\mathscr{F}'$ 面上 $\Delta x' = \Delta x_0/2$ 线度内,要容纳 N_M 个频道,则应使这记录介质的可分辨之最小限度为

$$\delta l_m \approx \frac{\Delta x'}{N_M} = \frac{\Delta x_0}{2N_M} = \frac{D}{4N_M} = \frac{100 \, \text{mm}}{4 \times 10^4} \approx 2.5 \, \mu\text{m},$$

即

$$\left(\frac{1}{\delta l_m}\right) \approx 400 \, \text{线} /\text{mm}.$$

     ※   ※   ※

6.15 以单缝为衍射屏,采取无透镜远场装置而直接观测其夫琅禾费衍射场,设缝宽约为 $10^2 \, \mu\text{m}$ 量级,光波长为 $633 \, \text{nm}$. 问:

(1) 接收屏幕距离单缝 z_f 至少需要多远?

（2）可允许的横向傍轴观测范围 ρ' 为多少？

（3）其零级衍射斑的半角宽度 $\Delta\theta_0$ 为多少？

（4）接收屏上其零级斑的线宽度 Δl_0 为多少？

解　（1）那远场距离 z_f 是对输入平面上物范围 (x,y) 而言的，设这缝宽为 a，则

$$z_f \gg \frac{a^2}{\lambda},$$

这里，我们选取"$\gg$"为 50 倍，即

$$z_f \approx 50 \times \frac{a^2}{\lambda} = 50 \times \frac{10^2\,\mu m}{0.633\,\mu m} \times 10^2\,\mu m \approx 80\,cm.$$

（2）此时，对观测范围 (x',y') 而言只要求其满足傍轴条件，即

$$\rho'^2 \ll z_f^2,$$

这里，我们选取"$\ll$"为 1/50 倍，于是

$$\rho' \approx \frac{1}{\sqrt{50}}z_f \approx \frac{1}{7} \times 80\,cm \approx 12\,cm.$$

（3）其零级衍射斑的半角宽度为

$$\Delta\theta_0 \approx \frac{\lambda}{a} = \frac{0.633\,\mu m}{10^2\,\mu m} \approx 6.3 \times 10^{-3}\,rad.$$

（4）相应的其零级斑的线宽度为

$$\Delta l_0 \approx z_f \cdot \Delta\theta_0 = 80\,cm \times (6.3 \times 10^{-3}) \approx 5.0\,mm.$$

6.16　以单缝为衍射屏，采取像面接收装置观测其夫琅禾费衍射场，设缝宽约为 250 μm，光波长为 633 nm；点光源距离镜头为 40 cm，其像平面距离为 80 cm.

（1）若单缝置于镜头后方即右侧，要求在像面横向 6 cm 范围内可以接收到夫琅禾费衍射场，问单缝距离像面 z 至少多远？

（2）若单缝紧贴透镜右侧，其零级衍射斑的线宽度 Δl_0 为多少？

（3）若单缝置于镜头前方即左侧，距离点光源为 20 cm，则其零级衍射斑的线宽度 $\Delta l_0'$ 为多少？

解　（1）如题图(a)所示，对于像面接收 $\mathscr{F}$ 场的装置，仅要求纵向距离 z 满足傍轴条件（参见原书 6.11 节），

$$z^2 \gg \rho^2,\ \rho'^2,$$

这里，ρ, ρ' 分别为衍射屏、接收面的横向范围. 据题意，令 $\rho' \approx 6\,cm$，得

$$z = \sqrt{50} \cdot \rho' \approx 7 \times 6\,cm = 42\,cm.$$

它表明若将衍射屏置于离像面 42 cm 处或以远，就能在像面横向 6 cm 范围内，接收到 $\mathscr{F}$ 场.

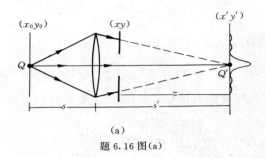

(a)

题 6.16 图(a)

（2）若将单缝贴近透镜，即 $z \approx 80\,cm$. 首先，算出这单缝 $\mathscr{F}$ 衍射零级斑的半角宽度为

$$\Delta\theta_0 \approx \frac{\lambda}{a} \approx \frac{0.633\,\mu m}{250\,\mu m} \approx 2.5 \times 10^{-3}\,rad;$$

于是，其相应的线宽度为

$$\Delta l_0 \approx z \cdot \Delta\theta_0 = 80\,cm \times 2.5 \times 10^{-3} \approx 2.0\,mm.$$

这里会有一个问题，如何计算这零级斑的线宽度更为实际，是上述的 Δl_0，还是 $2\Delta l_0$——衍射斑中心之两侧零点之间的线距离. 其实，考虑到任何接收器包括人眼均有一定的反应灵敏度，故以 $2 \cdot \Delta l_0$ 来计量是偏大了，况且那零点位置是难以确定的. 如此想来，以上述 Δl_0 来估算那零级斑的线度更接近实际，虽然它可能偏小些许.

（3）如图(b)所示，若将那单缝置放于透镜左侧，且距点源 Q 为 $z_0 \approx 20\,cm$，这时像面 $(x'y')$ 上接收的依然是 $\mathscr{F}$ 衍射场，只是衍射图样的尺寸有所缩放. 这时应用"衍射场互易定理"（参见原书 6.11 节），分析问题较为清晰直观. 首先，将点源 Q 易位到 Q' 点，求得此时呈现于物平面 $(x_0 y_0)$ 上单缝衍射零级斑之线宽度

$$\Delta l_0 = z_0 \cdot \Delta\theta_0 \approx 20\,cm \times 2.5 \times 10^{-3} = 0.5\,mm;$$

尔后，利用物像共轭关系，将这 Δl_0 反演到像平面 $(x'y')$ 上，这只要

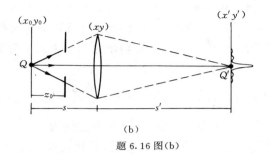

(b)

题 6.16 图(b)

乘以横向放大率 $V = s'/s$，便得像面上那线宽度为

$$\Delta l_0' = V \cdot \Delta l_0 = \frac{s'}{s} \cdot \Delta l_0 = \frac{80\,\text{cm}}{40\,\text{cm}} \times 0.5\,\text{mm} = 1.0\,\text{mm}.$$

6.17 在相干光学信息处理 $4F$ 系统中，试做以下空间滤波实验，设输入图片的透过率函数为

$$\tilde{t}_{\text{ob}}(x) = t_0 + t_1 \cos 2\pi f x,$$

且 $t_0 = 0.6$，$t_1 = 0.3$，$f = 400/\text{mm}$；傅里叶透镜的焦距 $F = 200\,\text{mm}$，照明光波长为 $633\,\text{nm}$.

(1) 若变换平面上不设置任何滤波器，试给出输出像面 $(x'y')$ 上的像场函数 $\tilde{U}_{\text{I}}(x', y')$ 及其光强分布 $I(x', y')$.

(2) 若用一张黑纸作为空间滤波器而遮挡住 0 级谱斑，试给出像场函数 $\tilde{U}_{\text{I}}(x', y')$ 及其光强分布 $I(x', y')$，并给出相应的空间频率数值.

(3) 若用一张黑纸遮挡住上半部非零级谱斑，试给出像场函数 $\tilde{U}_{\text{I}}(x', y')$ 及其光强分布 $I(x', y')$ 和相应的空间频率数值.

解 (1) 若无任何滤波器，则 $4F$ 系统输出之像场函数将再现物场函数，只是坐标变量反号(这一点有时可以不予较真)，即

$$\tilde{U}_{\text{I}}(x', y') = \tilde{U}_{\text{O}}(-x, -y) = A_1(t_0 + t_1 \cos 2\pi f x'),$$

相应的光强分布为

$$\begin{aligned}
I(x', y') &= |\tilde{U}_{\text{I}}|^2 = I_1(t_0 + t_1 \cos 2\pi f x')^2 \\
&= I_1(t_0^2 + 2t_0 t_1 \cos 2\pi f x' + t_1^2 \cos^2 2\pi f x'),
\end{aligned}$$

$$I_1 \equiv A_1^2.$$

由此可见,这光强分布含有两种频率成分,f 成分和倍频 $2f$ 成分.

（2）频谱面上的 0 级谱斑对应着物波前函数中的常数项；若空间滤波器挡掉了 0 级斑,则意味着在输出像面上丢失了常数项,即

$$\tilde{U}_{\mathrm{I}}(x',y') = A_1 t_1 \cos 2\pi f x',$$

$$I(x',y') = I_1 t_1^2 \cos^2 2\pi f x' = I_1 t_1^2 \cdot \frac{1}{2}(1 + \cos 4\pi f x').$$

这表明此光强分布为一余弦光栅,但其频率加倍为 $2f$.

（3）本题之物场函数为一余弦光栅,其频谱面上呈现有三个谱斑,它们分别对应物波前的三种平面波成分,

$$\tilde{U}_{\mathrm{O}}(x,y) = A_1\left(t_0 + \frac{1}{2}t_1 \mathrm{e}^{\mathrm{i}2\pi f x} + \frac{1}{2}t_1 \mathrm{e}^{-\mathrm{i}2\pi f x}\right)$$

$$= \tilde{U}_0 + \tilde{U}_{+1} + \tilde{U}_{-1},$$

据题意,那滤波器挡掉了上方那个谱斑,这意味着滤除了 $\tilde{U}_{+1}$ 波,故这时 $4F$ 系统输出的像场函数为

$$\tilde{U}_{\mathrm{I}}(x',y') = \tilde{U}_0 + \tilde{U}_{-1} = A_1\left(t_0 + \frac{1}{2}t_1 \mathrm{e}^{-\mathrm{i}2\pi f x}\right)$$

$$= A_1\left(t_0 + \frac{1}{2}t_1 \mathrm{e}^{\mathrm{i}2\pi f x'}\right),$$

其相应的光强分布为

$$I(x',y') = |\tilde{U}_{\mathrm{I}}|^2 = A_1^2\left(t_0^2 + \frac{1}{4}t_1^2 + t_0 t_1 \cos 2\pi f x'\right).$$

我们高兴地看到,此光强分布呈现标准的余弦光栅形式,且其频率相同于物面上输入的那余弦光栅的频率 f. 换句话说,本题提供了一种翻印余弦光栅的实验手段.

据题意,令 $t_0 = 0.6$, $t_1 = 0.3$, 得

$$t_0^2 \approx 0.36, \quad \frac{1}{4}t_1^2 \approx 0.02, \quad t_0 t_1 \approx 0.18,$$

于是,上式光强分布显示为

$$I(x',y') \approx 0.38(1 + 0.47 \cos 2\pi f x')I_1.$$

6.18 在相干光学信息处理 $4F$ 系统中,试做以下空间滤波实验,设输入图像的透过率函数为

$$t_{\mathrm{ob}}(x,y) = t_0 + t_1 \cos 2\pi f_1 x + t_2 \cos 2\pi f_2 x, \quad 且 \quad f_2 = 3f_1,$$

其中 $t_0 = 0.6$，$t_1 = t_2 = 0.5$，$f_1 = 200/\text{mm}$；傅里叶透镜焦距 F 为 150 mm，入射光波长为 633 nm.

(1) 如何获得这一复合光栅，试简述其摄制光路和步骤.

(2) 在变换平面即频谱面上将出现几个谱斑？并给出它们的中心位置坐标 (u, v).

(3) 若要求输出的像场函数为

$$\widetilde{U}_{\mathrm{I}}(x', y') \propto (t_1 \mathrm{e}^{\mathrm{i}2\pi f_1 x'} + t_2 \mathrm{e}^{\mathrm{i}2\pi f_2 x'}),$$

则应当选择怎样的空间滤波器？要求作图示意.

解 (1) 用一激光束，经过一针孔滤波器和一扩束透镜，获得一束高质量的宽平行光束；再经过一分束器和两个置放于不同方位的平面镜，而获得两束相干的平行光，交叠于记录介质 H，便可获得呈余弦型的光强分布，经线性冲印而成为透过率函数 $\tilde{t}$ 呈余弦型分布的光栅（参见原书 6.4 节）. 为了获得本题所要求的复合光栅，拟采取二次连续曝光而一次冲印的方式. 即，先获得频率为 f_1 的干涉强度分布 $I(f_1, x)$，曝光一次，尔后再适当调节那两个平面镜的倾角，而获得另一高频 f_2 的干涉强度分布 $I(f_2, x)$，再曝光一次. 最后，将这块经两次连续曝光后的记录胶版，拿到暗室中实施线性冲印，便可获得一复合光栅.

(2) 这张置于 $4F$ 系统物平面上的复合光栅，将在那变换平面 (u, v) 上产生 5 个谱斑，它们均呈现于 u 轴上：

t_0 项 $\longrightarrow$ 0 级谱斑 $(0, 0)$；

$t_1 \cos 2\pi f_1 x$ 项 $\longrightarrow$ ± 1 级谱斑

$\qquad (\pm f_1 \lambda F, 0) = (\pm 19\,\text{mm}, 0)$；

$t_2 \cos 2\pi f_2 x$ 项 $\longrightarrow$ ± 1 级谱斑

$\qquad (\pm f_2 \lambda F, 0) = (\pm 57\,\text{mm}, 0)$.

(3) 若要求 $4F$ 系统的输出像场函数为

$$\widetilde{U}_{\mathrm{I}}(x', y') \propto (t_1 \mathrm{e}^{\mathrm{i}2\pi f_1 x'} + t_2 \mathrm{e}^{\mathrm{i}2\pi f_2 x'})$$

$$= (t_1 \mathrm{e}^{-\mathrm{i}2\pi f_1 x} + t_2 \mathrm{e}^{-\mathrm{i}2\pi f_2 x}),$$

这意味着物场函数中的以下三项应当被滤掉：

t_0 项， $\mathrm{e}^{\mathrm{i}2\pi f_1 x}$ 项， $\mathrm{e}^{\mathrm{i}2\pi f_2 x}$ 项.

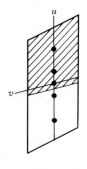

题 6.18 图

它们对应的三个谱斑位置分别为

$$(0,0), \quad (19\,\text{mm},0), \quad (57\,\text{mm},0).$$

据此,应当制备一合适的空间滤波器如图所示,图中斜线部位表示被完全阻挡或涂黑.

6.19 用一复合光栅作为滤波器,在 $4F$ 系统中实现图像微分操作.复合光栅的滤波函数具有以下形式:

$$\widetilde{H}(u,v) = t_0 + t_1 \cos 2\pi f_1 u + t_2 \cos 2\pi f_2 u,$$

且

$$\Delta f = (f_2 - f_1) \ll f_1, f_2.$$

设 $4F$ 系统中傅里叶透镜的焦距 F 为 150 mm,光波长 λ 为 633 nm.

(1)若待处理的图像其尺寸 a_0 在 20 mm 左右,问,复合光栅滤波器其低频 f_1 至少应当为多少?

(2)若要求微分位移量 $\delta x' \ll a_0$,比如取 $\delta x' \approx 1$ mm,则复合光栅滤波器的差频 Δf 应当选择为多少?

(3)根据以上所得数据,试给出控制滤波器位移的机械精度 δu.

解 在 $4F$ 系统中用复合光栅作为滤波器,而实施图像微分的工作原理及相关特征量,可参见原书 6.8 节.本题提出的三问,正是该实验事先要关注的三个特征数据.

(1)可处理的图像尺寸 a_0 受限于滤波器的空间频率 f_1(低频),

$$a_0 \approx f_1 \lambda F,$$

据题意,令 $a_0 \approx 20$ mm,$F \approx 150$ mm,$\lambda = 633$ nm,求出这滤波器之低频值的下限为

$$f_1 = \frac{a_0}{\lambda F} = \frac{20\,\text{mm}}{6.33 \times 10^{-4}\,\text{mm} \times 150\,\text{mm}} \approx 210/\text{mm}.$$

倘若滤波器的低频值小于此值,则微分图像将与无用的零级图像发生重叠,而使图像微分失效.

(2)图像微分的位移量 $\delta x'$,取决于滤波器所含两种频率之差 Δf,

$$\delta x' = \lambda F \cdot \Delta f;$$

另一方面,为了满足微分要求,应使 $\delta x' \ll a_0$,比如本题,a_0 已设定于 20 mm,那么,取 $\delta x' \approx 1$ mm 左右是合适的.据此,求出这频差的上限

值,

$$\Delta f = \frac{\delta x'}{\lambda F} = \frac{1\,\mathrm{mm}}{6.33 \times 10^{-4}\,\mathrm{mm} \times 150\,\mathrm{mm}} \approx 10/\mathrm{mm}.$$

当然,若频差值小于该值,则微分操作更为精细.联系(1)之结果,我们对那复合光栅的两个频率值作如下选择是恰当的,

$$f_1 \approx 220/\mathrm{mm}, \quad f_2 \approx 230/\mathrm{mm}.$$

(3) 在作图像微分操作过程中,那两幅略有位错的相同图像之间的相位差 π,是通过对滤波器的合适位移 Δu_0 来实现的,

$$\Delta u_0 = \frac{1}{2\Delta f} = \frac{1}{2 \times 10\,\mathrm{mm}^{-1}} = 50\,\mu\mathrm{m},$$

即,每当滤波器位移 $50\,\mu\mathrm{m}$,那两个像场之间的相位差便改变 π.这数据用以对那机械传动装置的位移精度 δu 提出了定量要求,即,应当达到

$$\delta u \ll \Delta u_0, \quad 取 \quad \delta u \approx \frac{1}{10}\Delta u_0 \approx 5\,\mu\mathrm{m}.$$

不过,此要求还可以被放宽些,比如,取位移精度 δu 为 $10\,\mu\mathrm{m}$,也是可行的.

6.20 如图(a)所示,它是一张振幅型滤波器,且其透过率函数 $t_a(u,v)$ 的取值为 0 或 1;若在其黑区开一圆孔而成为图(b)所示的图片,设其透过率函数为 $t_b(u,v)$;若在其白区涂上一墨点而成为图(c)所示的图片,设其透过率函数为 $t_c(u,v)$.现设圆孔、圆屏的透过率函数分别为 $t_h(u,v)$ 和 $t_d(u,v)$.

(1) 试问 t_b 和 t_a, t_h 的关系.

(2) 试问 t_c 和 t_a, t_d 的关系.

解 (1) 对于图像(b),它是图像(a)与圆孔图像之和,故其屏函数为

$$\tilde{t}_b(x,y) = \tilde{t}_a(x,y) + \tilde{t}_h(x,y).$$

(2) 对于图像(c),它是图像(a)与圆盘图像之乘积,故其屏函数为

$$\tilde{t}_c(x,y) = \tilde{t}_a(x,y) \cdot \tilde{t}_d(x,y).$$

在光学信息处理的理论分析场合,人们常将一复杂的陌生的图

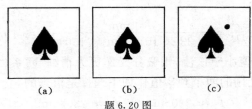

题 6.20 图

像看作两个简单的熟悉的图像的某种组合,此时应注意区分这组合是"相加"还是"相乘". 若是相加,则那复杂图像之频谱等于那两个简单图像的频谱之和;若是相乘,则复杂图像之频谱等于那两个简单频谱之卷积. 这一点正是本命题之意图.

6.21　设法释放一笼中犬. 一张透明图片系笼中一只犬如图(a)所示,这犬之形貌被一排栅条所分隔.

(1) 试问这图像函数是犬函数与栅函数两者之和,还是两者之积?

(2) 在 4F 系统中采用怎样的一个空间滤波器,可以滤掉那一排栅条而让犬之形貌纯净地呈现于输出像面?

(3) 有人认为,可用一排黑点来滤掉栅条频谱,只要那些黑点对准纯栅条所产生的那些离散谱斑位置. 这方法可行吗? 若如此操作,将在输出像面上出现怎样的情景?

提示:乘积之频谱等于频谱之卷积;栅条之频谱近似为若干离散的 δ 函数;一函数与 δ 函数之卷积将再现这函数自身.

题 6.21 图(a)

解 (1) 这图像之屏函数 $\tilde{t}$ 应是栅函数 $\tilde{t}_G$ 与犬函数 $\tilde{t}_D$ 之乘积,

$$\tilde{t}(x,y) = \tilde{t}_G(x,y) \cdot \tilde{t}_D(x,y).$$

(2) 根据 $\mathscr{F}$ 变换的"乘积-卷积"定理(参见原书 6.12 节),这笼中犬之频谱 $\tilde{T}(f_x,f_y)$ 等于两者频谱 $\tilde{G},\tilde{D}$ 的卷积,

$$\tilde{T}(f_x,f_y) = \tilde{G}(f_x,f_y) * \tilde{D}(f_x,f_y).$$

我们知道,笼函数为一准周期性的栅函数,其频谱 $\tilde{G}$ 为准离散谱,在谱面上呈现一串离散的谱斑,这些谱斑相当于一个个 δ 函数.而犬之频谱 $\tilde{D}$ 是一弥漫的连续谱,其主要谱成分集中于 0 频附近的一低频范围.据此,我们可以设计一个简易的滤波器——在一张黑纸或一金属片上开出一个合适孔径的小孔,以挡掉栅函数的所有非零谱斑,而让低频谱成分尽可能多地通行,这样就能在 4F 系统的输出像面上,消除了栅格,而使犬形貌纯净地显露出来.不过,由于这滤波器也阻挡了犬函数的高频成分,其效果是使犬图像的轮廓不那么明锐,身上的灰度分布变得更为柔顺,没有了那些高反差的部位.相对于那扰人视觉的栅格已被消除,这一点高频成分的牺牲可能还是值得的.

(3) 倘若滤波器是恰在栅格产生的那些非零级谱斑中心的部位涂上黑点,而其余部分均开放,以试图在输出像面上滤掉栅格,从而能呈现犬的纯净形貌,这一设想相当直观,但恐怕不能如愿.正如上述(2)中所论及的,栅格的离散谱斑相当于一串 δ 函数,它们与犬频谱的卷积,便形成一串离散的犬频谱.换句话说,那一串离散谱斑中心的任何一个,其周围均弥漫着那犬之频谱,虽然那滤波器滤掉其中心处的频谱.被保留的这一串离散的犬频谱,经又一次的 $\mathscr{F}$ 变换到输出像面上,必然还保留着它们之间那周期性的相干因子,这就将显现出栅格.

进而可以想到,如果滤波器将栅格非零级谱及其周围均涂黑,而开放零级谱周围一较大范围,如图(b)所示,图中虚线框内皆涂黑,那就能消除掉栅格,而获得更高质量的犬之形貌.

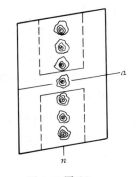

题 6.21 图(b)

光 全 息 术

7.1 以全息术的眼光重新看待两束平行光的干涉. 如图(a)所示,两束相干的平行光束可分别看作物光波 $\tilde{O}$ 和参考光波 $\tilde{R}$,两者波长相同即其波矢均为 k 值,且方向平行于 (xz) 平面,与纵轴 z 之夹角分别为 θ_O 和 θ_R.

(1) 试写出 $\tilde{O}$ 波与 $\tilde{R}$ 波的干涉场在全息干版 H 面上的波前函数 $\tilde{U}(x, y)$.

(2) 求全息干版上所呈现的干涉条纹的间距 Δx,当 $\theta_O = \theta_R = 1°$ 时,或当 $\theta_O = \theta_R = 60°$ 时. 设光波长为 633 nm.

(3) 某感光胶片厂生产了一种记录干版,其性能为:感光层厚度 l 约 8 μm,分辨率 2000 线/mm. 问,若选择 $\theta_O = \theta_R = 60°$ 来拍摄这干涉场,该记录介质的分辨率是否适用?

(4) 经线性冲洗后获得一张全息图. 若照明的平行光束 $\tilde{R}'$ 沿原记录时的参考光 $\tilde{R}$ 方向,斜入射于这张全息图,如图(b)所示,试写出再现光的波前函数 $\tilde{U}_H(x, y)$,并从中分析出该衍射波场的主要成分及其特点.

(5) 若照明光波 $\tilde{R}'$ 正入射于这张全息图,如图(c)所示,试写出再现光的波前函数 $\tilde{U}_H(x, y)$,并从中分析出该衍射波场的主要成分及其特点.

解 (1) 物光波 $\tilde{O}$ 和参考光波 $\tilde{R}$ 的波前函数分别为

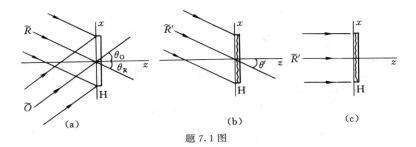

题 7.1 图

$$\widetilde{O}(x,y) = A_O e^{ik\sin\theta_O \cdot x}, \quad \widetilde{R}(x,y) = A_R e^{-ik\sin\theta_R \cdot x},$$

这里,设原点相位 $\varphi_O(0) = \varphi_R(0) = 0$,这无关紧要,不影响以下分析及其结论. 这两者相干叠加于记录介质 H 面上,合成的波前函数为

$$\widetilde{U}(x,y) = \widetilde{O} + \widetilde{R} = A_O e^{ik\sin\theta_O \cdot x} + A_R e^{-ik\sin\theta_R \cdot x}.$$

(2) 相应的干涉强度分布为

$$I_H(x,y) = (\widetilde{O} + \widetilde{R}) \cdot (\widetilde{O}^* + \widetilde{R}^*)$$
$$= A_O^2 + A_R^2 + 2A_O A_R \cos[k(\sin\theta_O + \sin\theta_R)x], \quad (1)$$

其中,交叉项决定了这强度的具体分布,因而也就决定了其条纹间距,

$$\Delta x = \frac{\lambda}{\sin\theta_O + \sin\theta_R}. \quad (2)$$

据题意,分别令 $\theta_O = \theta_R \approx 1°$,和 $\theta_O = \theta_R \approx 60°$,分别算出

$$\Delta x_1 = \frac{0.633\,\mu m}{2\sin 1°} \approx 18\,\mu m, \quad f_1 = \frac{1}{\Delta x_1} \approx 55\,\text{条/mm};$$

$$\Delta x_2 = \frac{0.633\,\mu m}{2\sin 60°} \approx 0.37\,\mu m, \quad f_2 = \frac{1}{\Delta x_2} \approx 2740\,\text{条/mm}.$$

由此可见,这 f_1 系低频,而 f_2 则系超高频,其对应的条纹间距 $\Delta x_2 < \lambda$.

(3) 若要求精确记录这频率为 f_2 的条纹,那胶片感光层的分辨率应该大于 2740 线/mm,而目前这胶片的分辨率为 2000 线/mm,故它不能胜任于记录这 f_2 之干涉场.

(4) 经曝光和线性冲印后,这张干涉图亦即全息图的透过率函数为

$$\tilde{t}_H(x,y) = \alpha + \beta \cdot I_H(x,y)$$
$$= t_0 + t_1 \cos(k(\sin\theta_O + \sin\theta_R)x),$$

其中两个常数为

$$t_O = \alpha + \beta(A_O^2 + A_R^2), \quad t_1 = 2\beta A_O A_R.$$

照明光波 $\tilde{R}'$ 的波前函数为

$$\tilde{R}'(x,y) = A'e^{-ik\sin\theta' \cdot x},$$

于是,这张全息图片的出射波前为

$$\tilde{U}_H(x,y) = \tilde{t}_H \cdot \tilde{R}' = \left(t_0 + \frac{t_1}{2}e^{ik(\sin\theta_O + \sin\theta_R) \cdot x} \right.$$
$$\left. + \frac{t_1}{2}e^{-ik(\sin\theta_O + \sin\theta_R) \cdot x} \right) \cdot A'e^{-ik\sin\theta' \cdot x},$$

它可以被看作三项,

$$\tilde{U}_H(x,y) = \tilde{U}_0(x,y) + \tilde{U}_{+1}(x,y) + \tilde{U}_{-1}(x,y),$$

其中,

$$\tilde{U}_0(x,y) = t_0 A'e^{-ik\sin\theta' \cdot x},$$
$$\tilde{U}_{+1}(x,y) = \frac{1}{2}t_1 A'e^{ik(\sin\theta_O + \sin\theta_R - \sin\theta') \cdot x},$$
$$\tilde{U}_{-1}(x,y) = \frac{1}{2}t_1 A'e^{-ik(\sin\theta_O + \sin\theta_R + \sin\theta') \cdot x}.$$

据题意,$\theta' = \theta_R$,即照明光波全同于记录时的参考光波,于是,以上三项被简化为

$$\tilde{U}_0(x,y) = t_0 A'e^{-ik\sin\theta' \cdot x}, \quad \tilde{U}_{+1} = \frac{1}{2}t_1 A'e^{ik\sin\theta_O \cdot x},$$

$$\tilde{U}_{-1}(x,y) = \frac{1}{2}t_1 A'e^{ik\sin\theta_{-1} \cdot x},$$

其中,

$$\sin\theta_{-1} = -(\sin\theta_O + 2\sin\theta_R). \tag{3}$$

此结果表明,其中 0 级衍射波 $\tilde{U}_0$ 是倾角为 $(-\theta')$ 的平面波,亦即照明光波 $\tilde{R}'$ 的直接透射波,当然,其振幅减弱为 $(t_0 A')$;+1 级衍射波 $\tilde{U}_{+1}$ 正是记录的物光波,是倾角为 θ_O 的平面波;-1 级衍射波 $\tilde{U}_{-1}$ 是倾角为 θ_{-1} 的平面波,这 θ_{-1} 角由(3)式决定. 比如,当 $\theta_O = \theta_R = 10°$ 时,

$$\sin\theta_{-1} = -3\sin 10° \approx -0.5209, \quad \theta_{-1} \approx -31.4°;$$

当 $\theta_O = \theta_R = 30°$ 时，

$$\sin\theta_{-1} = -3\sin 30° = -1.5. \ ?$$

这一费解表明在此种情形下，-1 级衍射波已成为一隐失波，它并非行波，其波场仅局限于全息图片邻近波长量级的范围内．这是一个颇有意思的现象，再现的 -1 级波消失了！

（5）若照明光波 $\tilde{R}'$ 为一正入射的平面波，则令（3）式中 $\theta' = 0$，便可获知此时出射波前的三种主要成分的具体表达式为

$$\tilde{U}_H(x,y) = \tilde{U}_0 + \tilde{U}_{+1} + \tilde{U}_{-1},$$

$$\tilde{U}_0(x,y) = t_0 A',$$

$$\tilde{U}_{+1}(x,y) = \frac{1}{2}t_1 A' e^{ik(\sin\theta_O + \sin\theta_R)\cdot x} = \frac{1}{2}t_1 A' e^{ik\sin\theta_{+1}\cdot x},$$

$$\tilde{U}_{-1}(x,y) = \frac{1}{2}t_1 A' e^{-ik(\sin\theta_O + \sin\theta_R)\cdot x} = \frac{1}{2}t_1 A' e^{ik\sin\theta_{-1}\cdot x},$$

其中有

$$\sin\theta_{\pm 1} = \pm(\sin\theta_O + \sin\theta_R). \tag{4}$$

(4)式将引起我们的注意．当 $\theta_O = \theta_R = 10°$ 时，有

$$\sin\theta_{\pm 1} = \pm 2\sin 10° \approx \pm 0.3473, \quad \theta_{\pm 1} \approx 20.3°.$$

这表明这再现的一对 ± 1 级平面波依然对称，互为共轭，但其方向已经不同于记录时的那两个方向，几乎偏离了一倍角度；当 $\theta_O = \theta_R = 30°$ 时，有

$$\sin\theta_{\pm 1} = \pm 2\sin 30° = \pm 1, \quad \theta_{\pm 1} = \pm 90°;$$

显然，当 $\theta_O = \theta_R > 30°$，或一般地说，$(\sin\theta_O + \sin\theta_R) > 1$，则

$$|\sin\theta_{\pm 1}| > 1,$$

这表明此时再现的 ± 1 级衍射波均为隐失波，只留下一束 0 级衍射波为行波，传播至远场．这一点不难理解，因为当 $(\sin\theta_O + \sin\theta_R) > 1$ 时，按(2)式得其条纹间距 $\Delta x < \lambda$，这过密的余弦光栅已属超高频精细结构，势必在波长为 λ 平行光的照射下出现隐失波（可参见原书 6.6 节）．

7.2 以全息术的眼光重新看待球面波与平面波的干涉．如图 (a) 所示，正入射的一束平行光作为一个参考光波 $\tilde{R}$，与轴外点源发

射的傍轴球面波 $\tilde{O}$ 相干叠加于记录介质 H 平面.

(1) 试写出 $\tilde{O}$ 波、$\tilde{R}$ 波干涉场在 H 面上的波前函数 $\tilde{U}(x,y)$,设物点位置坐标为 $(x_0, 0, z_0)$;波长为 λ.

(2) 分析全息干版 H 上所呈现的干涉条纹的特征.

(3) 记录介质经曝光和线性冲洗后成为一张全息图.若用一束平行光 $\tilde{R}'$ 正入射于这张全息图,如图(b)所示,试写出再现光的波前函数 $\tilde{U}_{\mathrm{H}}(x,y)$,并从中分析出该衍射波场的主要成分及其特点.要求作图示意.

(4) 若用一束傍轴球面波 $\tilde{R}'$ 照明这张全息图,如图(c)所示,试写出再现光的波前函数 $\tilde{U}_{\mathrm{H}}(x,y)$,并从中分析出该衍射波场的主要成分及其特点.设照明点源的纵向距离为 z'.

(5) 试问,在(4)情况下,再现两列发散球面波是可能的吗?再现两列会聚球面波是可能的吗? 提示:比较 z_0, z' 之大小.

(6) 当用球面波照明全息图时,这球面波前相当于一个透镜,它作用于平面波照明时再现的物光波 $+1$ 级虚像上和共轭波 -1 级实像上,从而导致最终成像的放大或缩小.现以本题(4)和图(c)为例,试给出横向放大率 V_{+1} 和 V_{-1}.这里定义 $V_{+1} = x_{+1}/x_0$,$V_{-1} = x_{-1}/x_0$.

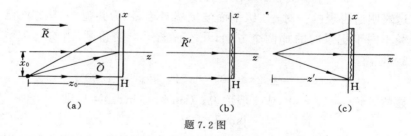

题 7.2 图

解 (1) 在傍轴条件下,这物光波的波前函数为

$$\tilde{O}(x,y) \approx A_0 \mathrm{e}^{ik\left(z_0 + \frac{(x-x_0)^2 + y^2}{2z_0}\right)},$$

而参考光波的波前函数是简单的,它为

$$\tilde{R}(x,y) = A_{\mathrm{R}}.$$

它俩的干涉场为

$$\tilde{U}(x,y) = \tilde{R} + \tilde{O} = A_R + A_O e^{ik\frac{(x-x_0)^2+y^2}{2z_0}}, \quad 设 \quad e^{ikz_0} = e^{i\varphi_0} = 1.$$

（2）相应的干涉强度分布为

$$I_H(x,y) = (\tilde{R} + \tilde{O}) \cdot (\tilde{R}^* + \tilde{O}^*)$$
$$= A_R^2 + A_O^2 + 2A_R A_O \cos\left(k \frac{(x-x_0)^2+y^2}{2z_0}\right),$$

从而看出其等强度点 (x,y) 轨迹满足以下方程，

$$(x-x_0)^2 + y^2 = C \quad （常数）,$$

它是一个圆周方程，即这干涉条纹呈现一组同心的圆环，其中心坐标为 $(x_0,0)$.

（3）这张乳胶干版经曝光和线性冲洗后成为一张全息图，其复振幅透过率函数 $\tilde{t}_H$ 表示为

$$\tilde{t}_H(x,y) = \alpha + \beta I_H(x,y) = t_0 + t_1 \cos\left(k \frac{(x-x_0)^2+y^2}{2z_0}\right),$$

其中，

$$t_0 = \alpha + \beta(A_R^2 + A_O^2), \quad t_1 = 2\beta A_R A_O.$$

若照明光波 $\tilde{R}'$ 为一束正入射且波长相同的平行光，则其波前函数为

$$\tilde{R}'(x,y) = A'.$$

于是，这张全息图的波前函数便是

$$\tilde{U}_H(x,y) = \tilde{t}_H \cdot \tilde{R}'$$
$$= t_0 A' + \frac{1}{2}t_1 A' e^{ik\frac{(x-x_0)^2+y^2}{2z_0}} + \frac{1}{2}t_1 A' e^{-ik\frac{(x-x_0)^2+y^2}{2z_0}}$$
$$= \tilde{U}_0 + \tilde{U}_{+1} + \tilde{U}_{-1}. \tag{1}$$

可见，这张全息图的衍射场包含了三种主要成分，其中波前 $\tilde{U}_0$ 代表了一束正出射的平面衍射波；波前 $\tilde{U}_{+1}$ 代表了一束发散球面波，其中心位于左侧、坐标为 $(x_0,0,z_0)$；波前 $\tilde{U}_{-1}$ 代表了一束会聚球面波，其中心位于右侧、坐标为 $(x_0,0,z_0)$. 这一对球面波互为共轭，其一是物光波的再现（虚像），其另一是孪生的共轭波（实像）. 凡参考光和照明光均为正入射的平行光、且波长相同的情形下，其结果总是如此，即

使对于复杂的物光波,也是这样.

(4) 若照明光波 $\tilde{R}'$ 为一傍轴发散球面波,且波长相同于记录时的光波长,则其波前函数为

$$\tilde{R}'(x,y) \approx A' \mathrm{e}^{\mathrm{i}k\frac{x^2+y^2}{2z'}} \cdot \mathrm{e}^{\mathrm{i}kz'},$$

于是,那张全息图的波前函数从(1)式演变为另一形式,它依然包含三种主要成分,

$$\tilde{U}_{\mathrm{H}}(x,y) = \tilde{t}_{\mathrm{H}} \cdot \tilde{R}' = \tilde{U}_0 + \tilde{U}_{+1} + \tilde{U}_{-1}, \tag{2}$$

其中,

$$\left\{ \begin{aligned} &\tilde{U}_0(x,y) = t_0 A' \mathrm{e}^{\mathrm{i}k\frac{x^2+y^2}{2z'}}, \quad 设 \quad \mathrm{e}^{\mathrm{i}kz'} = \mathrm{e}^{\mathrm{i}\varphi_0'} = 1; \\ &\tilde{U}_{+1}(x,y) = \frac{1}{2}t_1 A' \mathrm{e}^{\mathrm{i}k\left(\frac{(x-x_0)^2+y^2}{2z_0}+\frac{x^2+y^2}{2z'}\right)}; \\ &\tilde{U}_{-1}(x,y) = \frac{1}{2}t_1 A' \mathrm{e}^{-\mathrm{i}k\left(\frac{(x-x_0)^2+y^2}{2z_0}-\frac{x^2+y^2}{2z'}\right)}. \end{aligned} \right. \tag{3}$$

接下来我们的任务是将 $\tilde{U}_{\pm1}$ 波前函数整合为标准化形式,以便对其所代表的波场特征作出明确的判断. 现以 $\tilde{U}_{+1}$ 波前函数为例,对其相因子函数展开并整合如下

$$\begin{aligned} \varphi_{+1}(x,y) &= k\left(\frac{x^2+y^2}{2z_0} + \frac{x^2+y^2}{2z'} - \frac{x_0 x}{z_0} + \frac{x_0^2}{2z_0}\right) \\ &= k\left(\frac{x^2+y^2}{2z_+} - \frac{\frac{z_+}{z_0}x_0 x}{z_+}\right), \end{aligned}$$

(略去与 (x,y) 无关的常数项 $x_0^2/2z_0$)

这里,

$$\frac{1}{z_+} = \frac{1}{z_0} + \frac{1}{z'}, \quad z_0 > 0, \quad z' > 0. \tag{4}$$

这表明波前 $\tilde{U}_{+1}$ 代表了一列发散球面波,其中心 Q_{+1} 坐标为

$$\left(\frac{z_+}{z_0}x_0, 0, z_+\right). \tag{5}$$

换言之,这一再现的物点 Q_{+1} 相对原物点 Q 有了位移:

$$横坐标从\ x_0 \longrightarrow \frac{z_+}{z_0}x_0,$$

$$纵坐标从\ z_0 \longrightarrow z_+.$$

这里,关于 z_+ 的正负号问题,在本题条件下,它只有一种可能,那就是 $z_+>0$,这意味着该球面波发散于 H 片左侧.

对 $\tilde{U}_{-1}$ 波前的相因子函数也作同样的整合,其结果为

$$\varphi_{-1}(x,y) = -k\left[\frac{x^2+y^2}{2z_-} - \frac{\dfrac{z_-}{z_0}x_0 x}{z_-}\right], \qquad (6)$$

这里,

$$\frac{1}{z_-} = \frac{1}{z_0} - \frac{1}{z'}, \quad z_0 > 0, \quad z' > 0. \qquad (7)$$

这表明波前 $\tilde{U}_{-1}$ 代表了一列会聚球面波,当 $z_->0$,且其会聚中心 Q_{-1} 坐标为

$$\left(\frac{z_-}{z_0}x_0, 0, z_-\right), \quad z_0 > 0, \quad z' > 0. \qquad (8)$$

这里,关于 z_- 正负号的含义如下,若 $z_->0$,则表示该球面波会聚于 H 片右侧(实像点);若 $z_-<0$,则表示该球面波发散于 H 片左侧(虚像点).

(5) 正如(4)式和(5)式所表明的,在本题 $z_0>0$, $z'>0$ 条件下,

$$z_+ > 0, \quad 发散性;$$

然而,

$$当\ z' > z_0, \quad 则\ z_- > 0, \quad 会聚性;$$

$$当\ z' < z_0, \quad 则\ z_- < 0, \quad 发散性.$$

其结论是,在本题所给条件亦系一般情况下,不可能再现两列会聚球面波,然而,再现两列发散球面波是可能的,即再现的 ±1 级光波均系发散波(虚像)是可能的.这些图景均可以从全息透镜的成像功能的角度,得以唯象地理解.那发散性照明光波 $\tilde{R}'$ 所提供的"正二次相因子",其功能等效于一个发散透镜,其焦距为 z'.故发散性的 +1 级物光波,经这发散透镜以后必然成为更发散的物光波.然而,那会聚性的原生 −1 级共轭波,经这发散透镜后,可能依然为会聚性光波,

也可能成为发散性光波,这视其纵距 z_0 与那焦距 z' 值之大小比较.

（6）由（5）式和（8）式可得 ± 1 级像之横向放大率

$$V_{+1} \equiv \frac{x_{+1}}{x_0} = \frac{\dfrac{z_+}{z_0}x_0}{x_0} = \frac{z_+}{z_0} = \frac{\dfrac{z_0 z'}{z_0 + z'}}{z_0} = \frac{z'}{z' + z_0}; \tag{9}$$

$$V_{-1} \equiv \frac{x_{-1}}{x_0} = \frac{\dfrac{z_-}{z_0}x_0}{x_0} = \frac{z_-}{z_0} = \frac{\dfrac{z' z_0}{z' - z_0}}{z_0} = \frac{z'}{z' - z_0}. \tag{10}$$

可见,

$$V_{+1} < 1, \quad 即 \quad 再现了一缩小的虚像;$$

当 $z_0 < z'$, $\quad V_{-1} > 1$, 　即　再现了一放大的实像.

7.3　改变照明光 $\widetilde{R}'$ 的波长也可能造成全息成像的缩放. 现以题 7.2 图（a）（b）为实例. 设全息记录时的光波长为 λ,全息再现时的照明光波长为 λ'.

（1）试求 $+1$ 级虚像和 -1 级实像的位置坐标 $(x_{+1}, 0, z_{+1})$ 和 $(x_{-1}, 0, z_{-1})$,并进而讨论纵向放大率 $M_{\pm 1} \equiv z_{\pm 1}/z_0$ 和横向放大率 $V_{\pm 1} \equiv x_{\pm 1}/x_0$.

（2）若照明光波 $\widetilde{R}'$ 为一束斜入射的平面波,其与 z 轴倾角为 θ',光波长为 λ',试讨论放大率 $M_{\pm 1}$ 和 $V_{\pm 1}$ 有何变化.

解　（1）当照明光波 $\widetilde{R}'$ 之波长为 $\lambda' \neq \lambda$ 时,则经全息图之后的空间,充满着波长为 λ' 的衍射场. 于是,在运用相因子分析方法时均应以 λ' 或 k' 为标准. 为此,需要改写上题（1）式以体现出 k' 来. 现以 $\widetilde{U}_{+1}$ 波前函数为例来演练对波函数的改写:

$$\widetilde{U}_{+1}(x, y) = \frac{1}{2} t_1 A' \mathrm{e}^{\mathrm{i}\varphi_{+1}(x, y)},$$

$$\varphi_{+1}(x, y) = k \frac{(x - x_0)^2 + y^2}{2z_0} = k' \frac{(x - x_0)^2 + y^2}{2z_0 k'/k}$$

$$= k' \frac{(x - x_0)^2 + y^2}{2z_{+1}}, \tag{1}$$

其中,

$$z_{+1} = \frac{k'}{k} z_0 = \frac{\lambda}{\lambda'} z_0. \tag{2}$$

这表明 +1 级衍射波是一列发散球面波,其中心 Q_{+1} 的位置坐标为
$$Q_{+1}(x_0,0,z_{+1}).$$
换言之,其横坐标没有改变,依然为原物点的 x_0,然而,其纵向距离改变为 z_{+1}. 故,在 $\tilde{R}$,$\tilde{R}'$ 均为平行光正入射条件下,

横向放大率 $\quad V_{\pm1}=1,$

纵向放大率 $\quad M_{\pm1}\equiv\dfrac{z_{\pm1}}{z_0}=\dfrac{\lambda}{\lambda'}.$

如此看来,要想使全息成像的横向尺寸有所缩放,仅改变波长是不可行的,那么试图改变照明光波的入射方向,看其是否如愿.

（2）此时,照明光波 $\tilde{R}'$ 的波前函数为
$$\tilde{R}'(x,y)=A'\mathrm{e}^{\mathrm{i}k'\sin\theta'\cdot x},$$
于是,再现的 +1 级衍射波其波前函数的相位因子为
$$\begin{aligned}\varphi_{+1}(x,y)&=k'\frac{(x-x_0)^2+y^2}{2z_+}+k'\sin\theta'\cdot x\\&=k'\left(\frac{x^2+y^2}{2z_+}-\frac{x_0x}{z_+}+\frac{z_+\sin\theta'\cdot x}{z_+}+\frac{x_0^2}{2z_+}\right)\\&=k'\left(\frac{x^2+y^2}{2z_+}-\frac{(x_0-z_+\sin\theta')x}{z_+}+\frac{x_0^2}{2z_+}\right),\end{aligned}$$
据此可见这发散球面波之中心 Q_{+1} 的位置坐标为
$$x_{+1}=(x_0-z_+\sin\theta'),\quad y_{+1}=0,\quad z_{+1}=z_+=\frac{\lambda}{\lambda'}z_0.$$
这表明,再现的 +1 级像点其横向位置有了位移,
$$\Delta x\equiv(x_{+1}-x_0)=-z_+\sin\theta'=-\frac{\lambda}{\lambda'}z_0\sin\theta',$$
它是一个常数,与横向坐标 x 值无关. 这说明再现的图像其横向尺寸依然无缩放. 这也是预料中的事,因为斜入射的照明光波 $\tilde{R}'$ 其波前函数中提供的线性相因子,等效于一个棱镜的偏转作用,这不会导致图像的缩放.

如此看来,要使再现图像有所缩放,首先必须采用球面波来照明全息图,它等效于一个全息透镜,这样方能获得横向放大率 V_{+1} 和 V_{-1},由上题式(9)和(10)给出;在此条件下,横向放大率公式中才出

现波长因子 λ'/λ（可详见原书 7.1 节）.

7.4　讨论题：若用非单色光记录、用非单色光照明,将究竟出现怎样的图景. 现以题 7.2 图(a),(b)为实例,设全息记录时 $\tilde{O}$ 光和 $\tilde{R}$ 光均含两种波长 λ_1 和 λ_2,照明光波 $\tilde{R}'$ 也含同样的两种波长. 为简单起见,设它们的振幅均相等,即 $A_O(\lambda_1)=A_O(\lambda_2)=A_R(\lambda_1)=A_R(\lambda_2)=A'_R(\lambda_1)=A'_R(\lambda_2)=A$.

(1) 试给出拍摄时记录介质平面上的波前函数 $\tilde{U}(x,y)$ 和光强分布 $I(x,y)$.

(2) 试写出经曝光和线性冲洗后所获得的这张全息图的透过率函数 $\tilde{t}_H(x,y)$.

(3) $\tilde{R}'$ 光照明这张全息图时将生成怎样的波前函数 $\tilde{U}_H(x,y)$,分析出与其相对应的衍射波场的主要成分；并与单色光记录和照明情形作比较,在目前非单色光条件下出现了怎样复杂的图景?

讨论　(1) 此物光波前函数为

$$\tilde{O}(x,y) = \tilde{O}_1(x,y) + \tilde{O}_2(x,y) = Ae^{ik_1L(x,y)} + Ae^{ik_2L(x,y)},$$

其中,光程函数为

$$L(x,y) = z_0 + \frac{(x-x_0)^2 + y^2}{2z_0} = \tilde{L} \quad (简写);$$

而平行光正入射时的参考光其波前函数为

$$\tilde{R}(x,y) = \tilde{R}_1(x,y) + \tilde{R}_2(x,y) = 2A.$$

故,记录介质平面上的波前函数为

$$\tilde{U}(x,y) = \tilde{O} + \tilde{R} = (\tilde{O}_1 + \tilde{O}_2) + (\tilde{R}_1 + \tilde{R}_2)$$
$$= A(2 + e^{ik_1\tilde{L}} + e^{ik_2\tilde{L}}).$$

于是,其相应的光强分布为

$$I_H(x,y) = \tilde{U} \cdot \tilde{U}^*$$
$$= (\tilde{O}_1 + \tilde{O}_2 + \tilde{R}_1 + \tilde{R}_2) \cdot (\tilde{O}_1^* + \tilde{O}_2^* + \tilde{R}_1^* + \tilde{R}_2^*)$$
$$= A^2(2 + e^{ik_1\tilde{L}} + e^{ik_2\tilde{L}}) \cdot (2 + e^{-ik_1\tilde{L}} + e^{-ik_2\tilde{L}})$$
$$= 2A^2(3 + 2\cos(k_1\tilde{L}) + 2\cos(k_2\tilde{L}))$$

$$+ \cos((k_1 - k_2)\widetilde{L})). \qquad (1)$$

这里,

$$k_1 = \frac{2\pi}{\lambda_1}, \quad k_2 = \frac{2\pi}{\lambda_2}, \quad (k_1 - k_2) = 2\pi\frac{\Delta\lambda}{\lambda^2}. \qquad (2)$$

注意到光程函数 $\widetilde{L}$,其等光程轨迹为一组同心圆,圆心位于 $(x_0, 0)$. 故方程(1)表达的干涉强度分布,呈现了三组同心干涉环、且彼此间为非相干叠加;由于其三个几何参数系 k_1, k_2 和 $(k_1 - k_2)$ 是不同的,导致这三组干涉环的疏密程度有差别,或者说,那空间频率是不相等的,相当于三个环形余弦光栅.

(2) 经曝光和线性冲洗后,便获得一张全息图,其透过率函数为

$$\tilde{t}_H(x, y) = \alpha + \beta I_H(x, y)$$
$$= \alpha + C(3 + 2\cos k_1\widetilde{L} + 2\cos k_2\widetilde{L} + \cos(k_1 - k_2)\widetilde{L}).$$
$$(C = 2\beta A^2)$$

(3) 若正入射的照明光波 $\widetilde{R}'$ 同样地包含两种谱成分 k_1 和 k_2,则其波前函数为

$$\widetilde{R}'(x, y) = \widetilde{R}'_1 + \widetilde{R}'_2 = A(\lambda_1) + A(\lambda_2), \quad A(\lambda_1) = A(\lambda_2) = A.$$

于是,经这张全息图片以后的波前函数为

$$\widetilde{U}_H(x, y) = t_H \widetilde{R}'$$
$$= 2\alpha A + C(A_1 + A_2)$$
$$\times (3 + 2\cos k_1\widetilde{L} + 2\cos k_2\widetilde{L} + \cos(k_1 - k_2)\widetilde{L})$$
$$= 2\alpha A + \widetilde{U}_1(x, y) + \widetilde{U}_2(x, y),$$
$$(A_1 = A(\lambda_1), A_2 = A(\lambda_2)).$$

这里, $\widetilde{U}_1$ 和 $\widetilde{U}_2$ 分别代表波长为 λ_1 的波场和波长为 λ_2 的波场:

$$\widetilde{U}_1(x, y) = CA_1(3 + 2\cos k_1\widetilde{L} + 2\cos k_2\widetilde{L} + \cos(k_1 - k_2)\widetilde{L}),$$
$$(3)$$

$$\widetilde{U}_2(x, y) = CA_2(3 + 2\cos k_1\widetilde{L} + 2\cos k_2\widetilde{L} + \cos(k_1 - k_2)\widetilde{L}).$$
$$(4)$$

先让我们运用波前相因子分析方法去判定 $\widetilde{U}_1$ 场的特征,要记住它是 λ_1 场.其中所含的那三个余弦项,经欧拉公式分解,共得 6 项,

其中 3 项代表了波长为 λ_1 的 +1 级衍射波,另 3 项代表了波长为 λ_1 的 −1 级衍射波,并不像单色光记录时那样只出现一对 ±1 级衍射波.下面让我们专注于那 3 列 +1 级波的特征,注意其发散中心的位置:

$$\widetilde{U}_{+1,1}(x,y)\propto e^{ik_1\widetilde{L}},\qquad\qquad \text{发散中心}\ Q_{+1,1}(x_0,0,z_0),$$

$$\widetilde{U}_{+1,2}(x,y)\propto e^{ik_2\widetilde{L}}=e^{ik_1\frac{\widetilde{L}}{k_1/k_2}},\qquad\qquad Q_{+1,2}\left(x_0,0,\frac{\lambda_2}{\lambda_1}z_0\right),$$

$$\widetilde{U}_{+1,3}(x,y)\propto e^{i(k_1-k_2)\widetilde{L}}=e^{ik_1\frac{\widetilde{L}}{k_1/(k_1-k_2)}},\qquad\qquad Q_{+1,3}\left(x_0,0,\frac{\lambda_2}{\lambda_2-\lambda_1}z_0\right).$$

这表明此时再现的 3 个点物,其纵向位置是不等的,其中只有 $Q_{+1,1}$ 点出现于原物点的位置.

同理,对于波长为 λ_2 的波前 $\widetilde{U}_2$,同样地出现了 3 列 +1 级衍射波,分别为

$$\widetilde{U}_{+2,1}(x,y)\propto e^{ik_2\widetilde{L}},\qquad\qquad \text{发散中心}\ Q_{+2,1}(x_0,0,z_0),$$

$$\widetilde{U}_{+2,2}(x,y)\propto e^{ik_1\widetilde{L}}=e^{ik_2\frac{\widetilde{L}}{k_2/k_1}},\qquad\qquad Q_{+2,2}\left(x_0,0,\frac{\lambda_1}{\lambda_2}z_0\right),$$

$$\widetilde{U}_{+2,3}(x,y)\propto e^{i(k_1-k_2)\widetilde{L}}=e^{ik_2\frac{\widetilde{L}}{k_2/(k_1-k_2)}},\qquad\qquad Q_{+2,3}\left(x_0,0,\frac{\lambda_1}{\lambda_2-\lambda_1}z_0\right).$$

总之,在双色光 (λ_1,λ_2) 记录并照明的条件下,一个原物点再现了 6 个像点.题图显示了这一情景,那里设 $\lambda_1=500\,\text{nm}$,$\lambda_2=600\,\text{nm}$,于是,涉及纵向距离的那几个比例系数值分别为

$$\frac{\lambda_1}{\lambda_2}=\frac{5}{6}\approx0.84,\quad \frac{\lambda_2}{\lambda_1}=\frac{6}{5}=1.2,\quad \frac{\lambda_1}{\lambda_2-\lambda_1}=5,\quad \frac{\lambda_2}{\lambda_2-\lambda_1}=6.$$

那么,若用三色光 $(\lambda_1,\lambda_2,\lambda_3)$ 记录且照明时,则一个原物点将再

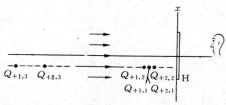

题 7.4 图

现出 18 个像点,因为被拍摄下的这张全息图包含了 6 个环状余弦光栅,其空间频率分别与 k_1, k_2, k_3 和 $(k_1 - k_2), (k_2 - k_3), (k_3 - k_1)$ 相对应. 推而广之,若用白光记录且照明,则对应一物点而再现了众多的、甚至非离散的像点,这意味着对应一幅景物而再现了众多的景像,它们沿纵向密排而交混,以致面目全非,失去了全息术再现原物真三维的真正价值. 这便是全息术要进一步得以重大发展所面临的一大难题——如何实现全息图的白光记录和白光再现. 是寻找或发明用于全息记录的新材料,还是设计特殊性能的光路或光学系统,抑或这个问题从理念上判定压根儿就该是无解. 这真是一个有待深入研究的重大课题.

光在晶体中的传播

8.1　一束线偏振的钠黄光正入射于一方解石晶体,其振动方向与晶体主截面之夹角为 20°. 试求传播于晶体中的 o,e 两束光的相对振幅和相对强度. 此时取 $n_o = 1.658$, $n_e = 1.486$.

解　一晶体的主截面被定义为入射点的表面法线与晶体光轴所组成的平面;在正入射条件下,e 光主平面、o 光主平面和主截面,这三者重合一致.题图中画出的光轴与垂直纸面的那 P 轴所构成的平面,就是主截面,亦是主平面.设入射光在晶体表面内侧的光振幅为 A,则 o 光、e 光的振幅分别为

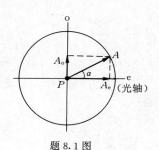

题 8.1 图

$$A_o = A\sin\alpha, \quad A_e = A\cos\alpha,$$

遂求得其比值为

$$\frac{A_o}{A_e} = \tan\alpha = \tan 20° \approx 0.36.$$

在考察光强比值时,要注意到折射率 n_o 与 n_e 的区别,因为光强 $I \propto nA^2$(参阅原书 2.1 节). 故,那两束光的光强比值为

$$\frac{I_o}{I_e} = \frac{n_o A_o^2}{n_e A_e^2} = \frac{n_o}{n_e} \tan^2 \alpha \approx \frac{1.658}{1.486} \tan^2 20° \approx 0.15.$$

8.2 参见题图(a),有两个相同的冰洲石晶体 C_1 和 C_2 前后放置,而两者主截面之夹角为 α,图(a)中显示的为 $\alpha = 0$ 的样子. 一强度为 I_0 的一束自然光正入射于 C_1,试分别求出 $\alpha = 0°, 45°, 90°$ 和 $180°$ 四种情形下,从 C_2 出射之光束的强度和数目. 这里忽略反射和吸收等耗损. *提示*:先在纸面上画好光轴 e_1, e_2 取向和光振幅矢量的投影如图(b).

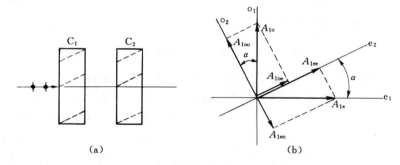

题 8.2 图

解 当一束自然光入射于第一个晶体 C_1 时,被分解为一束 o 光和一束 e 光;再进入第二个晶体 C_2 时,一般而言各自又一分为二. 故从 C_2 射出四束光于不同高度,当然,在某些特殊情形下,可能被简并为两束光或一束光. 其一般分析方法如题图(b)所示,分别求出先后两次那振幅分解所得的各分量值,这里我们忽略 n_o 与 n_e 的区别,直接以 A^2 度量光强 I. 设入射自然光的总光强为 I_0,则

$$A_o^2 = A_e^2 = \frac{1}{2} I_0.$$

这便是从 C_1 射出的两束线偏振光的光强,两者的出射点位于不同高度,但均正入射于第二个晶体 C_2. 进入 C_2 后,又各自被分解,可能出现的四束光之光强分别为

$$I_{oo} = \frac{1}{2} I_0 \cos^2 \alpha, \quad I_{oe} = \frac{1}{2} I_0 \sin^2 \alpha;$$

$$I_{\text{eo}} = \frac{1}{2}I_0 \sin^2\alpha, \quad I_{\text{ee}} = \frac{1}{2}I_0\cos^2\alpha.$$

这里要注意,我们并没有将那两个同方向的振动$(A_{\text{oo}}, A_{\text{eo}})$或$(A_{\text{oe}}, A_{\text{ee}})$加以叠加,因为它们分属于处于不同高度的四束光,作"叠加运算"是无意义的.

据题意,分别令$\alpha=0°,45°,90°$和$180°$,而求得那四个光强的数值,这项工作留给读者自己完成. 我们注意到,当$\alpha=0°$时,

$$I_{\text{oe}} = I_{\text{eo}} = 0, \quad I_{\text{oo}} = I_{\text{ee}} = \frac{1}{2}I_0,$$

这表明最终出射的仅有两束光,此时对C_1为o光的振动,对C_2依然为o振动,故无双折射,即它射入C_2后不会变成两束光而射出;e振动的传播行为,也是如此. 当$\alpha=90°$时,

$$I_{\text{oo}} = I_{\text{ee}} = 0, \quad I_{\text{oe}} = I_{\text{eo}} = \frac{1}{2}I_0,$$

这表明最终出射的也仅有两束光,此时对C_1为o光的振动,对C_2而言变为e振动,故无双折射,而按单纯的e光传播规律在C_2中偏折,最终射出一束光;同理对C_1为e振动的光,当它射入C_2后变成单纯的o振动,而最终射出另一束光. 更有意思的是,当$\alpha=180°$时,即晶体C_1不动,而C_2绕法线轴转动$180°$,虽然,从光强值来看,依然保持有

$$I_{\text{oo}} = I_{\text{ee}} = \frac{1}{2}I_0,$$

但此时只有一束光从C_2射出,这是因为e光先在C_1中向上偏折,尔后在C_2中向下偏折,相互抵消,回到了o光照直前进的那个出射点,最终并合为一束自然光而射出. 对于上述向上或向下偏折的图像一时难以理解的读者,可参阅8.8题的解答,以获得帮助.

8.3 一水晶薄片厚0.850 mm,其光轴平行于表面. 现用一绿光束546.1 nm正入射于这水晶片;已知水晶对波长为546.1 nm的绿光的主折射率为$n_o=1.5462$,$n_e=1.5554$. 求:

(1) o,e两光束在晶片中的光程.

(2) 两者经晶片后的相位差.

解 (1) 当光轴平行于表面,且入射光为正入射时,虽然无表观

的双折射,即 o 光束与 e 光束在晶体内重合一致,但两者的光程是不相等的,分别为

$$L_o = n_o d = 1.5462 \times 0.850 \, \text{mm} \approx 1.314 \, \text{mm},$$

$$L_e = n_e d = 1.5554 \times 0.850 \, \text{mm} \approx 1.322 \, \text{mm}.$$

(2)故,两者到达晶片第二表面出射点的相位差为

$$\delta_{oe} = \varphi_o - \varphi_e = \frac{2\pi}{\lambda}(L_e - L_o)$$

$$= 2\pi \times \frac{(1.322 - 1.314) \, \text{mm}}{546.1 \, \text{nm}} \, \text{rad} \approx 2\pi \times 14.649 \, \text{rad},$$

从中扣除 2π 整数倍,剩下的零头值正是两者的有效相位差,

$$\delta_{eff} \approx 2\pi \times 0.649 \, \text{rad} \approx 233°38'.$$

8.4　一束钠黄光以 50°入射角射向一冰洲石平板,其光轴垂直于入射面,求晶体板中 o 光束与 e 光束之夹角.已知此时的两个主折射率为 $n_o \approx 1.658$, $n_e \approx 1.486$.

解　在此特殊条件下即光轴垂直于入射面的条件下,折射的 e 光线也满足通常的斯涅耳定律,

$$n_e \sin i_e = \sin i, \quad n_o \sin i_o = \sin i,$$

求出那两个折射角分别为

$$i_e = \arcsin\left(\frac{\sin 50°}{1.486}\right) \approx 31.03°,$$

$$i_o = \arcsin\left(\frac{\sin 50°}{1.658}\right) \approx 27.52°,$$

于是获知那两束光在冰洲石平板中的夹角为

$$\Delta i = i_e - i_o \approx 3.51°.$$

8.5　一束钠黄光掠入射于一块冰的平板上,其光轴垂直于入射面.设冰板厚度 d 为 4.2 mm,求 o 光束和 e 光束射到平板对面上两点之间隔 Δx.已知此时的两个主折射率为 $n_o = 1.3090$, $n_e = 1.3104$.

解　与上题类似,目前 o 光线、e 光线均遵从通常的折射定律,

$$n_e \sin i_e = \sin i \approx 1 \, (\text{掠入射}),$$

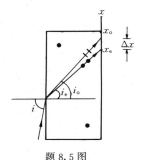

题 8.5 图

$$n_o \sin i_o \approx 1.$$

据此算出相应的折射角和出射点的位置坐标:

$$i_e = \arcsin \frac{1}{n_e} = \arcsin \frac{1}{1.3104} \approx 49.74°,$$

$$x_e = d \cdot \tan i_e \approx 4.2 \text{mm} \times \tan 49.74° \approx 4.9595 \text{mm};$$

$$i_o = \arcsin \frac{1}{n_o} = \arcsin \frac{1}{1.3090} \approx 49.81°,$$

$$x_o = d \cdot \tan i_o \approx 4.2 \text{mm} \times \tan 49.81° \approx 4.9718 \text{mm}.$$

于是,在出射界面那两点之间隔为

$$\Delta x = x_o - x_e \approx 12.3 \ \mu m,$$

这个数值还是相当小的.

8.6 用 ADP 晶体制成 50°顶角的棱镜,其光轴平行于折射棱即垂直于棱镜的主截面,主折射率为 $n_o = 1.5246$,$n_e = 1.4792$,试求 o 光和 e 光的最小偏向角及二者之差.

解 关于一般棱镜的最小偏向角 δ_m 公式,可参阅原书 9.2 节 (9.15)式,由

$$n = \frac{\sin \dfrac{\alpha + \delta_m}{2}}{\sin \dfrac{\alpha}{2}},$$

得 $$\sin \frac{\alpha + \delta_m}{2} = n \sin \frac{\alpha}{2}.$$

虽然本题给出的棱镜是由晶体制成,但在棱镜光轴垂直棱镜主截面的条件下,e 光和 o 光均遵从通常的折射定律,故可直接套用以上公式来计算 δ_m:

对于 o 光 $$\sin \frac{\alpha + \delta_o}{2} = 1.5246 \times \sin 25° \approx 0.6443,$$

$$\frac{\alpha + \delta_o}{2} = \arcsin(0.6443) \approx 40.11°,$$

$$\delta_o \approx 2 \times 40.11° - 50° \approx 30.22°;$$

对于 e 光 $$\sin \frac{\alpha + \delta_e}{2} = 1.4792 \times \sin 25° \approx 0.6251,$$

$$\frac{\alpha + \delta_e}{2} = \arcsin(0.6251) \approx 38.69°,$$

$$\delta_e = 2 \times 38.69° - 50° \approx 27.38°;$$

两者之差 $\quad \Delta\delta = \delta_o - \delta_e \approx 2.84°.$

这是理论上的估算值,实际上不可能使两者同时达到最小偏向角.获得最小偏向角时的入射角 α_1 要满足

$$\alpha_1 = \frac{\alpha}{2} + \frac{\delta_m}{2},$$

由于本题中,o 光与 e 光的最小 δ_m 之差 $\Delta\delta \approx 2.84°$,故相应的入射角之差 $\Delta\alpha_1 \approx 1.42°$.实验上拟取 α_{1o},α_{1e} 之平均值 $\bar{\alpha}_1$ 作为入射角.

8.7 一水晶棱镜的顶角为 $60°$,其光轴垂直于棱镜的主截面,一束钠黄光以近似满足最小偏向角的方向入射于这棱镜.$n_o = 1.544\,25$,$n_e = 1.553\,36$.现用焦距为 1 m 的透镜聚焦,试求 o 光焦点与 e 光焦点之间隔 Δx.

解 本题与上题类似,只是具体数据有些变化,且关注的是从棱镜出射的那两束光之夹角 $\Delta\beta_2$,它等于入射时那两束光之夹角 $\Delta\alpha_1$(对产生最小偏向角而言).根据

$$n \sin\frac{\alpha}{2} = \sin\frac{\alpha + \delta_m}{2}, \quad 入射角 \ \alpha_1 = \frac{\alpha + \delta_m}{2},$$

求得 o 光入射角 α_{1o},e 光入射角 α_{1e} 分别为

$$\alpha_{1o} = \arcsin(1.544\,25 \times \sin 30°)$$
$$\approx \arcsin(0.7721) \approx 50.54°,$$
$$\alpha_{1e} = \arcsin(1.553\,36 \times \sin 30°)$$
$$\approx \arcsin(0.7767) \approx 50.96°.$$

于是,那两束光之夹角为

$$\Delta\beta_2 = \Delta\alpha_1 = \alpha_{1e} - \alpha_{1o} = 0.42° \approx 7.3 \times 10^{-3} \text{ rad},$$

再经焦距 $f = 1$ m 的透镜之聚焦而产生两个像点,其间隔 Δx 近似为

$$\Delta x \approx f \cdot \Delta\beta_2 = 10^3 \text{ mm} \times (7.3 \times 10^{-3}) = 7.3 \text{ mm}.$$

实验时拟取 α_{1o},α_{1e} 之平均值 $\bar{\alpha} \approx 50.75°$ 作为入射角,所测得的那两点间隔与上述计算值 7.3 mm 是十分接近的.

8.8 试针对下列四种情形,定性地画出在晶体内、外 e 光的射线方向和偏振方向及其波法线方向,图中虚线表示单轴晶体的光轴方向.

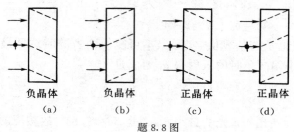

负晶体　　　　负晶体　　　　正晶体　　　　正晶体
　(a)　　　　　　(b)　　　　　　(c)　　　　　　(d)

题 8.8 图

　　解　当晶片厚度均匀,且光束正入射时,不论光轴是何取向,那 e 光波面总是平行于晶体平面,且最终光束依然沿表面法线方向射出. 这个结论可由作图法得到,也可以由对称性分析而得到. 至于 e 光线在晶体内的传播方向,可通过下述作图法予以确定:以入射点为原点建立一正交坐标架,其一个轴沿光轴方向;然后画出一椭圆,其长短轴之长度要符合正、负晶体的性质. 比如,对于图(a),$v_o < v_e$,故其短轴方向沿光轴;作一波面 Σ_e 平行于表面,与那椭圆相切于一点,连接该点与原点而成一直线,则该直线便是 e 光线,如题图(a')所示. 无论在晶体内或晶体外,e 光波面均平行于表面,即其波法线方向沿正入射光线方向. 其他三种情况如题图(b)、(c)和(d)所示,其 e 光线在晶体内的偏折方向的确定,留给读者自己完成.

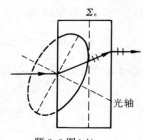

题 8.8 图(a')

　　8.9　方解石晶体对于汞绿光的主折射率为 $n_o = 1.661\,68$, $n_e = 1.487\,92$,试问在这晶体内部绿光的波法线与其射线之最大夹角 α_M 为多少? 此时波法线与光轴之夹角 θ_o 为多少? 此时射线与光轴之夹角 ξ_o 为多少?

　　解　本题涉及的若干公式,可参阅原书 8.2 节和图 8.9,那里,设波法线 N 与光轴 z 之夹角为 θ,波射线 r 与光轴 z 之夹角为 ξ,而两者之分离角 $\alpha = (\xi - \theta)$. 其最大分离角 α_M 满足,

$$\tan \alpha_M = \frac{n_o^2 - n_e^2}{2 n_o n_e},$$

出现 α_M 时的法向角 θ_0 或射线角 ξ_0 满足,

$$\tan\theta_0 = \frac{n_e}{n_o}, \quad \tan\xi_0 = \frac{n_o}{n_e}.$$

据题意,令 $n_o \approx 1.6617$, $n_e \approx 1.4879$,算出

$$\alpha_M = \arctan\frac{(1.6617)^2 - (1.4879)^2}{2 \times 1.6617 \times 1.4879} \approx 6.31°;$$

$$\theta_0 = \arctan\frac{1.4879}{1.6617} \approx 41.84°,$$

$$\xi_0 = \arctan\frac{1.6617}{1.4879} \approx 48.16°.$$

8.10　一厚度 d 为 20 mm 的冰洲石晶体,其光轴与表面之夹角为 40°,一束钠黄光正入射于该晶体.试求晶体内 e 光传播方向,和出射双光束的位移量 Δ. 要求画图示意. 提示:参考原书 8.2 节例题 2 和图 8.10.

解　正如题解 8.8 中所强调的,对于厚度均匀、光束正入射的情形,e 光波法线总是与晶片表面法线一致. 故在本题我们首先便能确定

$$\theta = 90° - 40° = 50°;$$

再利用这法向角 θ 与其射线角 ξ 之关系,

$$\tan\xi = \frac{n_o^2}{n_e^2}\tan\theta = \left(\frac{1.658}{1.486}\right)^2 \times \tan 50°$$

$$\approx 1.4836,$$

$$\xi \approx 56°,$$

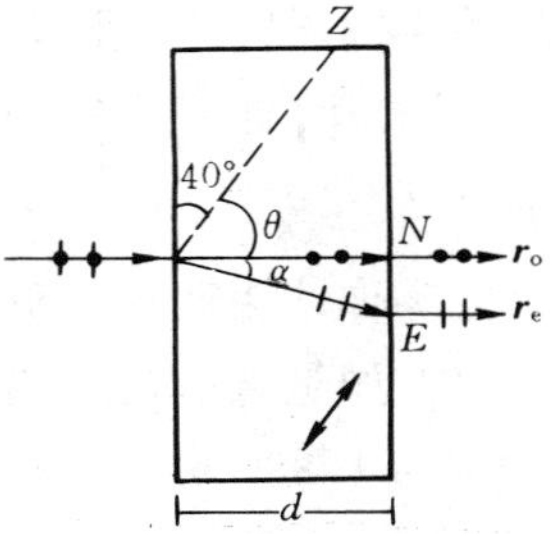

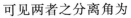

题 8.10 图

可见两者之分离角为

$$\alpha = \xi - \theta \approx 56° - 50° = 6°.$$

由题图可知,o 光射线 $\boldsymbol{r}_o$ 与 e 光射线 $\boldsymbol{r}_e$ 在出射点的位移量为

$$\Delta = d \cdot \tan\alpha = 20\,\text{mm} \times \tan 6° \approx 2.1\,\text{mm}.$$

8.11　根据 8.10 题所获悉的数据,进一步求出晶体内该 e 光的射线折射率 n_r 和法线折射率 n_N,以及相应的光程 L_r 和 L_N.

解　接上一题,确定了射线角 ξ 或法向角 θ,便可以按公式算出射线折射率 $n_r(\xi)$ 和法向折射率 $n(\theta)$(参见原书 8.2 节):

$$n_r^2(\xi) = n_o^2\cos^2\xi + n_e^2\sin^2\xi$$

$$= (1.658)^2 \times \cos^2 56° + (1.486)^2 \times \sin^2 56° \approx 2.3773,$$

$$n_r(56°) \approx 1.5418;$$

$$n^2(\theta) = \frac{n_o^2 n_e^2}{n_e^2 \cos^2\theta + n_o^2 \sin^2\theta}$$

$$= \frac{(1.658 \times 1.486)^2}{(1.486 \times \cos 50°)^2 + (1.658 \times \sin 50°)^2} \approx 2.4036,$$

$$n(50°) \approx 1.5503.$$

于是,法向光程

$$L_N(50°) = n(50°) \cdot l_N = nd = 1.5503 \times 20\,\text{mm} \approx 31.006\,\text{mm};$$

射线光程

$$L_r(56°) = n_r(56°) \cdot l_r = n_r \frac{d}{\cos\alpha} = 1.5418 \times \frac{20\,\text{mm}}{\cos 6°} \approx 31.006\,\text{mm}.$$

这正是所期望的,因为射线点 E 和法向点 N 同处于一个波面上,或者说,波法线与射线从入射点开始分离,分别到达 N 点和 E 点,两者所需时间是相等的,所以光程也应当相等,即 $L_N(\theta) = L_r(\xi)$.

8.12 如图(a)所示,光线入射角为 i,光轴倾角为 β,主截面与入射面重合,且 $i = \frac{\pi}{2} - |\beta|$,即晶体外光线的入射方向与晶体内的光轴方向一致.

(1) 你认为此种情形下光线在晶体内会发生双折射吗?

(2) 如是,试求出 o 光、e 光的射线方向. 设该晶体的两个主折射率为 $n_o = 1.88$,$n_e = 1.44$;$i = 30°$. 提示:参考 8.2 节例题——求斜入射且斜光轴时 e 光折射角.

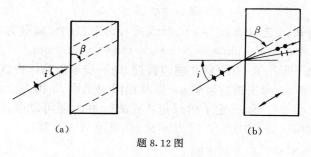

题 8.12 图

解 (1) 虽然晶体外入射光线平行于晶体内光轴方向,但在晶体内部 o 光线和 e 光线仍将分离,至少这样认为是稳妥的. 这是一个斜光轴且斜入射时的双折射问题(参见原书 8.3 节).

(2) 这时,射线角 ξ 满足一个很长的公式,

$$\tan \xi = n_o^2 \frac{\sin \beta \cdot \cos \beta + \sqrt{\left(\dfrac{\sin i \cdot \cos \beta}{n_e}\right)^2 + \left(\dfrac{\sin i \cdot \sin \beta}{n_o}\right)^2 - \left(\dfrac{\sin^2 i}{n_o n_e}\right)^2}}{\sin^2 i - n_e^2 \sin^2 \beta},$$

据题意,令入射角 $i = 30°$,光轴倾角 $\beta = -60°$;$n_o = 1.88$,$n_e = 1.44$,这一对数据纯属主观设定,未发现实际晶体的折射率差值 Δn 有如此大的. 让我们首先算出各项数值:

$$n_o^2 = (1.88)^2 \approx 3.5344, \quad n_e^2 = (1.44)^2 \approx 2.0736,$$

$$\sin \beta \cdot \cos \beta = -\sin 60° \cdot \cos 60° \approx -0.4330,$$

$$\left(\frac{\sin i \cdot \cos \beta}{n_e}\right)^2 = \frac{(\sin 30° \cdot \cos 60°)^2}{n_e^2} \approx 0.0301,$$

$$\left(\frac{\sin i \cdot \sin \beta}{n_o}\right)^2 = \frac{(\sin 30° \cdot \sin 60°)^2}{n_o^2} \approx 0.0531,$$

$$\left(\frac{\sin^2 i}{n_o n_e}\right)^2 = \frac{(\sin 30°)^4}{n_o^2 n_e^2} \approx 0.0085,$$

$$\sin^2 i - n_e^2 \sin^2 \beta = (\sin 30°)^2 - 2.0736 \times (\sin 60°)^2$$
$$\approx -1.3052;$$

于是,

$$\tan \xi = 3.5344 \times \frac{-0.4330 + \sqrt{0.0301 + 0.0531 - 0.0085}}{-1.3052}$$

$$= \frac{3.5344 \times 0.1597}{1.3052} \approx 0.4325,$$

得

射线角 $\xi = \arctan(0.4325) \approx 23.39°$,

折射角 $i_e = \dfrac{\pi}{2} + \beta - \xi = 90° + (-60°) - 23.39° = 6.61°$.

再看 o 光线的折射角 i_o,它满足通常的折射定律,

$$n_o \sin i_o = \sin i, \quad i_o = \arcsin\left(\frac{\sin i}{n_o}\right) = \arcsin\left(\frac{\sin 30°}{1.88}\right) \approx 15.42°.$$

由此可见,在晶体内 o 光线与 e 光线是分离的,如题图(b)所示.

本题旨在让读者正确理解这样一句论述：在晶体内部光沿光轴方向不发生双折射. 这并不意味着像本题给出的条件下，光进入晶体不发生双折射.

※   ※   ※

8.13 一个沃拉斯顿棱镜其顶角 $\alpha = 15°$，求两条出射光线之夹角.

解 本题与原书 395 页例题 1 完全类似，只是该棱镜之顶角从 25° 改为 15°. 这里对其分析从略，仅给出具体数据（对钠黄光而言）. 经中间那黏合界面，入射光束一分为二，其折射角分别为

$$i_1 = \arcsin\left(\frac{n_e}{n_o}\sin\alpha\right) = \arcsin\left(\frac{1.4864}{1.6584}\cdot\sin 15°\right) \approx 13.41°,$$

$$i_2 = \arcsin\left(\frac{n_o}{n_e}\sin\alpha\right) = \arcsin\left(\frac{1.6584}{1.4864}\cdot\sin 15°\right) \approx 16.78°,$$

$$\Delta i = i_2 - i_1 = 3.37°;$$

这两束光到达右端面的入射角分别为

$$\alpha_1 = (i_1 - \alpha) = 13.41° - 15° = -1.59°,$$

$$\alpha_2 = (i_2 - \alpha) = 16.78° - 15° = 1.78°;$$

它们进入空气的折射角分别为

$$i_1' = \arcsin(n_o \sin\alpha_1) = -\arcsin(1.6584 \times \sin 1.59°) \approx -2.64°,$$

$$i_2' = \arcsin(n_e \sin\alpha_2) = \arcsin(1.4864 \times \sin 1.78°) \approx 2.65°.$$

最终获知从该沃拉斯顿棱镜射出的双光束其夹角为

$$\Delta i' = i_2' - i_1' = 5.29°.$$

8.14 用方解石或石英制作针对钠黄光的 $\lambda/4$ 波晶片.

(1) 试求它们的最小厚度 d_1, d_2 各为多少？

(2) 若改用汞绿光入射 d_1 片或 d_2 片，其相位延迟 δ_1, δ_2 各为多少？

解 (1) $\lambda/4$ 波晶片的最小厚度 d_0 满足

$$d_0 = \frac{\lambda}{4\Delta n}, \quad \Delta n = n_o - n_e, \quad \text{负晶体；}$$

$$\Delta n = n_e - n_o, \quad \text{正晶体.}$$

若材质选取方解石，对钠黄光其波长 589.3 nm 而言，这 $\lambda/4$ 片的最

小厚度为

$$d_1 \approx \frac{589.3\,\text{nm}}{4 \times (1.6584 - 1.4864)} = 856.5\,\text{nm} \approx 0.86\,\mu\text{m};$$

若材质选取石英,对钠黄光而言这 $\lambda/4$ 片的最小厚度为

$$d_2 = \frac{589.3\,\text{nm}}{4 \times (1.5534 - 1.5443)} \approx 16.19\,\mu\text{m}.$$

(2)若改用汞绿光其波长 λ' 为 546.1 nm,那上述两个 $\lambda/4$ 片所产生的相位差 δ' 就不等于 $\pm\pi/2$ 了,因为波长不同了,且 $\Delta n'$ 也因波长而异. 根据附加相位差公式

$$\delta' = (\varphi_o - \varphi_e) = \frac{2\pi}{\lambda'}(n_e' - n_o')d = \frac{2\pi}{\lambda'}\Delta n' \cdot \frac{\lambda}{4\Delta n}$$

$$= \frac{\pi}{2} \cdot \frac{\lambda}{\lambda'} \cdot \frac{\Delta n'}{\Delta n},$$

得方解石、钠黄光的 $\lambda/4$ 片对汞绿光的附加相位差为

$$\delta_1' = \frac{\pi}{2} \times \frac{589.3\,\text{nm}}{546.1\,\text{nm}} \times \frac{(1.4879 - 1.6617)}{(1.6584 - 1.4864)}$$

$$= \frac{\pi}{2} \times 1.0791 \times (-1.0105) \approx -98.14°;$$

得石英、钠黄光的 $\lambda/4$ 片对汞绿光的附加相位差为

$$\delta_2' = \frac{\pi}{2} \times 1.0791 \times \frac{(1.5554 - 1.5462)}{(1.5534 - 1.5443)}$$

$$= \frac{\pi}{2} \times 1.0791 \times 1.0110 \approx 98.19°.$$

由此可见,它们均偏离 $\pm 90°$,且偏离值相近,约为 $\pm 8°$,即其偏离率大致为 10%,其主要贡献因子是那 1.079,它是由波长比值引来的,而因子 $\Delta n'/\Delta n$ 仅贡献 1% 的影响,且与材质的关系不大.

8.15 一方解石棱镜其顶角为 30°,光轴垂直棱镜主截面,一束钠黄光从左侧正入射,求从这棱镜右侧出射两束光的射线方向和偏振方向. 要求作出示意图. 注:棱镜的主截面定义为与棱镜的折射棱边正交的那个截面.

解 参见题图,在这方解石棱镜内部 e 光为快光,但 e 光和 o 光两者传播方向并不分离,均以入射角 $i = \alpha = 30°$ 射向其第二表面,而进入空气的折射角分别为

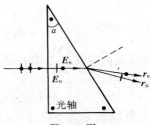

题 8.15 图

$$i_e = \arcsin(n_e \sin i) = \arcsin(1.4864 \times \sin 30°) \approx 48°,$$

$$i_o = \arcsin(n_o \sin i) = \arcsin(1.6584 \times \sin 30°) \approx 56°.$$

8.16　　一单色线偏振的窄光束正入射于一方解石晶体而出现双折射,其偏振方向与晶体主截面之夹角为 30°;一偏振片置于晶体后面,其主截面与原入射线偏振成 50° 角.求最终出射的两束光之光强比值.

解　　如题图(a)所示,设经晶体 C 双折射后的两窄光束,从偏振片 P 透射而出的光强分别为 I_1 和 I_2,其光振幅可由图(b)两次投影而得到,

$$A_1 = A \cos\alpha \cdot \cos(\beta - \alpha),$$

$$A_2 = A \sin\alpha \cdot \sin(\beta - \alpha),$$

故,这两光束之强度比值为

$$\frac{I_2}{I_1} = \frac{A_2^2}{A_1^2} = (\tan\alpha \cdot \tan(\beta - \alpha))^2$$

$$= (\tan 30° \times \tan(50° - 30°))^2 \approx 0.037.$$

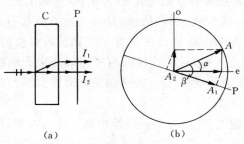

(a)　　　　　　　　(b)

题 8.16 图

若偏振片透振方向选为逆时针 $\beta=50°$,则

$$\frac{I_2}{I_1} = (\tan\alpha \cdot \tan(\beta+\alpha))^2 = (\tan 30° \times \tan 80°)^2 \approx 10.7.$$

8.17　一块水晶片厚度为 0.850 mm,光轴平行于表面,一波长为 5461 Å 的绿光束正入射于这水晶片. 求 o,e 两光束通过这晶片的光程差和相位差.

解　对于汞绿光 546.1 nm,水晶的两个主折射率为

$$n_o = 1.5462, \quad n_e = 1.5554,$$

于是,o 光与 e 光在该晶片内的光程差为

$$\Delta L = (L_e - L_o) = (n_e - n_o)d$$
$$= (1.5554 - 1.5462) \times 0.850\,\text{mm} \approx 7.82\,\mu\text{m},$$

相应的相位差为

$$\delta = (\varphi_o - \varphi_e) = \frac{2\pi}{\lambda}\Delta L = \frac{2\pi}{546.1\,\text{nm}} \times 7.82\,\mu\text{m} \approx 14.3 \times 2\pi\,\text{rad}.$$

8.18　现有三块自然云母片,经螺旋测厚仪确定其厚度分别为 0.710 mm,0.824 mm 和 0.938 mm. 针对钠黄光,试问:

（1）选用其中哪一片作为 $\lambda/2$ 波晶片最为合适?

（2）其中是否有一片较合适于作为 $\lambda/4$ 波晶片?

（3）要求对上述被选中的波晶片的偏差作出估量,并以相位差的度数明示. 提示:参考原书 398 页 8.3 节例题——剥离云母片的合适厚度.

解　（1）借用原书例题"剥离云母片的合适厚度"所给出的关于那最小厚度的数据

$$d(\lambda/4) = 3.92\,\mu\text{m}, \quad d(\lambda/2) = 7.84\,\mu\text{m}, \quad d(\lambda) = 15.7\,\mu\text{m}.$$

现以全波片厚度 $d(\lambda)$ 为参考值,先算出本题给出的那三块云母片其厚度之倍率:

$$d_1 = 0.710\,\text{mm}, \quad N_1 = \frac{d_1}{d(\lambda)} = \frac{0.710\,\text{mm}}{15.7\,\mu\text{m}} \approx 45.22;$$

$$d_2 = 0.824\,\text{mm}, \quad N_2 = \frac{d_2}{d(\lambda)} = \frac{0.824\,\text{mm}}{15.7\,\mu\text{m}} \approx 52.48;$$

$$d_3 = 0.938\,\text{mm}, \quad N_3 = \frac{d_3}{d(\lambda)} = \frac{0.938\,\text{mm}}{15.7\,\mu\text{m}} \approx 59.75.$$

我们知悉,一全波长产生相位差 2π,这不影响任何简谐量叠加的物理结果,故扣除波长 λ 整数倍以后所余的零头部分,才是影响那物理结果的有效厚度.因此,

对于 d_1 厚度,其有效厚度 $d_{1\text{eff}} \approx 0.22\lambda$;

对于 d_2 厚度,其有效厚度 $d_{2\text{eff}} \approx 0.48\lambda$;

对于 d_3 厚度,其有效厚度 $d_{3\text{eff}} \approx 0.75\lambda$.

如此看来,那厚度为 d_2 的云母片最合适作为 $\lambda/2$ 片,因为

$$0.48\lambda \approx \lambda/2, \qquad 误差为 0.02\lambda.$$

(2) 那厚度为 d_1 的云母片较合适作为 $\lambda/4$ 片,因为

$$0.22\lambda \approx \lambda/4, \qquad 误差为 0.03\lambda.$$

其实,如果允许那 $\lambda/4$ 片所产生的附加相位差有 $\pm\pi/2$ 两种取值的话,则那厚度为 d_3 的云母片更合适作为 $\lambda/4$,因为

$$0.75\lambda = \frac{3}{4}\lambda = \left(1 - \frac{1}{4}\right)\lambda, \qquad 这等效于 -\lambda/4.$$

(3) 选 d_2 片作为 $\lambda/2$ 片的误差为 0.02λ,从相位差的眼光看,这等效于其偏差为

$$\Delta\delta = 0.02 \times 360° \approx 7°;$$

选 d_1 片作为 $\lambda/4$ 片的误差为 0.03λ,故其等效的相位差之偏差为

$$\Delta\delta = 0.03 \times 360° \approx 10°;$$

若选 d_3 片为 $-\lambda/4$ 片,则其偏差几乎为 0,即 $\Delta\delta \approx 0$.

8.19 让一束椭圆偏振光,先后通过一 $\lambda/4$ 片和一张偏振片 P,旨在监测椭圆光的特征.在转动 P 过程中出现了消光,此时 $\lambda/4$ 片的光轴与 P 片的透振方向之夹角为 $22°$.

(1) 求入射的椭圆光之长短轴之比值.

(2) 是否可以凭借这个实验对入射椭圆光的左右旋性作出判断.设 $\lambda/4$ 片提供的附加相位差 $\delta'_{oe} = +\pi/2$.

解 (1) 首先根据题意画出一个恰当的图.基于转动偏振片 P 过程中出现消光这一事实,说明入射于 P 的光必定是一束线偏振光;进而说明最初入射于 $\lambda/4$ 片的椭圆光是一正椭圆,这是相对于晶片 (e, o) 坐标架而言.惟有如此,那椭圆光在 $\lambda/4$ 片的入射点的相位差为

$$\delta_\lambda = \pm \frac{\pi}{2},$$

其中"+"为右旋,"一"为左旋. 而 $\lambda/4$ 片产生的
附加相位差为

$$\delta_{oe} = \pm \frac{\pi}{2},$$

故两个正交光扰动 $\boldsymbol{E}_o(t)$ 与 $\boldsymbol{E}_e(t)$ 在 $\lambda/4$ 片出射点
的相位差为

$$\delta_{出} = \delta_\lambda + \delta_{oe} = \pi, 0.$$

即,出射光的偏振态必定是一线偏振光,题图中画出的是 $\delta_{出}=0$ 的
情形,这对应于 $\delta_\lambda=-\pi/2$(左旋), $\delta_{oe}=\pi/2$. 此线偏振光取向于一、
三象限. 故那消光方向必定是 P 相对光轴 e 顺时转过 22°. 由此转角,
我们可以确定这椭圆光的长短轴(振幅)之比值,

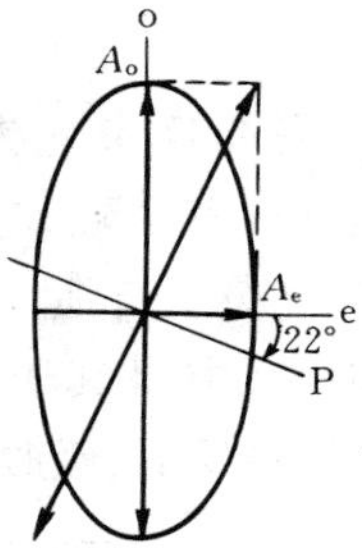

$$\frac{A_e}{A_o} = \tan 22° \approx 0.40,$$

即

$$\frac{A_o}{A_e} \approx 2.5.$$

(2) 如果,入射光为右旋椭圆光,则 $\delta_\lambda=+\pi/2$,而 $\lambda/4$ 片又产生
$\delta_{oe}=+\pi/2$,于是, $\delta_{出}=\pi$,即那合成的线偏振光的振动方位处于二、
四象限,那么,消光位置必然出现于 P 相对光轴 e 逆时针转过 22°. 换
言之,人们可以从消光时的偏振片之转角为 $+22°$(逆时针),或 $-22°$
(顺时针),来判定那入射椭圆光的左、右旋性:

$$+ 22° \quad\Longleftrightarrow\quad 右旋;$$
$$- 22° \quad\Longleftrightarrow\quad 左旋.$$

其前提条件是,人们已经确认了那 $\lambda/4$ 片的光轴方向.

8.20 一强度为 I_0 的右旋圆偏振光正入射于一 $\lambda/4$ 片,然后再
通过一偏振片 P,其透振方向相对 $\lambda/4$ 片光轴方向顺时针转 15°.

(1) 求最后出射光强. 设 $\lambda/4$ 片提供的附加相位差 $\delta'_{oe}=-\pi/2$.

(2) 若 P 之透振方向逆时针转 15°,出射光强为多少?

解 (1) 考量到入射于 $\lambda/4$ 片的那两个正交振动 $\boldsymbol{E}_o(t)$ 与 $\boldsymbol{E}_e(t)$
之相位差 $\delta_\lambda=+\pi/2$,而 $\lambda/4$ 片添加的相位差 $\delta_{oe}=-\pi/2$,故从 $\lambda/4$
片射出的那两个正交振动的相位差为

题 8.19 图

$$\delta_{出} = \delta_\lambda + \delta_{oe} = \frac{\pi}{2} - \frac{\pi}{2} = 0,$$

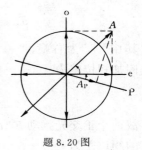

这表明这束光为一线偏振光,其振动取向于一、三象限,与光轴 e 之夹角为 45°(逆时针转向). 于是,我们可以直接应用马吕斯定律,求得其通过偏振片 P 之振幅和光强(忽略反射、吸收损耗),

题 8.20 图

$$A_P = A\cos(45° + 15°) = \frac{1}{2}A,$$

$$I_P = A_P^2 = \frac{1}{4}I_0, \quad I_0 = A^2 \quad (\text{入射圆偏振光之光强}).$$

(2) 若偏振片相对光轴 e 逆时针转过 15°,则

$$A_P = A\cos(45° - 15°) = \frac{\sqrt{3}}{2}A, \quad I_P = \frac{3}{4}I_0.$$

8.21　凭借一波晶片是否可能将一椭圆偏振光改变为一圆偏振光?下面的习题有助于解答这个问题. 设一右旋椭圆偏振光其长短轴之比值为 $A_y/A_x = 3$,正入射于一波晶片其光轴方向相对于 y 轴或 x 轴为 45°,于是获得 o、e 两个正交振动,且两者等振幅,$A_o = A_e$. 进一步讨论相位差问题:

(1) 对波晶片的入射点而言,o、e 两个振动的相位差 δ_λ 为多少?

(2) 波晶片提供的附加相位差 δ_{oe} 应满足何种条件可使出射光为圆偏振光?

解　在正交坐标架 (xy) 中让那晶片光轴 e 取向 45°,从而建立起另一个正交坐标架 (e,o),并画出一正方框外切于那右旋正椭圆光,如题图所示. 显然在 (e,o) 坐标架看来,这椭圆光是一个斜椭圆,这表明其两个正交振动 $E_o(t)$ 与 $E_e(t)$ 之相位差 $\delta_\lambda \neq \pm\pi/2$,0 或 π,然而,其两个振幅是相等的,$A_o = A_e$,这满足了构成圆偏振光的一个条件. 为了满足另一个条件——从波晶片出射的 o、e 振动之相位差 $\delta_{出} = \pm\pi/2$,我们必须考量本题中那 δ_λ 究竟为何值.

(1) 为此,先分别计算入射点处的 $E_e(t)$ 之相位 φ_e,$E_o(t)$ 之相位 φ_o. 设 $\varphi_x = 0$,$\varphi_y = +\pi/2$(右旋),于是,

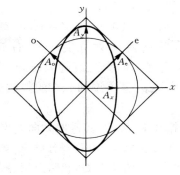

题 8.21 图

$$E_x(t) = A_x \cos \omega t, \quad E_y(t) = A_y \cos\left(\omega t + \frac{\pi}{2}\right),$$

进而写出，

$$E_e(t) = A_x \cos 45° \cdot \cos \omega t + A_y \cos 45° \cdot \cos\left(\omega t + \frac{\pi}{2}\right)$$

$$= \frac{\sqrt{2}}{2}\left(A_x \cos \omega t + A_y \cos\left(\omega t + \frac{\pi}{2}\right)\right)$$

$$= A_e \cos(\omega t + \varphi_e),$$

我们可以用矢量图解法处理这两个问题简谐量的叠加，遂得

$$A_e = \frac{\sqrt{2}}{2} \cdot \sqrt{A_x^2 + A_y^2} = \sqrt{5} \quad (\text{据题意，设 } A_x = 1, A_y = 3),$$

$$\varphi_e = \arctan \frac{A_y}{A_x} = \arctan 3 \approx 71.6°;$$

同理，

$$E_o(t) = \frac{\sqrt{2}}{2}\left(A_x \cos(\omega t + \pi) + A_y \cos\left(\omega t + \frac{\pi}{2}\right)\right)$$

$$= A_o \cos(\omega t + \varphi_o),$$

这里，　　　　　$A_o = \sqrt{5}$，　　$\varphi_o = \arctan(-3) = 108.4°.$

最后得入射点那相位差为

$$\delta_\lambda = \varphi_o - \varphi_e = 108.4° - 71.6° = 36.8°.$$

（2）为了产生圆偏振光，应令

$$\delta_{\text{出}} = \pm 90°, \quad \text{即} \quad (\delta_\lambda + \delta_{oe}) = \pm 90°,$$

于是求得那波晶片产生的相位差为

$$\delta_{oe} = \pm 90° - \delta_\lambda = \pm 90° - 36.8° = 53.2° \text{ 或 } -126.8°.$$

其中，$\delta_{oe} = 53.2°$，意味着出射光为一个右旋圆偏振光；$\delta_{oe} = -126.8°$，意味着出射光为一个左旋圆偏振光. 当然, 切割晶片的实际厚度可被允许使上述 δ_{oe} 值再添加 360° 的整数倍.

※ ※ ※

8.22 一对偏振片 P_1 和 P_2 其透振方向之夹角为 30°, 其间插入一波晶片其光轴方向恰在那 30° 角的平分线上, 如图(a). 设入射光为一单色自然光, 振幅为 A, 光强为 I_0, 忽略反射、吸收等损耗.（要求作出示意图）

(1) 求从波晶片出射的 o 光, e 光的振幅和光强.

(2) 求投影于 P_2 透振方向的那两个振动成分的振幅和光强.

(3) 求最终通过 P_2 的输出光强 I_2, 设波晶片为 $\lambda/4$ 片.

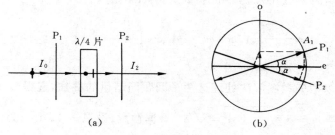

题 8.22 图

解 (1) 参见题图(b), 入射于波晶片之光振幅为 A_1, 分别投影于光轴 e 及其正交轴 o, 获得 e 光、o 光的振幅和光强分别为

$$A_e = A_1 \cos\alpha = \frac{A}{\sqrt{2}} \cos 15° \approx 0.68A,$$

$$I_e = A_e^2 = (0.68)^2 A^2 \approx 0.46 I_0;$$

$$A_o = A_1 \sin\alpha = \frac{A}{\sqrt{2}} \sin 15° \approx 0.18A,$$

$$I_o = A_o^2 = (0.18)^2 A^2 \approx 0.033 I_0;$$

$$(I_e + I_o) \approx 0.493 I_0 \approx 0.5 I_0.$$

（2）投影于 P_2 透振方向的两个振幅和光强分别为

$$A_{2e} = A_e \cos \alpha = A_1 \cos^2 \alpha \approx 0.66A, \quad I_{2e} = A_{2e}^2 \approx 0.44I_0;$$

$$A_{2o} = A_o \sin \alpha = A_1 \sin^2 \alpha \approx 0.047A, \quad I_{2o} = A_{2o}^2 \approx 0.0022I_0.$$

（3）从 P_2 射出的光强 I_2 是那两个振动 $E_{2e}(t)$ 与 $E_{2o}(t)$ 相干叠加的强度，

$$I_2 = A_{2e}^2 + A_{2o}^2 + 2A_{2e}A_{2o} \cos \delta_2,$$

$$\delta_2 = \delta_\lambda + \delta_{oe} + \delta'',$$

据题意和题图可知，$\delta_\lambda = 0$，$\delta_{oe} = \pi/2$，$\delta'' = \pi$，于是，

$$I_2 = I_0 \left(0.44 + 0.0022 + 2 \times 0.44 \times 0.0022 \times \cos \frac{3\pi}{2} \right)$$

$$= I_0(0.44 + 0.0022) \approx 0.44I_0 = I_{2e}.$$

本题中最终参与相干叠加的那两个光振动的振幅之比实在太悬殊，几近 200 倍，以致 $I_2 \approx I_{2e}$。

8.23 在一对正交的偏振片 P_1 和 P_2 之间插入一块 $\lambda/4$ 片，其光轴与 P_1 透振方向成 $60°$ 角. 一强度为 I_0 的单色自然光正入射于该系统，求出射光的强度. 忽略反射、吸收损耗，要求作图示意.

解 本题也属于偏振光干涉一类的问题，其求解的标准程序是，先算出振幅 A_{2e} 和 A_{2o}，再分析这两者的相位差 δ_2，最后利用双光束干涉强度公式求得从 P_2 输出的光强 I_2. 参见题图可获知，

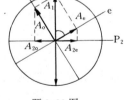

题 8.23 图

$$A_{2e} = A_1 \cos 60° \cdot \cos 30° = \frac{\sqrt{3}}{4}A_1,$$

$$A_{2o} = A_1 \sin 60° \cdot \sin 30° = \frac{\sqrt{3}}{4}A_1,$$

$$\delta_2 = \delta_\lambda + \delta_{oe} + \delta'' = 0 + \frac{\pi}{2} + \pi = \frac{3}{2}\pi,$$

于是，

$$I_2 = A_{2e}^2 + A_{2o}^2 + 2A_{2e}A_{2o} \cos \delta_2$$

$$= A_1^2 \left(\frac{3}{16} + \frac{3}{16} + 0 \right) = \frac{6}{16}A_1^2 = \frac{3}{16}I_0,$$

$$\left(\text{注意}\ A_1^2 = I_1 = \frac{I_0}{2}\right).$$

8.24 一块波晶片由方解石切割而成,其厚度 $d = 25\ \mu\text{m}$,现将其置于一对正交偏振片之间,波晶片的光轴方向恰巧与透振方向成 45°角. 设在可见光波段,方解石的两个主折射率的平均值为 $\bar{n}_o \approx 1.6671$,$\bar{n}_e \approx 1.4904$. 要求作图示意.

(1) 在可见光谱区哪些波长的光几乎不能通过该系统?

(2) 若将第二个偏振片转过 90°,又是哪些波长的光几乎不能通过该系统?

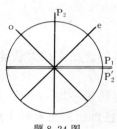

题 8.24 图

解 (1) 这是一个由偏振光干涉而导致的显色现象. 对于给定厚度 d 的波晶片,虽然 o 光与 e 光的光程差几乎恒定,即

$$\Delta L = (n_o - n_e)d,$$

但其引致的相位差却因波长的不同而有显著的差别,

$$\delta_{eo} = \frac{2\pi}{\lambda}\Delta L = \frac{2\pi}{\lambda}(n_o - n_e)d.$$

这里,我们忽略了 $\Delta n = (n_o - n_e)$ 多少也是与波长有关的事实,因为相比 $1/\lambda$ 因子,$\Delta n(\lambda)$ 的变化实在是个高级小量,与此相应,选取平均值 $(\bar{n}_o - \bar{n}_e)$ 来计算 δ_{eo} 更恰当. 据题意,凡满足

$$\delta_{eo} = 2k\pi \quad \text{或} \quad \lambda_k = \frac{(\bar{n}_o - \bar{n}_e)d}{k}, \quad k = 1, 2, 3, \cdots$$

这些波长的光,从晶片射出的仍为线偏振光,其偏振方向平行于 P_1,即与 P_2 正交而消光. 据此,算出这些波长系列为

$k=1,\quad \lambda_1 = (1.6671-1.4904)\times 25\ \mu\text{m} = 4.4175\ \mu\text{m}$,近红外光;

$k=11,\quad \lambda_{11} = 401.6\ \text{nm}$,紫光;　　　$k=10,\ \lambda_{10} = 441.8\ \text{nm}$,蓝光;

$k=9,\quad \lambda_9 = 490.8\ \text{nm}$,绿光;　　　$k=8,\ \lambda_8 = 552.2\ \text{nm}$,黄光;

$k=7,\quad \lambda_7 = 631.1\ \text{nm}$,红光;　　　$k=6,\ \lambda_6 = 736.3\ \text{nm}$,红光.

(2) 如果将偏振片 P_2 转向 P_1 方位,当那些波长 λ_k' 使这晶片成为一个 $\lambda/2$ 片时,这些波长的光则无法通过 P_2,因为它们通过 $\lambda/4$ 片以后成为一个线偏振光,其偏振方位转过了 $2\times 45° = 90°$,恰巧与 P_2

透振方向正交而消光.这些波长系列满足

$$\delta'_{eo} = (2k+1)\pi = \left(k + \frac{1}{2}\right)2\pi,$$

$$\lambda'_k = \frac{(\bar{n}_o - \bar{n}_e)d}{\left(k + \dfrac{1}{2}\right)} = \frac{4.4175\,\mu m}{\left(k + \dfrac{1}{2}\right)}, \quad k = 0,1,2,\cdots,$$

其处于可见光波段的数值如下:

$$\lambda'_{11} = 384.1\,nm,紫端; \quad \lambda'_{10} = 420.7\,nm;$$

$$\lambda'_9 = 465.0\,nm; \quad\quad\quad \lambda'_8 = 59.7\,nm;$$

$$\lambda'_7 = 589.0\,nm; \quad\quad\quad \lambda'_6 = 679.6\,nm.$$

8.25 一右旋椭圆偏振光相继通过一块波晶片和一块偏振片.波晶片由负晶体制成,它对入射光的有效光程差为$(n_o - n_e)d = \lambda/6$,且其光轴方向已对准椭圆光的短轴方向;偏振片透振方向沿光轴左旋30°角;入射光总光强为I_0,其极大、极小光强比为4.

(1)求出射光强 I.

(2)若入射光改变为左旋,而其他条件均不变,出射光强为多少?

(3)在偏振片转动过程中,出射光强的极大值和极小值分别为多少?

解 (1)本题也属于偏振光之干涉,虽然该系统仅有一个偏振片 P;因为本题入射的是一个右旋椭圆光,它在波晶片入射点的两个正交振动之间,已有确定的相位差 $\delta_\lambda = +\pi/2$,故一般装置中面对自然光入射的第一个偏振片 P_1就无必要了.参见题图可获知,

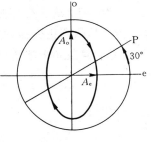

题 8.25 图

$$A_{2e} = A_e \cos 30° = \frac{\sqrt{3}}{2} A_e,$$

$$A_{2o} = A_o \sin 30° = \frac{1}{2} A_o;$$

又据题意,$I_0 = 4I_e$,故 $A_o = 2A_e$;通过该晶片添加的相位差为

$$\delta_{oe} = \frac{2\pi}{\lambda}(n_e - n_o)d = -\frac{2\pi}{\lambda}(n_o - n_e)d = -\frac{2\pi}{\lambda} \cdot \frac{\lambda}{6} = -\frac{\pi}{3}.$$

于是,参与 P 方向相干叠加的那两个振动之相位差为

$$\delta_2 = \delta_\lambda + \delta_{oe} + \delta'' = +\frac{\pi}{2} - \frac{\pi}{3} + 0 = \frac{\pi}{6}.$$

最终求出从偏振片 P 输出的光强为

$$I_2 = A_{2e}^2 + A_{2o}^2 + 2A_{2e}A_{2o} + 2A_{2e}A_{2o}\cos\delta_2$$

$$= A_e^2\left(\frac{3}{4} + 1 + 2\times\frac{\sqrt{3}}{2}\times 1\times\cos\frac{\pi}{6}\right)$$

$$= \frac{13}{4}I_e = \frac{13}{20}I_0 \quad (I_0 \text{ 为入射椭圆光的总光强}).$$

（2）若入射光改变为左旋椭圆偏振光,而其他条件均不变,则仅导致相位差的改变,

$$\delta_\lambda' = -\frac{\pi}{2}, \quad \delta_2' = -\frac{\pi}{2} - \frac{\pi}{3} + 0 = -\frac{5}{6}\pi,$$

于是,最终输出光强改变为

$$I_2' = A_e^2\left(\frac{3}{4} + 1 + 2\times\frac{\sqrt{3}}{2}\times 1\times\cos\left(-\frac{5\pi}{6}\right)\right)$$

$$= \frac{1}{4}I_e = \frac{1}{20}I_0.$$

（3）若要求出在 P 转动过程中所获得的极大光强 I_M 和极小光强 I_m 为多少,从头推导则颇为复杂,因为偏振片面对的是一斜椭圆偏振光,其两个正交振动之相位差为 δ. 好在原书已经在第 2 章 2.14 节应用了偏振光干涉法导出其结果,故有现成公式可套用:

$$I_M = \frac{1}{2}I_0 + \frac{1}{2}\sqrt{I_x^2 + I_y^2 + 2I_xI_y\cos 2\delta},$$

结合本题,令

$$I_x = I_e = \frac{1}{5}I_0, \quad I_y = I_o = 4I_e = \frac{4}{5}I_0,$$

$$\delta = \delta_\lambda + \delta_{oe} = -\frac{\pi}{3}, \quad \cos 2\delta = \cos\left(-\frac{2\pi}{3}\right) = -\frac{1}{2},$$

代入,得

$$I_M = \frac{1}{2}I_0 + \frac{1}{2}I_e\sqrt{1 + 16 - 2\times 1\times 4\times\frac{1}{2}}$$

$$= \frac{5 + \sqrt{13}}{10} I_0 \approx 0.86 I_0,$$

$$I_m = I_0 - I_M \approx 0.14 I_0.$$

8.26 一左旋圆偏振光相继通过一波晶片和一偏振片. 波晶片由正晶体制成, 其对入射光产生的有效光程差为 $(n_e - n_o)d = \lambda/3$; 偏振片透振方向沿光轴右旋 30°角. 设入射光强度为 I_0.

(1) 参与偏振片透振方向相干叠加的两个振动的相位差 δ_{oe} 为多少(rad)?

(2) 求出射光强. 要求作出示意图.

(3) 若入射光改为右旋, 而其他条件均不变, 求出射光强.

解 (1) 决定这相位差 δ_{oe} 有三项, 据题意, 在晶片入射点 $\delta_\lambda = -\dfrac{\pi}{2}$, 左旋;

传播于晶片中而添加的,

$$\delta'_{oe} = \frac{2\pi}{\lambda}(n_e - n_o)d = \frac{2\pi}{\lambda} \cdot \frac{\lambda}{3} = \frac{2\pi}{3};$$

(o, e) 坐标轴投影于 P 方向引来的,

$$\delta'' = \pi.$$

于是,

$$\delta_{oe} = \delta_\lambda + \delta'_{oe} + \delta'' = -\frac{\pi}{2} + \frac{2\pi}{3} + \pi = \frac{7\pi}{6}.$$

(2) 参见题图, 参与 P 方向相干叠加的那两个振动之振幅分别为

$$A_{eP} = A_e \cos 30° = \frac{\sqrt{3}}{2} A,$$

$$A_{oP} = A_o \sin 30° = \frac{1}{2} A,$$

$$A_o = A_e = A, \quad A^2 = \frac{1}{2} I_0, \quad I_0 \text{ 为入射光强.}$$

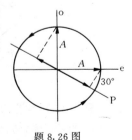

题 8.26 图

于是求得这系统的输出光强为

$$I_P = A_{eP}^2 + A_{oP}^2 + 2 A_{eP} A_{oP} \cos \delta_{oe}$$

$$= A^2\left(\frac{3}{4} + \frac{1}{4} + 2 \times \frac{\sqrt{3}}{2} \times \frac{1}{2}\cos\frac{7\pi}{6}\right)$$

$$= \frac{1}{4}A^2 = \frac{1}{8}I_0.$$

（3）若入射光改变为右旋圆偏振光，而其他条件均不变，则

$$\delta_\lambda = +\frac{\pi}{2}, \quad \delta_{oe} = +\frac{\pi}{2} + \frac{2\pi}{3} + \pi = \frac{13}{6}\pi, \quad \text{等效于} \frac{\pi}{6}.$$

相应的输出光强改变为

$$I_P = A^2\left(\frac{3}{4} + \frac{1}{4} + 2 \times \frac{\sqrt{3}}{2} \times \frac{1}{2}\cos\frac{\pi}{6}\right) = \frac{7}{8}I_0.$$

8.27　汞灯的 4047 Å 紫色平行光束正入射于一偏振光干涉系统，该系统即是在两个正交偏振片 P_1 和 P_2 之间放置一楔形水晶薄棱镜，棱镜顶角 $\alpha = 0.5°$，光轴平行棱边且与偏振片透振方向成 45° 角.

（1）通过 P_2 看到的干涉图样是怎样的？（要求作图示意.）

（2）相邻暗纹的间隔 d 为多少？已知 $n_o = 1.5572, n_e = 1.5667$.

（3）若将 P_2 转过 90°，干涉图样有何变化？

（4）维持 P_1, P_2 正交，但将水晶棱镜的光轴方向转过 45°，使之与 P_1 透振方向平行，干涉图样有何变化？

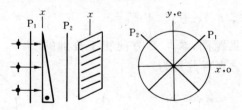

题 8.27 图

解　（1）本题也属于偏振光之干涉问题，其特点是在两个偏振片之间的那个样品，既是各向异性的又是非均匀性的，即它是一个非均匀的各向异性样品，从而使该系统的输出呈现干涉花样，即输出光强 I 随位置 (x, y) 而变化，表现为 $I(x, y)$ 函数. 本题情况比较简单，其干涉花样为一组平行的直条纹，出现于偏振片 P_2 右方的空间（参见原书 8.5 节）.

(2) 其条纹间距为

$$\Delta x = \frac{\lambda}{\alpha \cdot \Delta n} = \frac{404.7\,\mathrm{nm}}{\frac{0.5}{57.3}\mathrm{rad} \times (1.5667 - 1.5572)} \approx 4.9\,\mathrm{mm}.$$

(3) 若将 P_2 转过 $90°$,而与 P_1 透振方向一致,则输出的依然是一组平行的直条纹,只是原亮纹变为暗纹,原暗纹变为亮纹,即亮纹与暗纹位置互换.

(4) 若依然维持 $P_1 \perp P_2$,而转动这棱镜光轴至 $e /\!/ P_1$,这时输出端成为一片暗场.因为这时从 P_1 射出的线偏振光,对棱镜而言它是纯粹的 e 光,无 o 光分量;故,从棱镜射出的依然是同一偏振方向的线偏振光,显然它被 P_2 片完全吸收而消光.读者由此可以想像在棱镜光轴转动过程中,输出端将呈现怎样变化的景象.

8.28 一束钠黄光正入射于一巴比涅补偿器,参见原书 8.4 节图 8.22(b).该补偿器由水晶制成,其楔角 $\alpha = 2.75°$,并置于两个正交偏振片之间.已知对钠黄光水晶的两个主折射率为 $n_o = 1.544\,25$,$n_e = 1.553\,36$.

(1) 从补偿器出射的两束平行光之夹角 $\Delta\theta$ 为多少?

(2) 通过 P_2 而出现的干涉条纹的间隔 Δx 为多少?

解 (1) 巴比涅补偿器的结构,如同沃拉斯顿棱镜,它由两个小角薄棱镜密接而成,最终输出两束平行光其夹角为 $\Delta\theta$,射向第二个偏振片而实现相干叠加.鉴于其顶角 α 很小,我们可以直接套用小角棱镜之偏向角公式,而求出 $\Delta\theta$.那两个正交振动的光,经两次折射,其偏向角分别为

一个振动的光,从 $n_e \rightarrow n_o$,偏向角 $\delta_1 = \left(\dfrac{n_e}{n_o} - 1\right)\alpha$,朝上;

从 $n_o \rightarrow 1$(空气),偏向角 $\delta_1' = (n_o - 1)\alpha$,再朝上;

另一振动的光,从 $n_o \rightarrow n_e$,偏向角 $\delta_2 = \left(\dfrac{n_o}{n_e} - 1\right)\alpha$,朝下;

从 $n_e \rightarrow 1$(空气),偏向角 $\delta_2' = -(n_e - 1)\alpha$,再朝下.

于是,最终从巴比涅补偿器出射的那两束平行光之夹角为

$$\Delta\theta = (\delta_1 + \delta_1') - (\delta_2 + \delta_2')$$

$$= \left(\left(\frac{n_e}{n_o} - \frac{n_o}{n_e} \right) + (n_o + n_e) - 2 \right) \alpha$$

$$= ((1.0095 - 0.9941) + 3.0977 - 2) \times 2.75°$$

$$\approx 3.06°.$$

（2）我们可以套用两束平行光干涉之条纹间距公式,得本题在 P_2 后空间所得条纹间距为

$$\Delta x \approx \frac{\lambda}{\Delta \theta} = \frac{589.3 \, \text{nm}}{(3.06/57.3)\text{rad}} \approx 0.11 \, \text{mm}.$$

8.29 一巴比涅补偿器置于两个正交偏振片 P_1 和 P_2 之间,且其两个透振方向与补偿器的两个光轴方向互成 45°。通过 P_2 观察到中央有一条暗线且暗纹间隔为 a。今以同波长的椭圆偏振光直接照射这块补偿器以替代 P_1,发现这条暗纹移动 b 距离.

（1）求入射椭圆光相对补偿器两个正交光轴所构成的坐标架,其两个振动之相位差 δ_0 为多少?

（2）若椭圆光的长短轴恰巧对准了补偿器的两个正交的光轴,此时 a,b 有何关系?

（3）若此时 P_2 透振方向与补偿器中一光轴之夹角为 θ,试给出 θ 角与入射椭圆光的长短轴比值之关系.

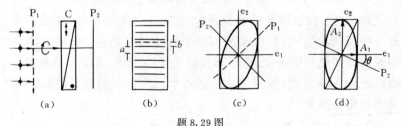

题 8.29 图

解 （1）这未知的椭圆光,可用三个参量 (A_1, A_2, δ_0) 描述之. 存在 P_1 时,进入补偿器的两个正交振动之相位差 $\delta_\lambda = 0$,而改为椭圆光入射时,它变为 $\delta'_\lambda = \delta_0$. 我们知道,干涉场中条纹的移动意味着场点相位差的改变 $\Delta \varphi$,每当移动一个条纹就表明 $\Delta \varphi$ 改变了 2π. 本题中那条纹的移动是由于这入射光的相位差的改变,即

$$(\delta'_\lambda - \delta_\lambda) = \delta_0,$$

故,由那条纹移动 b 距离可得,

$$\delta_0 = \Delta\varphi = \frac{2\pi}{a} \cdot b.$$

（2）对 $(\boldsymbol{e}_1, \boldsymbol{e}_2)$ 坐标架而言,若入射光为正椭圆偏振光,则 $\delta_0 = \pm\pi/2$,代入上式,遂得

$$\frac{2\pi}{a} \cdot b = \pm\frac{\pi}{2}, \quad 即 \quad b = \pm\frac{a}{4},$$

这里,"$\pm$"号分别表示条纹向上移动或向下移动,相应地分别表示入射的椭圆光是右旋的或是左旋的.

（3）对于暗纹位置而言,它必定满足从补偿器射出的光为线偏振光,且其偏振方位与 P_2 正交.由题图(d)获知,此时有

$$\tan\theta = \frac{A_1}{A_2}.$$

　　　　　※　　　　　　　※　　　　　　　※

8.30 已知石英对钠黄光的旋光率 $\alpha = 21.72°/\mathrm{mm}$,试求左、右旋圆偏振光传播于石英晶体沿光轴方向的折射率之差 Δn.

解 晶体旋光率 α 与折射率之差的关系式(原书 8.6 节(8.79)式)为

$$\alpha = \frac{\pi}{\lambda}\Delta n,$$

据此求出石英晶体对左、右旋圆偏振光的折射率之差为

$$\Delta n = \frac{\alpha\lambda}{\pi} = \frac{21.72°/\mathrm{mm}}{180°} \times 589.3\,\mathrm{nm} \approx 7.11 \times 10^{-5}.$$

8.31 在两块正交偏振片之间插入一石英旋光晶片,以消除对人眼最敏感的黄绿光 $\lambda = 550\,\mathrm{nm}$,设石英对这一波长的旋光率 $\alpha = 24°/\mathrm{mm}$.

（1）求这晶片的最小厚度 d_m.

（2）若转动其中一偏振片使两个透振方向平行,此时晶片最小厚度 d'_m 应当为多少?

解 （1）若这旋光晶片使入射的黄绿光之偏振面旋转 $180°$ 的整数倍,即

$$\psi = k \cdot 180°, \quad k = 1, 2, 3, \cdots,$$

则其出射光将被第二个偏振片吸收而消光;另一方面,转角又取决于旋光率 α 和晶片厚度 d,

$$\psi = \alpha \cdot d.$$

两式联立,且令 $k=1$,得那石英旋光晶片满足题意要求的最小厚度为

$$d_{\mathrm{m}} = \frac{180°}{\alpha} = \frac{180°}{24°/\mathrm{mm}} = 7.5\,\mathrm{mm}.$$

(2) 若那两个一前一后的偏振片其透振方向彼此平行,则使黄绿光消失的石英晶片的最小厚度应当为

$$d'_{\mathrm{m}} = \frac{90°}{\alpha} = \frac{90°}{24°/\mathrm{mm}} = 3.75\,\mathrm{mm}.$$

8.32 一石英棒之长度为 5.639 cm,其端面垂直于光轴,被置于两个正交偏振片之间. 现有一束白光正入射于此棒的端面,并用光谱仪观察该系统的透射光.

(1) 试在一张坐标纸上绘制偏振面转角随波长而变化的曲线 $\psi(\lambda)$,其波长范围限于可见光谱区(400~760 nm),所需石英旋光率数据 $\alpha(\lambda)$ 可查原书表 8.5.

(2) 从 $\psi(\lambda)$ 曲线中可以找出一系列离散的波长,它们将在光谱仪中消失. 试分别依次给出紫端和红端前三个这种波长.

解 (1) 本题系旋光色散导致的显色效应. 先查出石英旋光率 $\alpha(\lambda)$ 数据(原书 8.6 节),再根据旋转角公式

$$\psi(\lambda) = \alpha(\lambda) \cdot d = \alpha(\lambda) \times 56.39\,\mathrm{mm},$$

算出在可见光谱区若干特征波长的角 ψ. 具体数值如下:

$$\lambda_1 = 404.7\,\mathrm{nm}, \quad \alpha_1 = 48.95°/\mathrm{mm}, \quad \psi_1 = 2760°;$$
$$\lambda_2 = 435.8\,\mathrm{nm}, \quad \alpha_2 = 41.55°/\mathrm{mm}, \quad \psi_2 = 2343°;$$
$$\lambda_3 = 467.8\,\mathrm{nm}, \quad \alpha_3 = 35.60°/\mathrm{mm}, \quad \psi_3 = 2007°;$$
$$\lambda_4 = 486.1\,\mathrm{nm}, \quad \alpha_4 = 32.76°/\mathrm{mm}, \quad \psi_4 = 1847°;$$
$$\lambda_5 = 508.6\,\mathrm{nm}, \quad \alpha_5 = 29.73°/\mathrm{mm}, \quad \psi_5 = 1676°;$$
$$\lambda_6 = 546.1\,\mathrm{nm}, \quad \alpha_6 = 25.54°/\mathrm{mm}, \quad \psi_6 = 1440°;$$
$$\lambda_7 = 589.3\,\mathrm{nm}, \quad \alpha_7 = 21.72°/\mathrm{mm}, \quad \psi_7 = 1225°;$$
$$\lambda_8 = 643.8\,\mathrm{nm}, \quad \alpha_8 = 18.02°/\mathrm{mm}, \quad \psi_8 = 1016°;$$
$$\lambda_9 = 670.8\,\mathrm{nm}, \quad \alpha_9 = 16.54°/\mathrm{mm}, \quad \psi_9 = 933°;$$

$$\lambda_{10} = 728.1 \text{ nm}, \quad \alpha_{10} = 13.92°/\text{mm}, \quad \psi_{10} = 785°;$$

$$\lambda_{11} = 760.4 \text{ nm}, \quad \alpha_{11} = 12.66°/\text{mm}, \quad \psi_{11} = 714°.$$

据此画出 $\psi(\lambda)$ 曲线如下图.

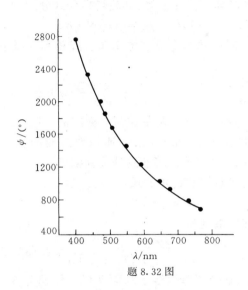

题 8.32 图

(2) 利用此曲线可以确定被消光的一系列波长值,当这个石英旋光晶片置于两个正交偏振片之间时. 此时凡使旋转角满足

$$\psi'(\lambda) = k \cdot 180°, \quad k = 1, 2, 3, \cdots,$$

那些波长皆被消光. 据此算出 $\psi' \in (700°, 2800°)$ 的 ψ' 值及相应的 λ' 值(仅取红端、紫端各前 3 个数据):

$$\psi'_4 = 4 \times 180° = 720°, \quad \lambda'_4 \approx 755 \text{ nm};$$

$$\psi'_5 = 5 \times 180° = 900°, \quad \lambda'_5 \approx 680 \text{ nm};$$

$$\psi'_6 = 6 \times 180° = 1080°, \quad \lambda'_6 \approx 628 \text{ nm};$$

$$\psi'_{13} = 13 \times 180° = 2340°, \quad \lambda'_{13} \approx 433 \text{ nm};$$

$$\psi'_{14} = 14 \times 180° = 2520°, \quad \lambda'_{14} \approx 415 \text{ nm};$$

$$\psi'_{15} = 15 \times 180° = 2700°, \quad \lambda'_{15} \approx 403 \text{ nm}.$$

8.33　一块石英片其表面垂直于光轴,恰好抵消了 10 cm 长,浓

度为 $0.20\,\mathrm{g/cm^3}$ 的麦芽糖液管对钠黄光所产生的旋光效应.试求这石英片的厚度.已知石英对此波长的旋光率 $\alpha = 21.72°/\mathrm{mm}$,麦芽糖的旋光率 $[\alpha] = 144°/(\mathrm{dm\cdot g\cdot cm^{-3}})$.

解 对于旋光晶体和旋光液体,其旋转角公式分别为

$$\psi_{晶} = \alpha\cdot d,\quad \psi_{液} = [\alpha]N\cdot d,$$

据题意,令两者相等,这其实是那左旋角和右旋角相互抵消,求得这石英片的厚度为

$$d_0 = \frac{[\alpha]N\cdot d}{\alpha} = \frac{144°\times 0.20\times 1.0}{21.72°/\mathrm{mm}} \approx 1.33\,\mathrm{mm}.$$

8.34 在一个量糖计中灌入左旋葡萄糖溶液,其长度为 $15\,\mathrm{cm}$,使钠光束的偏振面旋转了 $25.6°$,已知葡萄糖溶液的旋光率 $[\alpha] = -51.4°/(\mathrm{dm\cdot g\cdot cm^{-3}})$.求该溶液的葡萄糖浓度.

解 根据旋光溶液的旋转角公式,

$$\psi = [\alpha]N\cdot d,$$

求得该葡萄糖溶液的浓度为

$$N = \frac{\psi}{[\alpha]\cdot d} = \frac{25.6°}{51.4°/(\mathrm{dm\cdot g/cm^3})\times 1.5\,\mathrm{dm}} \approx 0.332\,\mathrm{g/cm^3}.$$

8.35 将 $14.5\,\mathrm{g}$ 的蔗糖块溶于水而获得一体积为 $60\,\mathrm{cm^3}$ 的溶液,并灌入长度为 $15\,\mathrm{cm}$ 的量糖计中,测出钠光束偏振面向右旋转了 $16.8°$,求这蔗糖样品中所含非旋光性杂质的百分比.已知纯糖溶液的旋光率 $[\alpha] = 66.5°/(\mathrm{dm\cdot g\cdot cm^{-3}})$.

解 这蔗糖溶于水以后的"粗"浓度为

$$N' = \frac{14.5\,\mathrm{g}}{60\,\mathrm{cm^3}} = 0.242\,\mathrm{g/cm^3};$$

由量糖计的旋光效应测得的这糖溶液的"净"浓度为

$$N = \frac{\psi}{[\alpha]\cdot d} = \frac{16.8°}{66.5°/(\mathrm{dm\cdot g/cm^3})\times 1.5\,\mathrm{dm}} = 0.168\,\mathrm{g/cm^3}.$$

从而求得该蔗糖所含非旋光性杂质的比例为

$$\frac{N'-N}{N'} = \frac{0.242-0.168}{0.242} \approx 31\%.$$

8.36 已知右旋石英对 $\lambda = 762\,\mathrm{nm}$ 的左、右旋圆偏振光的折射率分别为 $n_{\mathrm{L}} = 1.539\,20$, $n_{\mathrm{R}} = 1.539\,14$,试求石英对该波长的旋光

率.

解 由菲涅耳旋光理论可以导出物质旋光率 α 与 (n_L, n_R, λ) 的关系式(参见原书 8.6 节),

$$\alpha = \frac{\pi}{\lambda}(n_L - n_R),$$

据题意求得这右旋石英对该波长的旋光率为

$$\alpha = \frac{180°}{762\,\text{nm}} \times (1.539\,20 - 1.539\,14) = 14.17°/\text{mm}.$$

8.37 (接上题)用该石英制成一晶体棒其端面垂直于光轴,一束波长为 762 nm 的线偏振光正入射于这晶体棒.试求棒内沿光轴方向相距 2.000 mm 的两点,其偏振面之夹角 $\Delta\psi$ 为多少?其振动之有效相位差 $\Delta\varphi$ 为多少?

解 沿光轴方向传播于旋光晶体内的线偏振光,其偏振面沿传播方向是逐点偏转的,其振动相位也是逐点落后的(参见原书 8.6 节).相距为 Δz 的那两点,其偏振片之夹角 $\Delta\psi$ 和振动相位之差 $\Delta\varphi$ 分别为

$$\Delta\psi = \frac{\pi}{\lambda}(n_L - n_R) \cdot \Delta z = \alpha \cdot \Delta z;$$

$$\Delta\varphi = \frac{2\pi}{\lambda} n \cdot \Delta z = \frac{\pi}{\lambda}(n_L + n_R) \cdot \Delta z.$$

现借用上题结果,令 $\alpha = 14.17°/\text{mm}$, $\lambda = 762\,\text{nm}$, $n_L = 1.539\,20$, $n_R = 1.539\,14$,且设 $\Delta z = 2.000\,\text{mm}$,求得

$$\Delta\psi = 28.34°,$$

$$\Delta\varphi = 2\pi \times \frac{1.539\,17}{762\,\text{nm}} \times 2\,\text{mm} \approx 2\pi \times 4039.816\,\text{rad},$$

即其有效相位差为

$$\Delta\varphi_{\text{eff}} \approx 0.816 \times 2\pi\,\text{rad} = 293.8° \text{ 或 } -66.2°.$$

　　　　　※　　　　　　※　　　　　　※

8.38 用磁感应强度 $B = 0.6\,\text{T}$ 的磁场加于一块长 10 cm 的轻火石玻璃上,求偏振面旋转角(度数),已知该材料的韦尔代常数 $V = 9.22\,\text{rad}/(\text{T} \cdot \text{m})$.

解 根据磁致旋光之转角公式(原书 8.6 节(8.84)式),

$$\psi = VBl = 9.22 \times 0.6 \times 0.1\,\text{rad} \approx 31.7°.$$

8.39 用 20 cm 长的某种液体观察法拉第效应,若加上 0.8 T 的磁场,观测到线偏振光的振动面旋转了 65°,求该液体的韦尔代常数 V.

解 该液体的韦尔代常数值为

$$V = \frac{\phi}{Bl} = \frac{65°}{0.8\,\text{T} \times 0.2\,\text{m}} \approx 406.25°/(\text{T} \cdot \text{m}) \approx 7.1\,\text{rad}/(\text{T} \cdot \text{m}).$$

8.40 用长度 5 cm 的重火石玻璃棒作为光学隔离器的元件,求所施加的磁场应当为多大.已知其韦尔代常数为 $30\,\text{rad}/(\text{T} \cdot \text{m})$.

解 用于光学隔离器的元件,其对磁致旋光之转角的要求是,

$$\phi_1 = \frac{\pi}{4}, \quad \text{即} \quad 2\phi_1 = \frac{\pi}{2},$$

据此可确定本题条件下的外加磁场值

$$B = \frac{\phi_1}{Vl} = \frac{\pi/4}{30\,\text{rad} \times 0.05}\,\text{T} = 0.5236\,\text{T} = 5236\,\text{G (高斯)}.$$

8.41 用克尔常数 $K = 2.44 \times 10^{-12}\,\text{m/V}^2$ 的硝基苯液体制成克尔盒,其极板长 2.8 cm,两板间距 0.6 cm.

(1) 若要求克尔盒装置有最大光强输出,则应当施加至少多大电压?

(2) 这一最大输出光强是输入自然光强度的百分之几?

解 用于电光调制的克尔盒,通常置于两个正交偏振片之间,且外加电场 $E_{外}$ 方向亦即等效光轴方向与偏振片之透振方向的夹角为 45°(参见原书 8.7 节).克尔效应引致的附加相位差为

$$\delta' = 2\pi KlE^2,$$

若要求这系统有最大的光强输出,则应当令 $\delta' = \pi$,从而使这克尔盒射出的依然是线偏振光,且其偏振方向平行于 P_2 透振方向,而获得最大输出光强.据此,算出相应的电场 E 值为

$$E = \frac{1}{\sqrt{2Kl}}$$

$$= \frac{1}{\sqrt{2 \times 2.44 \times 10^{-12} \times 0.028}}\,\text{V/m} \approx 2.705 \times 10^6\,\text{V/m}.$$

于是,外加电压为

$$U_* = E \cdot d = 2.705 \times 10^6 \times 0.6 \times 10^{-2}\,\text{V} \approx 16\,\text{kV}.$$

这个电压被称为"半波电压".

(2) 设入射自然光之强度为 I_0，其通过 P_1 后光强减少为 $I_0/2$，在半波电压的工作状态下，这 $I_0/2$ 的光强将全部地通过 P_2，即这输出光强的比例约为 50%（忽略其他一切耗散）.

8.42 将硝基苯注入克尔盒，其板长 3.0 cm，两极板间距 0.75 cm，所加电压为 22 kV.

(1) 求从克尔盒出射的两个正交振动之间的相位差 δ'. 要求作图示意.

(2) 若光强为 I_0 的自然光束入射于这一系统，求最终输出光强为多少？

解 (1) 通过克尔盒而添加的那相位差为

$$\delta' = 2\pi K l E^2 = 2\pi K l \left(\frac{U}{d}\right)^2$$
$$= 2\pi \times (2.44 \times 10^{-12}) \times (3.0 \times 10^{-2})$$
$$\times \left(\frac{22 \times 10^3}{0.75 \times 10^{-2}}\right)^2 \text{rad}$$
$$= 2\pi \times 2.44 \times 3.0 \times \left(\frac{22}{0.75}\right)^2 \times 10^{-4} \text{rad}$$
$$= 2\pi \times 0.6298 \text{rad} \approx 226.7°.$$

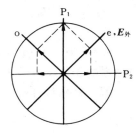

题 8.42 图

(2) 投影于 P_2 透振方向的那两个正交振动的振幅，分别为

$$A_{2e} = A_1 \cos^2 45° = \frac{1}{2}A_1, \quad A_{2o} = A_1 \sin^2 45° = \frac{1}{2}A_1,$$

它们之间的相位差为

$$\delta_2 = \delta_\lambda + \delta'_{oe} + \delta'' = 0 + 226.7° - 180° = 46.7°.$$

该系统最终输出之光强便是这两个振动相干叠加之强度，

$$I_2 = A_{2e}^2 + A_{2o}^2 + 2A_{2e}A_{2o}\cos\delta_2$$
$$= A_1^2\left(\frac{1}{4} + \frac{1}{4} + \frac{1}{2}\cos 46.7°\right)$$
$$\approx 0.843A_1^2 \approx 0.42I_0 \quad \left(A_1^2 = \frac{1}{2}I_0\right),$$

即该系统的输出光强为入射自然光的强度约 42%（若忽略其他一切耗散）.

吸收·色散·散射

9.1 有一介质其吸收系数 α 为 $0.32\,\text{cm}^{-1}$,透射光强衰减为入射光强的 10%,20%,50% 和 80% 时,相应的介质厚度各为多少?

解 根据线性吸收规律,光束传播经历 l 距离其光强减少为

$$I(l) = I_0 \mathrm{e}^{-\alpha l} \quad \text{或} \quad \frac{I}{I_0} = \mathrm{e}^{-\alpha l}.$$

算出

$$l = -\frac{1}{\alpha}\ln\frac{I}{I_0} = -\frac{1}{0.32\,\text{cm}^{-1}} \cdot \ln\frac{I}{I_0},$$

当　$I/I_0 = 10\%$,　则　$l = 7.2\,\text{cm}$;

当　$I/I_0 = 20\%$,　则　$l = 5.0\,\text{cm}$;

当　$I/I_0 = 30\%$,　则　$l = 2.2\,\text{cm}$;

当　$I/I_0 = 80\%$,　则　$l = 0.70\,\text{cm}$.

9.2 一玻璃管长 $3.50\,\text{m}$,内存有标准大气压下的某种气体其吸收系数为 $0.1650\,\text{m}^{-1}$.

(1) 若仅考量这气体的吸收,求出透射光强的百分比.

(2) 若再考量管口玻璃表面的反射,求出透射光强的百分比. 设此玻璃的光强反射率为 4%,并忽略多次反射和干涉.

解 (1) 根据线性吸收规律,经传播距离 l 以后光强减少为

$$I(l) = I_0 e^{-\alpha l},$$

算出通过那玻璃管的透射光强之比值

$$\frac{I}{I_0} = e^{-\alpha l} = e^{-0.165 \times 3.5} \approx 0.56.$$

（2）考量到管口玻璃表面的反射，则上式 I_0 应当被理解为入射管口内侧的光强，它比外侧那实际的入射光强 I_0' 要小.同理，上式中的 I 亦应准确地被理解为那出口端面内侧的光强，它比外侧观测到的透射光强 I' 要大.从实际观测上看，人们自然地更关注 I'/I_0'.设管口玻璃表面的光强反射率 $R \approx 4\%$，则

$$I_0 = (1 - R)I_0', \quad I' = (1 - R)I,$$

于是，

$$\frac{I'}{I_0'} = (1 - R)^2 \cdot \frac{I}{I_0}$$

$$= (1 - 0.04)^2 \times 0.56 = 0.92 \times 0.56 = 0.52.$$

9.3 某种无色透明玻璃的吸收系数为 $0.10\,\mathrm{m}^{-1}$，用以制成 5 mm 厚的玻璃窗.

（1）若仅考量这玻璃的吸收，求出透射光强的百分比.

（2）若再考量玻璃表面的反射，求出透射光强的百分比.设此玻璃的光强反射率为 4%，并忽略多次反射和干涉.

解 （1）本题与题 9.2 类同，若仅考量这玻璃板体内的吸收，则那透射光强 I 的百分比为

$$\frac{I}{I_0} = e^{-\alpha l} = e^{-0.1 \times 0.005} \approx 0.9995 \approx 100\%.$$

（2）一片玻璃含二次反射，故外部实际透射光强的百分比为

$$\frac{I'}{I_0'} = (1 - R)^2 \cdot \frac{I}{I_0} = (1 - 0.04)^2 \times 0.9995 \approx 92\%.$$

9.4 人眼能觉察的光强是太阳到达地面光强的 $1/10^{18}$，试问人在海底多少深度还能看见亮光？设海水吸收系数为 $1.0\,\mathrm{m}^{-1}$.

解 线性吸收规律表明，

$$\frac{I}{I_0} = e^{-\alpha l} \quad \text{或} \quad l = -\frac{1}{\alpha} \ln \frac{I}{I_0},$$

据题意,令 $I/I_0 = 10^{-18}$, $\alpha = 1.0\,\mathrm{m}^{-1}$,求得人们在海底还能感受到亮光的深度为

$$l_{\mathrm{M}} = -\frac{1}{1.0\,\mathrm{m}^{-1}}(-18) \times \ln 10 \approx 41\,\mathrm{m}.$$

9.5 某玻璃对氦氖激光 633 nm 的复折射率为

$$\tilde{n} = 1.5 + \mathrm{i}5 \times 10^{-8},$$

求出该玻璃的吸收系数,以及这激光束在玻璃中的光速.

解 复折射率 $\tilde{n}$ 的实部与光速相联系,其虚部与光吸收相联系(参见原书 9.1 节),其具体关系如下,

$$\tilde{n} = n + \mathrm{i}\frac{c\alpha}{2\omega},$$

据此得

$$\frac{c\alpha}{2\omega} = 5 \times 10^{-8}.$$

于是,这玻璃对 633 nm 波长的激光束的吸收系数为

$$\alpha = \frac{2\omega}{c}(5 \times 10^{-8}) = 2 \times \frac{2\pi}{\lambda} \times (5 \times 10^{-8})$$

$$= \frac{2\pi}{633\,\mathrm{nm}} \times 10^{-7} \approx 1.0\,\mathrm{m}^{-1}.$$

该激光束在这玻璃中的速度为

$$v = \frac{c}{n} = \frac{3 \times 10^8}{1.5} = 2 \times 10^8\,\mathrm{m/s}.$$

9.6 1908 年米氏以导体小球为模型建立了微粒对电磁波的散射理论,他设这小球的复折射率为 $\tilde{n} = 0.57 + 2.45\mathrm{i}$,针对真空中波长为 550 nm 的光波,这导体材料的吸收系数为多少?若以光强衰减为入射光强的 $1/\mathrm{e}^2$ 作为透射深度的定义,试求光在这导体小球中的透射深度 d 为多少?

解 根据复折射率 $\tilde{n}$ 与 (n, α) 的关系式

$$\tilde{n} = n + \mathrm{i}\frac{c\alpha}{2\omega},$$

求得这导体材料对电磁波的吸收系数为

$$\alpha = \frac{2\omega}{c} \times 2.45 = 2 \times \frac{2\pi}{\lambda} \times 2.45$$

$$= \frac{4\pi}{550\,\text{nm}} \times 2.45 \approx 5.6 \times 10^7\,\text{m}^{-1}.$$

导体有如此强烈的吸收系数,源于它含有大量的自由电子,是自由电子运动所致的焦耳热耗散,使电磁波的强度急剧地衰减,或者说,电磁波在导体中的穿透深度 d_0 甚短.根据

$$I = I_0 \text{e}^{-\alpha d},$$

由题意令 $I/I_0 = \text{e}^{-2}$,求出其穿透深度为

$$d_0 = \frac{2}{\alpha} = \frac{2}{5.6 \times 10^7}\,\text{m} = 36\,\text{nm} \approx \frac{\lambda}{15}.$$

换言之,电磁波的穿透深度仅为 $\lambda/15$,其强度几乎减弱为表面的 $1/8$.

※　　　　　※　　　　　※

9.7　水银灯光含有两条显著的谱线,一条蓝色 $\lambda = 435.8\,\text{nm}$,另一条绿色 $\lambda = 546.1\,\text{nm}$.某一种光学玻璃对这两波长的折射率分别为 1.6525 和 1.6245.

(1) 试根据以上数据定出柯西公式的两个常数 A 和 B.

(2) 推算出这种玻璃对钠黄光 $\lambda = 589.3\,\text{nm}$ 的折射率.

(3) 进一步导出这种玻璃在钠黄光附近的色散率 $\text{d}n/\text{d}\lambda$.

(4) 钠黄光为双线结构,含 $\lambda_1 = 589.0\,\text{nm}$ 和 $\lambda_2 = 589.6\,\text{nm}$.试估算这两种波长的光在该玻璃中的相速之差 Δv 与平均相速 $\bar{v}$ 之比值(数量级);同时算出双线所形成的波包的群速 v_g 及其与 $\bar{v}$ 之比值(数量级).

解　(1) 关于色散的柯西公式

$$n = A + \frac{B}{\lambda},$$

含有两个常数 A 和 B,它们可由两组实测数据 (λ_1, n_1) 和 (λ_2, n_2) 得联立方程:

$$\begin{cases} A + \dfrac{B}{\lambda_1^2} = n_1, \\ A + \dfrac{B}{\lambda_2^2} = n_2, \end{cases}$$

解出

$$B = (n_1 - n_2) \cdot \frac{\lambda_1^2 \lambda_2^2}{\lambda_2^2 - \lambda_1^2}$$

$$= (1.6525 - 1.6245) \times \frac{(546.1)^2 \times (435.8)^2}{(546.1)^2 - (435.8)^2}$$

$$\approx 1.464 \times 10^4 \, \text{nm}^2;$$

$$A = \frac{n_2 \lambda_2^2 - n_1 \lambda_1^2}{\lambda_2^2 - \lambda_1^2} \approx 1.575.$$

（2）于是,我们可以导出该材料对 589.3 nm 波长的钠黄光的折射率为

$$n_3 = A + \frac{B}{\lambda_3^2} = 1.575 + \frac{1.464 \times 10^4}{(589.3)^2} \approx 1.617.$$

（3）由柯西公式可导出折射率 n 的色散率,

$$\frac{\mathrm{d}n}{\mathrm{d}\lambda} = -2B \frac{1}{\lambda^3},$$

对于 589.3 nm 波长邻近,色散率为

$$\frac{\mathrm{d}n}{\mathrm{d}\lambda} = -2 \times (1.464 \times 10^4) \times \frac{1}{(589.3)^3} \, \text{nm}^{-1}$$

$$\approx -1.43 \times 10^{-4} \, \text{nm}^{-1}.$$

（4）考量到双谱线结构 $\Delta\lambda \ll \lambda_1, \lambda_2$,拟采取微分法计算其相速之差率 $\Delta v / \bar{v}$,则更恰当更省便. 具体推演如下:

$$\Delta v = \frac{\mathrm{d}v}{\mathrm{d}\lambda} \cdot \Delta\lambda = \frac{\mathrm{d}v}{\mathrm{d}n} \cdot \frac{\mathrm{d}n}{\mathrm{d}\lambda} \cdot \Delta\lambda,$$

$$\frac{\mathrm{d}v}{\mathrm{d}n} = \frac{\mathrm{d}(c/n)}{\mathrm{d}n} = -\frac{c}{n^2} = -\frac{\bar{v}}{n},$$

于是,

$$\Delta v = -\frac{\bar{v}}{n} \cdot \left(-\frac{2B}{\lambda^3} \right) \cdot \Delta\lambda.$$

最终求得该双谱线 589.0 nm 和 589.6 nm 其相速之差率为

$$\frac{\Delta v}{\bar{v}} = \frac{1}{n} \cdot \frac{2B}{\lambda^3} \cdot \Delta\lambda$$

$$\approx \frac{1}{1.617} \times (1.43 \times 10^{-4} \, \text{nm}^{-1}) \times 0.6 \, \text{nm}$$

$$\approx 5 \times 10^{-5}.$$

接着,让我们再考量群速与相速之差率$(v_g - \bar{v})/\bar{v}$,由群速的一个表达式

$$v_g = \frac{c}{n}\left(1 + \frac{\lambda}{n} \cdot \frac{\mathrm{d}n}{\mathrm{d}\lambda}\right)$$

$$= \bar{v}\left(1 - \frac{589.3}{1.617} \times (1.43 \times 10^{-4})\right)$$

$$= \bar{v}(1 - 5.2 \times 10^{-2}) \approx 0.95\bar{v},$$

于是,群速与相速的差率

$$\frac{v_g - \bar{v}}{\bar{v}} \approx -5 \times 10^{-2},$$

其中"—"号表示这是一种正常色散,群速v_g小于相速v,比其中小的相速还要小.

记住上述两个"差率"的数量级是有价值的:

相速之差率　　$\Delta v/\bar{v} \approx 5 \times 10^{-5}$,

群速与相速之差率　$(v_g - \bar{v})/\bar{v} \approx 5 \times 10^{-2}$　(不计负号),

两者之比　$\dfrac{(v_g - \bar{v})/\bar{v}}{\Delta v/\bar{v}} \approx 10^3$(倍).

9.8　依据原书图 9.3(b)中显示的水晶的正常色散曲线$n(\lambda)$,

(1) 较精确地定出水晶对紫光 $\lambda = 400$ nm 的折射率和色散率$\mathrm{d}n/\mathrm{d}\lambda$.

(2) 若一波包其中心波长为 400 nm,它传播于水晶中的群速 v_g 为多少?

解　(1) 由作图法求出水晶对紫光 400 nm 波长的折射率和色散率分别为

$$n = 1.50 + \frac{7.5}{19.0} \times 0.10 = 1.539,$$

$$\frac{\mathrm{d}n}{\mathrm{d}\lambda} = -\frac{\frac{10}{19} \times 0.1}{400\,\mathrm{nm}} \approx -1.3 \times 10^{-4}/\mathrm{nm}.$$

(2) 有了 n 和 $\mathrm{d}n/\mathrm{d}\lambda$ 两个数据,便可求得中心波长为 400 nm 的那波包的群速为

$$v_g = \frac{c}{n}\left(1 + \frac{\lambda}{n} \cdot \frac{\mathrm{d}n}{\mathrm{d}\lambda}\right)$$

$$= \frac{3 \times 10^8}{1.539}\left(1 - \frac{400\,\text{nm}}{1.539} \times (1.3 \times 10^{-4}/\text{nm})\right)\text{m/s}$$

$$\approx (1.95 \times 10^8) \times 0.966\,\text{m/s} \approx 1.88 \times 10^8\,\text{m/s}.$$

9.9 用折射法测得二硫化碳的折射率为:对 $\lambda = 527\,\text{nm}$, $n = 1.642$;对 $589\,\text{nm}$, $n = 1.629$;对 $656\,\text{nm}$, $n = 1.620$. 试求波长为 $589\,\text{nm}$ 附近的光在二硫化碳中的相速 v_p 和群速 v_g.

解 本题与 9.7 题类同,其求解程序为,先是利用三组观测数据 $(\lambda_1, n_1), (\lambda_2, n_2)$ 和 (λ_3, n_3),解出柯西色散公式

$$n = A + \frac{B}{\lambda^2} + \frac{C}{\lambda^4}$$

所含的三个常数 A, B 和 C,这是一个解三元一次联立方程组的问题;接着求出其在 $\lambda_2 = 589\,\text{nm}$ 邻近的色散率

$$\left(\frac{\mathrm{d}n}{\mathrm{d}\lambda}\right)_{\lambda_2} = -\frac{2B}{\lambda_2^3} - \frac{4C}{\lambda_2^5};$$

最后套用那群速公式

$$v_g = \frac{c}{n_2}\left(1 + \frac{\lambda_2}{n_2} \cdot \left(\frac{\mathrm{d}n}{\mathrm{d}\lambda}\right)_{\lambda_2}\right),$$

求出 $589\,\text{nm}$ 波长邻近的光在 CS_2 液体中的群速 v_g,相速 $v_p = c/n_2$.

此题的具体运算留给读者自己完成,可以预料其计算量的大部分在于解那三元一次联立方程组. 可供参考的结果是,

$$v_p = 1.84 \times 10^8\,\text{m/s}, \quad v_g = 1.74 \times 10^8\,\text{m/s},$$

$$\frac{(v_g - v_p)}{v_p} \approx -6\%.$$

9.10 波长为 $0.67\,\text{nm}$ 的 X 射线由真空入射到某种玻璃时,不发生全反射的最小掠射角为 $0.1°$. 试确定该玻璃对这 X 射线的折射率.

解 对于极高频的 X 射线(电磁波),介质的折射率 $n < 1$ 虽然它十分接近于 1,从而当此射线从真空或空气射向介质时,就有可能发生全反射. 设,不发生全反射的最小掠射角为 θ_0,亦即发生全反射的最小入射角为 $(\pi/2 - \theta_0)$,相应的折射角为 $\pi/2$,则由折射定理,

$$\sin\left(\frac{\pi}{2} - \theta_0\right) = n\sin\frac{\pi}{2} = n,$$

获得此介质对于 X 射线的折射率为

$$n = \cos\theta_0 = \cos 0.1° \approx 0.999\,998\,5,$$

其值与 1 的差值为

$$\Delta n = (n - 1) \approx -2 \times 10^{-6}.$$

本题旨在说明，折射率 $n<1$ 或相速 $v_p>c$，这并非是一个无实在物理意义的纯理性的概念；人们可以设计一个反射、折射实验比如本题这样，由全反射临界角的测定，而求得这小于 1 的折射率值. 即使入射的是 X 射线波段的一个准单色波包，这折射法中得到的依然是折射率 $\bar{n}$ 及其相联系的相速 $\bar{v}_p = c/\bar{n}$，而不是群速 v_g.

9.11　一棱镜的顶角为 $50°$，其所用的玻璃材料的色散可由含两个常数的柯西公式给予描述，且 $A = 1.54$，$B = 4.653 \times 10^3\,\text{nm}^2$，

（1）求此棱镜对波长为 550 nm 光束的最小偏向角 δ_m.

（2）求对此波长且调节到 δ_m 条件下该棱镜的角色散 $\mathrm{d}\delta_m/\mathrm{d}\lambda$.

（3）设该棱镜主截面的底边长 B_0 为 6 cm，求出该棱镜对 550 nm 光的色分辨本领 $\lambda/\Delta\lambda_m$，以及相应的可分辨的最小波长间隔 $\Delta\lambda_m$.

解　（1）由柯西公式获得这折射率为

$$n = A + \frac{B}{\lambda^2} = 1.54 + \frac{4.653 \times 10^3\,\text{nm}^2}{(550\,\text{nm}^2)} \approx 1.555.$$

再由最小偏向角 δ_m 公式，

$$\sin\frac{\delta_m + \alpha}{2} = n\sin\frac{\alpha}{2} = 1.555 \times \sin 25° \approx 0.6572,$$

求得这最小偏向角为

$$\delta_m = 2 \times \arcsin 0.6572 - 50° = 82° - 50° = 32°.$$

（2）棱镜元件的角色散定义为 $\mathrm{d}\delta_m/\mathrm{d}\lambda$，其计算公式（参见原书 9.3 节）为

$$\frac{\mathrm{d}\delta_m}{\mathrm{d}\lambda} = \frac{\mathrm{d}\delta_m}{\mathrm{d}n} \cdot \frac{\mathrm{d}n}{\mathrm{d}\lambda},$$

其中

$$\frac{\mathrm{d}\delta_m}{\mathrm{d}n} = \frac{2\sin\frac{\alpha}{2}}{\cos\frac{\delta_m + \alpha}{2}} = \frac{2\sin 25°}{\cos 41°} = 1.12\,\text{rad},$$

$$\frac{\mathrm{d}n}{\mathrm{d}\lambda} = -\frac{2B}{\lambda^3} = -\frac{2 \times 4.653 \times 10^3}{(550)^3} \approx -5.60 \times 10^{-5}/\text{nm},$$

于是获得该棱镜元件的角色散值（可不必计较那负号）为

$$\frac{d\delta_m}{d\lambda} = 1.12 \times 5.6 \times 10^{-5} \, rad/nm$$

$$\approx 6.27 \times 10^{-5} \, rad/nm \approx 0.22'/nm.$$

（3）棱镜元件的色分辨本领 R_p 定义为 $\lambda/\Delta\lambda_m$，其计算公式（参见原书 9.3 节）为

$$R_p = \frac{\lambda}{\Delta\lambda_m} = B_0 \frac{dn}{d\lambda},$$

据题意，令 $B_0 = 6 \, cm$，$dn/d\lambda \approx 5.60 \times 10^{-5}/nm$，求出

$$R_p = \frac{\lambda}{\Delta\lambda_m} = (6 \times 10^7 \, nm) \times (5.60 \times 10^{-5}/nm) \approx 3.4 \times 10^3,$$

相应的可分辨的最小波长间隔（在 550 nm 波长邻近）为

$$\Delta\lambda_m = \frac{\lambda}{R_p} = \frac{550 \, nm}{3.4 \times 10^3} \approx 0.16 \, nm = 1.6 \, Å.$$

9.12 自由电子气对电磁波的色散关系为

$$n^2(\omega) = 1 - \frac{\omega_p^2}{\omega^2},$$

其中 ω_p 为一特征频率，可视为一常数.

（1）试导出其色散关系的又一形式

$$\omega^2(k) = c^2 k^2 + \omega_p^2.$$

（2）进而证明电磁波在自由电子气中的相速 v 与群速 v_g 之乘积为一常数，

$$v \cdot v_g = c^2, \quad c \text{ 为真空中光速}.$$

解 （1）我们注意到，

$$n = \frac{c}{v}, \quad v = \frac{\omega}{k}, \quad \text{故} \quad n^2 = \frac{c^2 k^2}{\omega^2},$$

并代入题目中给出的 $n^2(\omega)$ 色散关系式，有

$$\frac{c^2 k^2}{\omega^2} = 1 - \frac{\omega_p^2}{\omega^2},$$

两边乘以 ω^2，于是得到

$$\omega^2 = c^2 k^2 + \omega_p^2.$$

（2）由以上 $\omega(k)$ 色散关系，便可得到传播于自由电子气中波包

群速 $v_g = \mathrm{d}\omega/\mathrm{d}k$ 与相速 $v = \omega/k$ 之关系式. 为此将上式对 k 求导,

$$2\omega \cdot \frac{\mathrm{d}\omega}{\mathrm{d}k} = 2c^2 k, \quad \frac{\omega}{k} \cdot \frac{\mathrm{d}\omega}{\mathrm{d}k} = c^2, \quad v \cdot v_g = c^2.$$

在极高频即 $\omega > \omega_p$ 情形下, $n < 1$, 于是相速 $v > c$; 上式表明此时群速 $v_g < c$, 这一结论与爱因斯坦的狭义相对论一致——任何有确定因果关系的传递速度不会超过真空光速 c, 而群速体现的正是波包能量传递的速度, 它是一种实在的速度.

9.13 原书 9.5 节以谱密度函数为高斯线型的波包作对象, 并计及二阶色散效应 $\overset{..}{\omega}$, 而逐一导出波包中心速度 v_0、波包展宽 $\Delta x(t)$ 和波包前沿速度即信号速度 v_f. 建议试以谱密度函数为方垒线型的波包作对象, 依次导出 $v_0, \Delta x(t)$ 和 v_f 公式.

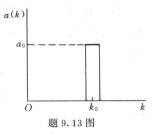

题 9.13 图

解 首先引用原书 (9.59) 式, 写出沿 x 方向传播的波包函数的积分表达式

$$\widetilde{U}(x,t) = \int_0^\infty a(k) \cdot \mathrm{e}^{\mathrm{i}(kx - \omega t)} \mathrm{d}k$$

$$= \int_{-\Delta k}^{\Delta k} a_0 \cdot \mathrm{e}^{\mathrm{i}(K + k_0)x} \cdot \mathrm{e}^{-\mathrm{i}(\omega_0 + \dot{\omega}K + \ddot{\omega}K^2)t} \mathrm{d}K,$$

其中,

$$K = (k - k_0), \quad \dot{\omega} = \left(\frac{\mathrm{d}\omega}{\mathrm{d}k}\right)_{k_0}, \quad \ddot{\omega} = \frac{1}{2}\left(\frac{\mathrm{d}^2\omega}{\mathrm{d}k^2}\right)_{k_0}.$$

可将与 K 无关的因子提出积分号, 而改写为

$$\widetilde{U}(x,t) = \widetilde{U}_0(x,t) \cdot \int_{-\Delta k}^{\Delta k} \mathrm{e}^{\mathrm{i}((x - \dot{\omega}t)K - \ddot{\omega}tK^2)} \mathrm{d}K,$$

这里,

$$\widetilde{U}_0(x,t) = a_0 \mathrm{e}^{\mathrm{i}(k_0 x - \omega_0 t)},$$

它可称作波包中所含的主干平面波因子. 接下来的任务便是完成那积分运算, 为此, 先引入两个缩写符号,

$$\alpha \equiv (x - \dot{\omega}t), \quad \beta = \ddot{\omega}t,$$

于是, 那积分因子被写成,

$$\int_{-\Delta k}^{\Delta k} \mathrm{e}^{\mathrm{i}\alpha K} \cdot \mathrm{e}^{-\mathrm{i}\beta K^2} \mathrm{d}K;$$

注意到该积分的上、下限为 $(-\Delta k, \Delta k)$，而并非 $(-\infty, \infty)$，这使该积分运算变得颇为周折，可能有几种既合理又较省事的近似算法，得到满意的结果．这项工作留待读者继续完成．这道习题作为讨论课的一个问题也颇为合适．

9.14   用氩离子激光其波长为 488.0 nm 照射金刚石，发现其散射光的波长中除 488.0 nm 谱线外，还有 $\lambda'' = 458.21$ nm 和 $\lambda' = 521.92$ nm 两条拉曼谱线．问，金刚石的拉曼特征频移为多少（用波数 cm^{-1} 表示）？

解   我们知道，拉曼散射光谱中的频移 ω_1 值，反映了散射物质的分子本征能级差，它使拉曼光谱中在入射光频 ω_0 两侧出现了两个伴频，

稍低频红伴 $\omega' = \omega_0 - \omega_1$；

稍高频紫伴 $\omega'' = \omega_0 + \omega_1$.

这种场合常用波数 $\sigma \equiv 1/\lambda$ 来表示，注意到 $\omega = 2\pi c/\lambda = 2\pi c\sigma$，故上式可表达为

红伴 $\sigma' = \sigma_0 - \sigma_1$，   紫伴 $\sigma'' = \sigma_0 + \sigma_1$.

两式相减，得

$$2\sigma_1 = \sigma'' - \sigma'.$$

还有，按习惯取波长 λ 单位为 μm，取波数 σ 单位为 cm^{-1}，则

$$\text{波长值} \times \text{波数值} = 10^4.$$

据题意，

$\lambda' = 521.9$ nm $= 0.5219\,\mu m$， $\lambda'' = 458.2$ nm $= 0.4582\,\mu m$，

故其相应的波数 σ 值分别为

$$\sigma' = \frac{1 \times 10^4}{0.5219}\ cm^{-1}, \quad \sigma'' = \frac{1 \times 10^4}{0.4582}\ cm^{-1},$$

于是，

$$(\sigma'' - \sigma') = 10^4 \times 0.2664\ cm^{-1} = 2664\ cm^{-1},$$

最后获知，这金刚石的拉曼特征频移为

$$\sigma_1 = \frac{1}{2}(\sigma'' - \sigma') = 1332\ cm^{-1}.$$

9.15 苯(C_6H_6)的拉曼光谱中较强的谱线与入射光的波数差分别有 $607\ cm^{-1}$，$992\ cm^{-1}$，$1178\ cm^{-1}$，$1586\ cm^{-1}$，$3047\ cm^{-1}$ 和 $3062\ cm^{-1}$. 现以氩离子激光其波长为 $488\ nm$ 入射，试计算靠近 $488\ nm$ 谱线两侧前三个斯托克斯谱线和反斯托克斯谱线的波长.

解 拉曼光谱中可能出现多对伴线，这反映了散射物质的分子含有多个本征能级差：

红伴 $\quad \omega_j' = \omega_0 - \omega_j \quad$ 或 $\quad \sigma_j' = \sigma_0 - \sigma_j, \quad j = 1,2,3,\cdots$

紫伴 $\quad \omega_j'' = \omega_0 + \omega_j \quad$ 或 $\quad \sigma_j'' = \sigma_0 + \sigma_j.$

据题意，入射光为 $488\ nm = 0.488\ \mu m$ 波长的氩离子激光，其相应的波数为

$$\sigma_0 = \frac{1}{\lambda_0} = \frac{10^4}{0.488}\ cm^{-1} \approx 2.05 \times 10^4\ cm^{-1}.$$

由波数差 $\sigma_1 = 607\ cm^{-1}$，$\sigma_2 = 992\ cm^{-1}$，$\sigma_3 = 1178\ cm^{-1}$，我们可获知红伴斯托克斯线的波数和相应的波长为

$$\sigma_1' = (2.05 - 0.0607) \times 10^4\ cm^{-1} = 1.989 \times 10^4\ cm^{-1},$$
$$\lambda_1' \approx 0.503\ \mu m;$$

$$\sigma_2' = (2.05 - 0.0992) \times 10^4\ cm^{-1} = 1.951 \times 10^4\ cm^{-1},$$
$$\lambda_2' \approx 0.513\ \mu m;$$

$$\sigma_3' = (2.05 - 0.1178) \times 10^4\ cm^{-1} = 1.932 \times 10^4\ cm^{-1},$$
$$\lambda_3' \approx 0.518\ \mu m.$$

同理，我们可获知紫伴反斯托克斯线的波数和波长为

$$\sigma_1'' = (2.05 + 0.0607) \times 10^4\ cm^{-1} = 2.111 \times 10^4\ cm^{-1},$$
$$\lambda_1'' \approx 0.474\ \mu m;$$

$$\sigma_2'' = (2.05 + 0.0992) \times 10^4\ cm^{-1} = 2.149 \times 10^4\ cm^{-1},$$
$$\lambda_2'' \approx 0.465\ \mu m;$$

$$\sigma_3'' = (2.05 + 0.1178) \times 10^4\ cm^{-1} = 2.168 \times 10^4\ cm^{-1},$$
$$\lambda_3'' \approx 0.461\ \mu m.$$

题图刻画了这组拉曼光谱线.

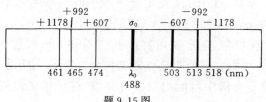

题 9.15 图

9.16 一个长 30 cm 的管中充有含烟尘的气体,它能通过 60% 的光强,而将烟尘完全去除后,则可透过 92% 的光强. 设烟尘对光只有散射而无吸收,试求出气体的吸收系数 α_a 和烟尘的散射系数 α_s.

解   对于光的吸收和散射,虽然两者的物理机制及其能量转化是不同的,但两者均使定向传播的光束之光强随距离而减弱. 因而,人们对散射系数 α_s 和吸收系数 α_a 的定义也是类同的(参见原书 9.1 节),

$$\alpha_s \equiv -\frac{\mathrm{d}I_s}{I \cdot \mathrm{d}x}, \quad \alpha_a \equiv -\frac{\mathrm{d}I_a}{I \cdot \mathrm{d}x},$$

其中,$\mathrm{d}I_s < 0$,它是因散射而减少的光强;$\mathrm{d}I_a < 0$,它是因吸收而减少的光强. 于是,若 α_s 或 α_a 保持为一常数,则经历一段宏观上的传播距离 l 以后,光强减弱为

$$I_s = I_0 \mathrm{e}^{-\alpha_s l} \quad \text{或} \quad I_a = I_0 \mathrm{e}^{-\alpha_a l},$$

若同时存在吸收和散射,则

$$I(l) = I_a + I_s = I_0 \mathrm{e}^{-(\alpha_a + \alpha_s)l}.$$

本题意表明,那管中纯净的气体对光仅有吸收而无散射,故有

$$\mathrm{e}^{-\alpha_a l} = \frac{I_a}{I_0} = 0.92,$$

从而求出该气体的吸收系数为

$$\alpha_a = -\frac{1}{l}\ln 0.92 = \frac{1}{30\,\mathrm{cm}} \times 0.083 \approx 2.78 \times 10^{-3}\,\mathrm{cm}^{-1}.$$

管中存在烟尘时,这段管子中的介质对光既有吸收又有散射,前者是那气体所致,后者是那烟尘所为,故

$$(\alpha_a + \alpha_s) = -\frac{1}{l}\ln\frac{I}{I_0} = -\frac{1}{30\,\mathrm{cm}}\ln 0.60 \approx 17.0 \times 10^{-3}\,\mathrm{cm}^{-1}.$$

进而,分析出该烟尘介质的散射系数为

$$\alpha_s = (\alpha_a + \alpha_s) - \alpha_a = 17.0 \times 10^{-3} - 2.78 \times 10^{-3}$$

$$\approx 14.2 \times 10^{-3} \, \text{cm}^{-1}.$$

9.17 试在坐标纸上绘制出一条反映瑞利散射强度与波长关系的曲线. 建议横坐标上波长值分别取 300 nm, 350 nm, 400 nm, 450 nm, 550 nm, 650 nm, 750 nm;纵坐标上选取 300 nm 时的瑞利散射强度(相对值)为 1.

解 我们知道,当散射微粒线度 $a < \lambda/20$ 时,其引起的散射系瑞利散射,其特点体现于那散射光强的角分布和色效应的两个表达式中,

$$I(\theta) = I_0(1 + \cos^2\theta), \quad I_0(\omega) \propto \omega^4 \propto \frac{1}{\lambda^4}.$$

设波长为 300 nm 时的 I_0 值为参考值"1",则

$$\lambda_1 = 350 \, \text{nm} \, \text{时}, \quad I_{10} = (3.0/3.5)^4 \approx 0.54;$$

$$\lambda_2 = 400 \, \text{nm} \, \text{时}, \quad I_{20} = (3.0/4.0)^4 \approx 0.32;$$

$$\lambda_3 = 450 \, \text{nm} \, \text{时}, \quad I_{30} = (3.0/4.5)^4 \approx 0.20;$$

$$\lambda_4 = 550 \, \text{nm} \, \text{时}, \quad I_{40} = (3.0/5.5)^4 \approx 0.089;$$

$$\lambda_5 = 650 \, \text{nm} \, \text{时}, \quad I_{50} = (3.0/6.5)^4 \approx 0.045;$$

$$\lambda_6 = 750 \, \text{nm} \, \text{时}, \quad I_{60} = (3.0/7.5)^4 \approx 0.026.$$

据此绘制出 $I_0(\lambda)$ 曲线如题图所示.

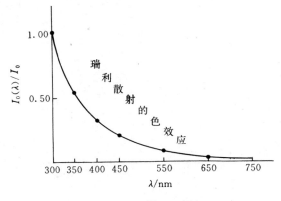

题 9.17 图